I0887809

Le marchand et les poids et mesures

Published in French in this Variorum volume, these chapters represent over twenty years of scholarship and publication. Many have been updated and translated from German and Italian into French for the first time. The chapters all deal with merchants, of whom the author is a world-renowned specialist, and their use of local weights and measures during the Middle Ages and the modern period. The reader is taken on a journey from the Carolingian Empire to pre-Columbian Mexico and post-colonial Java or Madagascar, from the measures of ancient Rome to the aluminium can of the 21st century.

As the author has specialised in the history of salt and saltworks or of the sea, the book also makes room for salt springs, fish and fishing ports in northern Europe, and finally the scholarly investigation leads to the history of food, bread and cereals. The book expands on the earlier survey published in the Variorum series, which dealt mainly with Venice and salt, and was very well received by the educated public, who still wonder how people overcame the chaos of the old measures. The revolution of 1789 put an end to this situation by inventing the metre and the decimal system.

Also in the Variorum Collected Studies series:

EVELLEEN RICHARDS
Ideology and Evolution in Nineteenth Century Britain
Embryos, Monsters, and Racial and Gendered Others in the Making of Evolutionary Theory and Culture (CS1089)

DAVID S. BACHRACH
Administration and Organization of War in Thirteenth-Century England (CS1088)

GÉRARD GOUIRAN, edited by Linda M. Paterson
From *Chanson de Geste* to Epic Chronicle
Medieval Occitan Poetry of War (CS1087)

JOHN A. COTSONIS
The Religious Figural Imagery of Byzantine Lead Seals II
Studies on the Images of the Saints and on Personal Piety (CS1086)

JOHN A. COTSONIS
The Religious Figural Imagery of Byzantine Lead Seals I
Studies on the Image of Christ, the Virgin and Narrative Scenes (CS1085)

WENDY DAVIES
Christian Spain and Portugal in the Early Middle Ages
Texts and Societies (CS1084)

PEREGRINE HORDEN and NICHOLAS PURCELL
The Boundless Sea
Writing Mediterranean History (CS1083)

MOHAMED EL MANSOUR
The Power of Islam in Morocco
Historical and Anthropological Perspectives (CS1082)

JOHN MARSHALL, edited by Philip Butterworth
Early English Performance: Medieval Plays and Robin Hood Games
Shifting Paradigms in Early English Drama Studies (CS1081)

JENNIFER O'REILLY, edited by CAROL A. FARR and ELIZABETH MULLINS
Early Medieval Text and Image II
The Codex Amiatinus, the Book of Kells and Anglo-Saxon Art (CS1080)

For more information about this series, please visit: https://www.routledge.com/Variorum-Collected-Studies/book-series/VARIORUM

Jean-Claude Hocquet (1936), professor at the Universities of Venice and Lille, director of research at the Centre National de la Recherche Scientifique, lecturer at the École des Hautes Études en Sciences Sociales in Paris, has been president of the International Committee of Historical Metrology and of the French Committee. He has been invited to deliver and publish lectures on the history of weights and measures in many countries. He has co-edited the *Cahiers de Métrologie* and is a member of the scientific board of Histoire et Mesure.

Le marchand et les poids et mesures

Jean-Claude Hocquet

VARIORUM COLLECTED STUDIES

Routledge
Taylor & Francis Group
LONDON AND NEW YORK

First published 2023
by Routledge
4 Park Square, Milton Park, Abingdon, Oxon OX14 4RN

and by Routledge
605 Third Avenue, New York, NY 10158

Routledge is an imprint of the Taylor & Francis Group, an informa business

© 2023 Jean-Claude Hocquet

The right of Jean-Claude Hocquet to be identified as author of this work has been asserted in accordance with sections 77 and 78 of the Copyright, Designs and Patents Act 1988.

All rights reserved. No part of this book may be reprinted or reproduced or utilised in any form or by any electronic, mechanical, or other means, now known or hereafter invented, including photocopying and recording, or in any information storage or retrieval system, without permission in writing from the publishers.

Trademark notice: Product or corporate names may be trademarks or registered trademarks, and are used only for identification and explanation without intent to infringe.

British Library Cataloguing-in-Publication Data
A catalogue record for this book is available from the British Library

ISBN: 978-1-032-34547-5 (hbk)
ISBN: 978-1-032-34549-9 (pbk)
ISBN: 978-1-003-32273-3 (ebk)

DOI: 10.4324/9781003322733

Typeset in Times New Roman
by Apex CoVantage, LLC

VARIORUM COLLECTED STUDIES SERIES CS1107

TABLE DES MATIÈRES

PRÉFACE

N'ayant pas cessé mes recherches, je propose aujourd'hui un volume dont la période est le Moyen Âge et la période Moderne, de préférence 800–1900. Les pays sont byzantin, musulman arabe (pourtour du bassin Méditerranéen), européens (France, Italie et Allemagne), américain (Mexique) et pourtour de l'Océan Indien. Le livre a une unité : il s'agit exclusivement des mesures du commerce pratiquées par les marchands et les produits sont ceux de l'échange. Le sel et Venise occupent une place accessoire car ils avaient été étudiés dans un volume publié à Londres dans la collection « Variorum Reprint » (CS 388).

Le sujet est nouveau, rarement traité. Mes études sont souvent accompagnées d'un glossaire ou d'une annexe métrologiques. Je préfère en effet conserver dans le livre les mesures d'origine en précisant leur nature plutôt qu'imposer au lecteur une traduction métrique et décimale, car, et cela est trop souvent oublié des historiens, nul n'est à l'abri d'une erreur et la recherche continue de progresser sans même marquer de pause, transformant en erreur ce qui est la vérité d'aujourd'hui. Le glossaire aide celui qui le consulte à opérer les conversions dans le système international actuel.

Combien de fois ai-je entendu des historiens se lamenter : « mais professeur, je suis historien, non métrologue », et je les rassure, je suis aussi historien, non métrologue, je me suis rendu compte, dès les débuts de ma recherche scientifique (l'article fondateur des *Annales* avait été présenté à la 2e conférence internationale de métrologie historique à Rijeka en septembre 1973), que les poids et mesures occupaient une situation centrale dans l'Histoire de l'humanité et je faisais mienne la position de Marc Bloch qui écrivit avant-guerre : « un temps viendra où aucune analyse de la vie régionale ne se concevra sans une enquête sur les mesures ». Les études de métrologie sont rébarbatives mais nécessaires et elles débouchent sur l'histoire sociale comme l'a montré la magistrale étude de Witold Kula. Mes maîtres en métrologie, universitaires ou non, sont étrangers, croate comme Zlatko Herkov, et allemands et je voudrais ici signaler ma dette envers Heinz Ziegler et Harald Witthöft dont j'espère avoir retenu les solides leçons.

Pour connaître les anciens poids et mesures abolis par la Révolution Française et connus sous le nom de « systèmes pré-décimaux » ou « pré-métriques », la Révolution en effet inventa un nouveau système fondé sur le mètre, l'unité de mesure de longueur, et l'emploi d'une numération Les contemporains qui au XVIIIe siècle étaient obligés d'user de ces unités prétendaient à juste titre qu'après les avoir étudiées toute une vie, on finissait par avouer son ignorance. Sans doute avaient-ils en vue l'ensemble du royaume. En un lieu donné, la connaissance était, ose-t-on espérer, mieux à portée de l'esprit curieux. C'est dire l'humilité qu'il faut à l'historien pour aborder ces difficultés. L'histoire quantitative qui, dans les années 60, traçait des courbes, se délectait de l'histoire des prix transformés en grammes d'or et calculait, après avoir fait intervenir un taux de déflation, des taux de croissance avant et après la découverte de Colomb, rarement elle s'interrogeait sur les mesures employées et leur variation.

On apprend, lors des premières recherches en vue de la maîtrise, qu'il existe dans chaque département ce qu'on appelle des « tables de concordances » ou « tables de conversion » ou « tables de réduction », ce qui désigne toujours des calculs opérés pour faciliter l'adoption du système révolutionnaire en donnant aux praticiens et au public des connaissances sur la valeur des anciennes unités dans les nouvelles unités, non pas de toutes les anciennes unités, au moins celles des chefs-lieux et des agglomérations, et pour la plupart des marchandises et des biens que l'on mesure d'après leur nombre, leur longueur, leur surface, leur masse, etc. Les calculs ont été faits par des gens instruits, expérimentés, des experts, arpenteurs, géomètres, peseurs, mesureurs, tous assermentés bien entendu, professeurs d'arithmétique, etc. Pour gage du sérieux, le lecteur de ces tables voudra bien considérer que pour l'unité de longueur, on va parfois jusqu'à la 4e décimale soit au dixième de millimètre. Seul le calcul pouvait obtenir un tel résultat car un instrument de mesure gradué ne peut descendre sous le millimètre. Ces tables saisissent les anciens systèmes au terme d'une évolution millénaire et après plusieurs siècles de patients efforts d'unification et de rationalisation. Le recours aux *tables,* utile pour le spécialiste du XVIIIe siècle, me paraît gros de dangers pour le médiéviste. La consultation attentive des anciens traités de poids et mesures (et monnaies) introduit au contraire de façon pertinente à la complexité des anciens systèmes et des méthodes de mesurage. Comme la mesure et le mesurage étaient des pratiques concrètes exercées par l'homme intervenant sur une marchandise, la meilleure introduction à la métrologie historique consiste en la connaissance aussi précise que possible de cette marchandise à son époque. Faire du pain, mesurer du sel, charger un navire sont d'abord des pratiques où l'empirisme a précédé l'arithmétique. Pour aborder les délicats problèmes irrésolus de la métrologie historique, j'insiste sur les deux termes car il n'est plus d'histoire sans avoir clarifié les poids et mesures que l'on est obligé d'éclaircir, il faut aussi avoir une connaissance la plus exacte que possible de la chose mesurée, c'est pourquoi j'insiste tant sur l'orge ou l'épeautre, le vin ou l'huile, le sel et le pain, les épices et le coton, la laine ou les soieries, ou encore les dimensions du navire médiéval où d'aucuns confondant pas et pied concluaient que le navire médiéval était rond à la façon d'une soucoupe ou d'une assiette sans se demander si un tel objet pouvait naviguer.

L'historien est aussi métrologue. Métrologue, il ne cesse pas d'être historien, bien au contraire. Certes, nourri du système décimal auquel je suis très attaché grâce à sa simplicité d'écriture, je sais aussi les avantages incontestables de la numération par 12 et 16. Au Moyen Age, les hommes ont compté, mesuré et pesé. S'ils nous ont laissé un témoignage matériel ou écrit de l'une ou l'autre de ces opérations, celui-ci a valeur de source. Il n'est pas indifférent de savoir combien de sacs de blé portait un animal de somme, ces sacs formaient en effet une « saumée », ni avec combien de tonneaux de vin ou d'huile on chargeait une charrette attelée de deux chevaux car, par définition, ces tonneaux composaient la « charretée ». Ces matériaux demeurent cependant d'intérêt limité. Il ne faut pas les négliger. Un jour, à mesure qu'avance la recherche de l'historien, ils trouveront un nouvel éclairage, si se découvre par exemple le document qui a enregistré la pesée du sac de froment ou sa composition en mesures : un sac pesant 162 livres de grain est empli avec trois mesures et deux sacs forment une somme ou saumée.

La meilleure source de la métrologie historique est à nos yeux l'arithmétique, marchande ou fiscale. Que les anciens poids et mesures se présentent à la façon d'un puzzle, nul n'en disconvient. Encore faut-il s'entendre : ils varient d'un lieu à l'autre, certes, quelquefois dans un même lieu, mais toujours ils entrent dans des systèmes où les uns sont multiples et les autres sous-multiples. Dans la perspective de reconstitution du puzzle, aucun renseignement n'est anodin ni inutile et aucun document n'exclut *a priori* de telles informations. On les trouve aussi bien dans la règle de Saint-Benoît, dans une charte d'accensement fixant des redevances au XIIe siècle pour un monastère, dans une lettre marchande, dans une ordonnance royale ou une délibération de conseil communal, dans des livres de compte, des tarifs ou des règlements administratifs.

L'acheteur veut connaître la qualité de la marchandise achetée, ce qu'il fait souvent en vérifiant la mesure par une pesée. Il a ainsi une idée de ce que nous appelons le poids spécifique ou volumétrique. Les procès-verbaux où sont consignés ces étalonnages sont parmi les documents les plus précieux. Malheureusement on n'en trouve guère avant le XVe siècle. La source systématique de la métrologie historique se trouve dans les manuels de marchands ou de marchandise, ces *Pratiques* qui se donnent pour objectif d'enseigner aux marchands l'arithmétique commerciale et de les informer sur les équivalences des poids, des mesures et des monnaies, en somme sur les changes pondéraux, métriques et monétaires. Au Moyen Âge, ces manuels sont presqu'exclusivement toscans, vénitiens et génois. Mais comme ces hommes d'affaires italiens font le commerce, le change et la banque dans toute *l'oikouméné,* qui dépasse et de loin les limites de la seule Europe chrétienne, on trouve dans ces manuels de nombreux renseignements sur les systèmes de poids, mesures et monnaies en usage dans toutes les places où négocient ces hommes d'affaires italiens. Le caractère systématique de ces livres ne les met pas à l'abri de l'erreur, de la confusion, de la faute de transcription. Les documents notariés viennent alors aider l'historien.

Pour l'exploitation des sources, il faut élaborer une méthode et la lecture attentive des travaux de ceux qui ont précédé était précieuse. Pendant de longues années, reconnu par les scientifiques du Conservatoire National des Arts et Métiers, j'ai exercé des fonctions de responsabilité à la tête du Comité International de Métrologie Historique, comme secrétaire-général, puis comme président, j'ai été président du Comité Français de Métrologie Historique et avec mes amis Bernard Garnier et Pierre Portet nous avons animé ensemble la revue « Cahiers de Métrologie » autour de laquelle se réunissaient de jeunes et talentueux chercheurs.

INTRODUCTION

Géométrie et arithmétique
Les Poids et mesures en Europe au Moyen Âge

« Lorsque les mesures seront uniformes et décimales, chacun pourra apprendre en une heure de temps ce qu'on ne sait jamais bien, dans l'état actuel des choses, en l'étudiant toute sa vie » annonçait triomphalement un journal révolutionnaire (*La Feuille du Cultivateur*) en Messidor an II. Le système métrique décimal était appelé à vaincre la confusion et le chaos engendrés par les anciens poids et mesures, à introduire de l'ordre dans une matière dominée par le désordre. S'il est vrai qu'on ne commença à connaître les anciens poids et mesures qu'au moment de leur disparition, quand il fallut calculer leur équivalence avec les unités du nouveau système, l'impression de désordre est aussi amplifiée parce qu'on veut comparer ces anciennes mesures entre elles grâce au détour par le système métrique qui impose souvent de ne s'arrêter qu'à la quatrième décimale. Si en un même lieu, une province, un comté, un district, une *civitas*, une seigneurie, on croit reconnaître de cinq à dix mesures différentes, il ne faut pas se laisser duper par ce qui est d'abord richesse de la langue qui multiplie les noms pour désigner multiples et sous-multiples (le système décimal français n'a pas fait mieux), il vaut mieux constater que ces mesures proliférantes sont en un même lieu organisées en systèmes rigoureux régis par une savante arithmétique dont l'apprentissage du calcul décimal nous a fait perdre l'usage. Ces systèmes étaient d'une grande cohérence, certes ils étaient innombrables, c'est là leur grave défaut, mais l'Angleterre, qui n'épargna pas les efforts, dès le Moyen Âge, pour se doter d'un système unique étendu à tout le territoire, parvint à garder ses poids et mesures jusqu'à une date récente (31 décembre 1989), après avoir conduit la première révolution industrielle. Compter avec les anciennes mesures n'était donc pas un obstacle au développement ni à la mécanisation, mais le procédé était inconciliable avec les mesures décimales et l'entrée de la Royaume-Uni dans l'Europe illustra bien les incompatibilités qui nous rendent aujourd'hui si étrangers aux anciens systèmes métriques.

En fait mesurage et pesée mettent en jeu trois opérations, dont la plus fondamentale consiste à compter : mesurer, peser, compter intervenaient de manière successive. Bien souvent on vérifiait la loyauté de la transaction où intervenait le mesurage par la pesée qui convertissait l'unité volumétrique en unité de masse, on mesurait le grain au boisseau, puis on pesait le minot et enfin on comptait les muids obtenus. L'opération peut paraître complexe et délicate, elle ne présentait en fait

DOI: 10.4324/9781003322733-1

aucune difficulté. On peut aussi illustrer cette triple opération, « mesurer, peser, compter » en signalant que les unités de volume sont construites d'abord sur une unité de longueur et ensuite pour tenir un certain poids d'un produit quelconque[1].

Poids et mesures de l'antiquité

En Égypte

Les égyptologues ont découvert et classé de nombreux poids de pierre de l'époque pharaonique (8000 avaient été découverts en Égypte même) parmi lesquels Petrie[2] a introduit un poids-standard pesant de 5,6 à 6,6 g, qu'il a appelé *beqa* d'après une inscription en vieil hébreux. L'analyse statistique des collections de poids du musée du Caire a mis en évidence que les poids les plus abondants (*deben*) pesaient de 13,3 à 13,65 g et qu'il existait une double unité de 27,3 g pour peser le cuivre. Une pièce de facture égyptienne découverte en 1889 pesant 409,6 g portait l'inscription « 15 (unités de) cuivre » soit 15 × 27,3 g. La majeure partie des poids égyptiens, taillés dans l'albâtre, le marbre, la chalcédoine, le jaspe, le basalte ou le granit, étaient de forme rectangulaire, carrée, cubique ou conique. On sculpta aussi des poids de bronze pour leur donner figure animalière de bœufs, de gazelles, de lièvres ou de béliers. Au temps de la XVIIIe dynastie, le *deben* fut remplacé par un nouveau poids de 91 g divisé en 10 *qedet*. Multiples et divisions obéissaient au système décimal : 5 - 10 - 20 - 40 - 50 - 100 et 200, ou, plus rarement au système sexagésimal : 6 - 9 - 18 - 30 - 120.

Les plus anciens de ces poids datent de l'Ancien Empire (2600–2500 av. JC.). Des *deben* égyptiens ont été découverts dans tous les grands chantiers archéologiques du Proche-Orient, de la Palestine à Chypre, de Byblos à Troie, tandis qu'en Égypte même, à Naucratis, siège des échanges maritimes, étaient utilisés des poids phéniciens, babyloniens et grecs. Dans le commerce international, les marchands étrangers recouraient aux poids de leur pays pour déterminer les prix. Dans chacun des pays du Proche-Orient coexistaient plusieurs étalons pondéraux, dont certains étaient empruntés à l'étranger. Il y avait donc pluralité d'instruments de mesures et la multiplicité paraît déjà la règle. Les poids servaient à la comptabilité des métaux précieux dans les mines d'or de Nubie et pour la pesée du cuivre extrait des mines du Sinaï, ou pour le calcul des rations de pain et de poisson, et pour les produits semi-précieux (les fards). On pesait aussi les lingots versés au trésor, les outils de cuivre pour éviter le vol du métal, les pièces de tissu

Quand la cité marchande de Tyr (Phénicie) se dota d'une monnaie, elle orna son revers de symboles hiéroglyphiques et, surtout, elle créa un tétradrachme de 13,32 g, un poids qui rendait clairement hommage au *deben* de la vallée du Nil. Hultsch[3] n'avait pas tort de tenter la première « généalogie » des poids en mettant

1 Hocquet (6 -1992B).
2 Petrie (6 – 1926).
3 .Hultsch (6 - 1903–1906).

en évidence les rapports arithmétiques simples qui existaient entre les unités des différentes civilisations qui se sont succédé dans le bassin méditerranéen : la livre romaine de 327,45 g était égale à 12 × 27,3 g ou à 12 *unciae,* tandis que la « mine » d'or babylonienne de 819 g pesait 60 *deben* de 13,65 g.

Les poids étaient employés sur des balances construites en bois dès le milieu du IIIᵉ millénaire av. JC. Ces balances ont été gravées ou peintes dans des scènes de la vie terrestre, sur les parois des tombes des chefs et les murs des temples. Durant l'Ancien Empire, les fléaux de balance étaient plats, percés verticalement à l'axe central et aux extrémités. Des sacs ou des paniers étaient fixés à des cordes ou des tiges attachées aux extrémités du bras du fléau. Les innovations consistèrent à utiliser des contrepoids de masse définie, un plateau spécial pour tenir les vases de métal à peser, une suspension de la balance et une langue fixée avec un plomb ballant. Au Nouvel Empire, les balances sont grandes et perfectionnées, fréquemment ornées sur l'axe de la tête d'un dieu. Elles servaient aussi à peser les offrandes au dieu Amon, tandis que les papyrus du *Livre des Morts* illustrent la pesée de l'âme avec la plume de la vérité.

Les poids et mesures gréco-romains[4]

L'Antiquité classique a introduit une différenciation fondamentale parmi les mesures de capacité organisées en deux séries, les unes pour les matières sèches, les autres pour les liquides. Pour les poids, et à la différence des mesures de longueur et de surface, les nécessités du commerce et de l'échange provoquèrent des adaptations et des modifications destinées à favoriser les transactions marchandes entre cités ou entre pays. Certaines mesures assumèrent une véritable fonction internationale et furent largement diffusées. A Athènes, Solon introduisit un système métrique dont héritèrent les Romains.

Pour les marchandises sèches, la mesure fondamentale était le *médimne,* avec ses sous-multiples. Les Romains adoptèrent le *modius* et pour les liquides l'*amphore* qui était la moitié du médimne et mesurait le cube du pied attico-romain de 0,296 m. Le médimne était donc le double cube du pied et contenait 52,50 l. Rempli d'eau, il pesait 120 mines ou 2 talents attiques. Pour la mesure des liquides, les grecs utilisaient le *métrète* correspondant au cube du pied et, rempli d'eau, à un poids d'un talent. Les Gréco-romains ont surtout transmis à la métrologie un système fondamental de compte qui organisait les sous-multiples sur les nombres 12 et 16. Cependant, même en Attique, on utilisait aussi d'autres mesures, ainsi pour les fruits secs, tandis que Sparte, d'après Hérodote, avait son propre système de mesures, plus grandes mais obéissait aux mêmes subdivisions.

Le système attique des mesures pondérales était organisé en obole, drachme, mine et talent selon un rapport sexagésimal : 1 talent = 60 mines = 6000 drachmes = 36000 oboles. Les données de la numismatique attribuent à la drachme un poids

4 Hultsch (6 - 1898).

de 4,366 g et le calcul accorde au talent une masse de 26,196 kg. Les poids étaient d'une plus grande précision que les mesures, l'attention prêtée aux métaux et à l'exacte détermination de la masse de ces produits, rares dans les économies anciennes, justifiait que le métal échangé au poids faisait fonction de mesure de la valeur et de moyen d'échange, ce qui imposait des soins particuliers.

Les poids furent innombrables eux aussi et il est superflu à présent de répéter que chaque ville, chaque seigneurie, chaque bien avait son propre poids de telle sorte que plusieurs livres pouvaient coexister en une même ville. Le plus usité des poids était la livre, mais pour les métaux précieux, on se servait d'unités plus fines qui sont des sous-multiples de la livre, le marc, l'once et le carat. L'apparition de milliers de livres différentes en Europe témoigne peut-être du ralentissement des affaires - des biens qui avaient cessé de circuler n'avaient nul besoin d'être comparés entre eux par une opération aussi simple que la pesée - et de la force locale du pouvoir seigneurial, mais dans une métropole commerciale aussi active que Venise, épargnée au demeurant par le morcellement féodal, il n'existait pas moins de huit livres différentes, dont cinq réservées au marché intérieur, pour peser les produits pharmaceutiques, les fils d'or et d'argent, la soie, le biscuit des galées et la farine, le pain enfin, et trois utilisées dans le commerce avec l'étranger, le poids de marc pour les métaux précieux, la livre légère pour les épices, la livre grosse pour les pondéreux. Moins une denrée avait de prix, plus sa pesée était rapide et la livre pesante faisait l'affaire. L'échange marchand a aussi contribué techniquement à introduire la diversité des poids.

L'arithmétique des anciens systèmes métriques

Dans la confusion et la complexité apparentes du vocabulaire des anciens poids et mesures, où l'homme contemporain est facilement dérouté à la fois par la richesse linguistique qui mêle corbe, muid, setier, mine, minot, somme, *tumolo*, ou pour les poids, *pensa*, livre, once, *rotolo*, grain, etc, et par les séries impressionnantes de conversion entre des mesures ou des poids portant le même nom mais des valeurs différentes d'un lieu à l'autre ou dans un même lieu pour des marchandises pourtant proches, telles que le grain, la farine et le pain[5], l'arithmétique introduit un ordre rigoureux qui crée de véritables architectures métriques, des systèmes métriques. Ces systèmes mettent en évidence des hiérarchies de diviseurs et de multiples.

Les éléments de divisibilité

Le plus ancien et plus communément employé était le système binaire (2 + 2 + 2...) qui évolua rapidement par doublement : 2, 4, 8, 16, 32, 64, 128, 256, etc. L'avantage immédiat de ce mode de calcul résidait dans la facilité de calculer la

5 Hocquet (6 - 1989C), p. 217–221.

moitié ou le double avec beaucoup d'exactitude et d'établir les fractions, telles 1/2, 1/4 et 3/4. La difficulté était qu'il ignorait 3 et 1/3. Pour remédier à cette lacune, on introduisit 3 dans ce système : 3 × 2 × 2 × 2... et on créa la série 3, 6, 12, 24, 48, 96..., que l'on combina avec la série binaire initiale pour disposer d'un système hybride où seraient présents 12, 16 et leurs sous-multiples comme diviseurs. On avait ainsi des nombres divisibles par 2, 3, 4, 6, 8, 12, 16, etc.

Comme ces deux systèmes étaient incompatibles avec 5 et 10, on compta également par vingt (1 livre = 20 sous) et, depuis les Babyloniens, par soixante, un système qui a subsisté dans le compte du temps, de la circonférence, à commencer par la circonférence terrestre, les calculs d'angles, etc. Le système sexagésimal offre de multiples possibilités de division, par 30, 20, 15, 12 et 10, 6, 5, 4, 3 et 2. La mesure du temps combine celle du jour (système duodécimal, 24 heures en une journée, 12 mois) et celle des minutes et secondes, sexagésimale, mais on a longtemps ignoré la division décimale de la seconde qui triomphe aujourd'hui dans les mesures de précision. Les Anciens étaient sans doute trop empiriques pour se laisser enfermer dans une seule construction et ils aimaient combiner les systèmes. Le système hybride qui avait leur préférence mêlait 10 et 12 pour aboutir à une centaine de 120 (10 × 12) appelée *long hundred* très fréquente dans les sociétés germaniques du haut Moyen Âge. Ces combinaisons offraient de multiples possibilités. L'exemple parisien est bien connu où le minot est constitué de 3, 4 ou 5 boisseaux selon qu'il s'agit de blé, de sel ou d'avoine, ce qui fait le muid de 144, 192 ou 240 boisseaux[6]. Ces trois nombres sont remarquables. On les retrouve dans la plupart des systèmes de division monétaires, dérivés du Mark nord-germanique, système dans lequel 1 Mark = 16 shillinge = 32 sechslinge = 48 witten = 64 dreiling = 96 blafferte = 192 pfennige = 384 scherfe.

Tab. 1 le système Viking durant le haut Moyen Âge

région	*Götaland*			*Svealand*			*Gotland*		
mark	1			1			1		
ore	8	1		8	1		8	1	
ortug	24	3	1	24	3	1	24	3	1
penning	192	24	8	288	36	12	384	48	16

Le denier (*penning*) entre pour 16, 8 et 12 unités dans le sou (ortug) puis, sur la base de chaines numériques semblables juxtaposant un nombre impair, 3, et un nombre pair, 8, on aboutit à des marcs suédois de 192, 288 (= 144 × 2) et 384 (192 × 2) deniers. Ces trois systèmes médiévaux utilisent simultanément les deux méthodes binaires (8 et/ou 16) et duodécimale (12, 24, 36, 48) et le marc ainsi

6 Hocquet (6 -1989C), p. 242.

créé offre la divisibilité maximale : 192 est le nombre qui, dans la tranche des 200 premiers nombres, a le plus grand nombre de diviseurs, de même que sa moitié, 96, dans la tranche des nombres de 1 à 100.

Cette base numérique fut d'un usage très fréquent, jusqu'à ce qu'elle soit supplantée par le demi-quintal métrique de 50 kg. En témoigne le minot (*moggetto,* petit muid) vénitien pour la distribution du sel aux familles.

Cependant, à l'exemple des Romains, on s'orienta au Moyen Âge dans le compte des monnaies vers un système mixte, à la fois vigésimal et duodécimal. Généralement, on compta la livre pour 20 sous et le sou pour 12 deniers (1 livre = 240 deniers), ce qui était d'une grande commodité puisqu'on disposait de 5 et 10, diviseurs de 20, et de 2, 3, 4 et 6, diviseurs de 12. Un procédé analogue fut employé pour compter le poisson conservé en tonneaux, où 1 200 harengs étaient toujours comptés pour un millier dans les ports de pêche de la mer du Nord, de Dunkerque à la Norvège. On en trouve la trace dans un document islandais qui explique:

Tab. 2 la divisibilité du minot vénitien de 96 livres

Fraction	*Mesure*	*Poids en livres*
1/1	minot	96
1/2	quart (du setier)	48
1/3		32
1/4	demi-quart	24
1/6		16
1/8	quartaruol	12
1/12		8
1/16	demi-quartaruol	6
1/24		4
1/32		3
1/48		2
1/96	livre	1

« 1 last de poissons est 1 000 poissons, mais 100 poissons font 6 scores [1 score = 20] ou 120 poissons, 3 barils de poissons sont 100, mais 1 baril du commerce est 40 poissons et 3 barils ont en réalité 120 poissons, si bien qu'un cent signifie 120 et un millier en réalité 1200 ou un last »[7].

Ce cent de 120 est le *long hundred.*

7 Ulff-Moller (6 - 1991) d'après Arent Berntsen, *Danmarckis oc Norgis fructbar herlighed*, 1656, réimpr. 1971, p. 530.

Richesse de « vingt-huit »

Dans le système anglais des poids (avoirdupois), il existe un autre longhundred appelé hundredweight égal à 112 livres.

Tab. 3 le système pondéral anglais (avoirdupois)

ton	1					
hundredweight	20	1				
quarter	80	4	1			
stone	160	8	4	1		
pfund	2240	112	28	14	1	
ounce	35840	1792	448	224	16	1

Dans ce système, les unités fondamentales sont la livre (pound) et le cent. Le cent entre dans un système original fondé sur la progression 7 - 14 - 28 - 56 - 112 (7 livres = 1 clove). Cette progression remarquable est fondée sur 28, nombre parfait égal à la somme de tous ses diviseurs (1 + 2 + 4 + 7 + 14 = 28) qui représente aussi le quart (quarter) de 112. Ceci n'est pas une originalité anglaise, le même système numérique fondait la métrologie navale de Venise : 14 mastelli constituaient 1 bigoncio, 28 une demi-botte et 56 une botte d'amphore[8].

Ziegler a montré comment les trois nombres 28, 96 et 100 sont inscrits dans le corps de l'homme : 28 mesure la largeur aux épaules, 96 la hauteur et 100 la diagonale. En particulier dans le triangle rectangle dont les petits côtés mesurent 28 et 96, l'hypoténuse mesure 100[9]. Les architectes de l'abbaye bénédictine de Corvey (vallée du Weser), où le massif ouest (chœur de Saint Jean) veut donner une représentation de la salle du trône où siège Dieu, lui ont donné une forme cubique dont l'arête mesure uniformément 28 fois 28 pieds carolingiens.

Les proportions justes entre les mesures naturelles (anatomie humaine) et le nombre 96 sont ainsi fondées:

Tab. 4 le juste rapport des mesures avec la taille de l'homme

doigt	*main*	*Empan*	*pied*	*coudée*	*perche*
1	4	12	16	24	96
1/96	1/24	1/8	1/6	1/4	1

8 Hocquet (6 1989B), Witthöft (6 - 1978).

9 Ziegler (6 - 1985), p. 117 ; Naredi-Rainer (6 – 1982), p. 82.

Les avantages du système décimal

Le systéme décimal était utilisé respectivement également, le prouve le cantar ou centenarium, et le milliarium ou migliaio pesant 100 et 1 000 livres. Dix est aussi un chiffre divin dont l'importance se manifeste dans les 10 commandements de la loi divine. On justifie l'existence du système décimal par une raison anatomique, l'existence des dix doigts sur le corps humain, mais on peut justement remarquer que 28 est aussi présent sur les deux mains ou les pieds : c'est précisément le nombre de phalanges des dix doigts. Compter avec 28 offre donc plus de possibilités que les dix doigts. Depuis la généralisation de l'instruction obligatoire, le système décimal paraît d'une grande simplicité en offrant la divisibilité par 2, 5 et 10. Les avantages du calcul décimal sont incontestables. En effet, dans les anciens systèmes, les difficultés étaient innombrables. Voici l'exemple des mesures de surface, constituées de toises, pieds, pouces et lignes carrés et ainsi composé dans un système duodécimal : la toise carrée contenait 36 pieds carrés, celui-ci 144 pouces carrés, le pouce carré 144 lignes carrées et cette dernière 144 points carrés. Que faisaient le géomètre ou le notaire confrontés à l'obligation d'additionner les surfaces de plusieurs parcelles ? après avoir additionné les points, ils divisaient le total par 144 pour trouver les lignes et exécutaient 5 additions, 4 divisions, 4 soustractions pour opérer une simple addition de deux surfaces. Un tel effort était hors de portée du paysan illettré, et c'est probablement pourquoi l'usage populaire a abandonné le décompte des surfaces en arpents, mesure géométrique, pour adopter des mesures plus concrètes, mieux enracinées dans la vie et le travail, telle que la « charruée » ou le « journal » qui désigne la surface que l'on peut labourer en un jour avec une charrue attelée à deux bœufs[10].

Pour que le calcul soit aisément lisible, il fallait encore reporter le nombre suivi du nom de chaque subdivision. Le système décimal rend les calculs simples et aisés, il supprime les calculs fragmentaires des fractions calculées comme des nombres entiers, il suffit de préciser l'unité de référence, par exemple le mètre ou le kilogramme, pour être dispensé de l'énumération des subdivisions. Le conventionnel Prieur de la Côte d'Or qui attacha son nom à l'adoption du nouveau système, écrivait : « si l'on considère les mesures d'un même genre rangées par ordre de décroissement, chacune est dix fois plus petite que celle qui la précède immédiatement et dix fois plus grande que celle qui la suit ». Le nouveau système rendait le calcul accessible à tous, pour les prix bien entendu, mais aussi pour les

10 Le paysan préférait estimer sa terre par la quantité de travail, avec ou sans l'aide d'un animal, requise pour sa mise en valeur (une « charruée », all. *Pflug*, une « bovée ») ou par la quantité de semences nécessaire à sa culture. Les termes sont souvent dérivés du latin, *jugum, jugerum, jurnalis*, ou de mesures de capacité, un muid, une séterée ou une bicherée, si le lopin est ensemencé avec un muid, un setier, ou un bichet de grain. C'est là un usage populaire probablement : on connaissait la consistance du champ, sa surface (en unités de surface) et on y mettait la semaille dont on disposait ou qu'il fallait, estimée en unités volumétriques. Les mots promis à la plus belle fortune au Moyen Âge furent *mansus*, champ (*ager*) et *acker*, dont les surfaces sont exprimées par les arpenteurs (*agrimensores*) en pieds, *Klafter* et *Rute*.

surfaces et les volumes. Tout passage d'une surface multiple à une sous-multiple et vice-versa s'opère par simple glissement de la virgule décimale de deux rangs, de trois rangs s'il s'agit de volume.

Les mesures de longueur et de surface

Les premiers témoignages de la mesure sont enracinés aussi bien dans les routes et les champs des plus anciennes cultures de l'Orient, de l'Égypte à la Mésopotamie et à la lointaine Chine, que dans les alignements mégalithiques des populations celtiques de l'Ouest atlantique, à Carnac ou à Stonehenge[11]. Entre ces époques pré- ou protohistoriques et le XIXe siècle il existe, malgré des mutations aisément observables, une continuité favorisée par la transmission des objets et des écrits. L'objet à mesurer persiste en effet de façon durable, tout comme l'intellect qui organise, ordonne et classe les grandeurs à l'aide de l'instrument et du nombre, construit des formes géométriques et des rapports arithmétiques qui, dans leur dépendance réciproque, dominent une image du monde qui subsista jusqu'aux Temps modernes : le système des mesures de longueur et de surface est aussi une représentation de l'espace et du temps et par conséquent un instrument fondamental pour la connaissance du monde et son ordonnancement.

La métrologie s'appuie sur quelques postulats dont la recherche ancienne ou récente a démontré la validité : les unités et proportions antiques nées en Égypte, en Grèce ou à Rome furent utilisées et officiellement reconnues jusqu'au XIXe siècle ; les anciens systèmes de poids et de mesures sont connaissables par les nombres et les rapports numériques ; nombres et proportions sont en relations directes, par la géométrie et l'arithmétique antiques, avec des concepts théoriques et un usage pratique attesté' dans plusieurs activités humaines comme l'arpentage, l'architecture, l'artisanat, la construction navale ; les étalons de mesure et leurs différentes parties ou sous-multiples, loin de dénoncer l'incapacité technique du fabricant d'instruments, révèlent le haut degré de ses connaissances métrologiques ; aussi loin que l'on remonte dans l'espace et le temps, les mesures de surface et de volume sont systématiquement liées à des unités de longueur par des proportions fixes et significatives[12].

Les mesures linéaires

La matière de la métrologie est difficile. Pour y mettre un peu de clarté en effaçant quelques lieux communs, il convient de distinguer tout d'abord entre les unités « naturelles » ou « anthropométriques » et leurs proportions naturelles d'une part et les unités « mathématiques » d'autre part comme le pied, l'aune et la brasse (all. *Klafter*) « géométriques ». Les mesures naturelles ou humaines sont fondées sur

11 Thom, *Megalithic Sites in Britain*, Oxford 1967; Kottmann (6 - 1985).
12 Witthöft, p. III-IX, dans sa préface (non signée) au livre d'E. Pfeiffer (5 - 1986).

la main, le pouce, les doigts, la paume, la palme, l'empan, la coudée et la brasse[13]. La coudée, mesurée de l'extrémité du pouce au coude a une longueur de 37 cm, chiffre rond, et elle était déjà utilisée par les Babyloniens dans la mesure de la circonférence terrestre avec une valeur de 371,066 mm, avant d'être adoptée par les Égyptiens puis par les Grecs sous le nom de *pygon*. Les artisans en firent grand usage, surtout dans le tissage et elle fut l'unité fondamentale de l'arpentage. La brasse, longueur des deux bras ouverts entre les poings fermés, correspond au pas romain de 4 coudées de 371,066 mm = 1,4842 m. Elle était la plus longue unité de mesure utilisée dans l'arpentage et le calcul des itinéraires. Les mesures « naturelles » entraient dans des rapports fixes dont les diverses parties étaient déjà indiquées sur les plus anciens étalons égyptiens.

Tab. 5 mesures normatives à Sumer et en Égypte

brasse	1				
coudée-*pygon*	4	1			
empan	8	2	1		
paume	20	5	5/2	1	
doigt	80	20	10	4	1
mm	1424,266	371,066	185,533	74,213	18,553

Artisans, architectes et arpenteurs ont aussi employé des mesures mathématiques elles-mêmes en relation avec les unités naturelles, en particulier le « pied », dans lequel il ne faut pas voir une unité anthropomorphe ou naturelle comme l'avance l'opinion commune, mais un concept commun à de nombreux domaines de la pensée et de l'activité (pied de la monnaie, vers de 12 pieds appelé « alexandrin », vocabulaires de l'artillerie, de la teinture, de la vinification ou de la navigation utilisent également le « pied » pour désigner la base, la fondation sur laquelle « posent » et « prennent appui » la construction, le soutien, la couleur, la fermentation, la profondeur d'eau. C'est une unité métrique de longueur qui a son origine dans la géométrie et l'arithmétique et mesure de 250 à 600 mm, sur

13 Pfeiffer (5 - 1986), p. 13–15 et fig. III a, signale, p. IX, que ses études ont commencé par une recherche sur deux œuvres de Dürer, *Underweysung der Messung mit dem Zirkel und Richtscheit* (Instruction pour la mesure à la règle et au compas), (Nuremberg 1525) et *Etliche Underricht zu Befestigung der Stett, Schloß und Flecken* (Instruction sur la fortification des villes bourgs et châteaux), (Nuremberg 1527) où l'on trouve toujours les mêmes dimensions : 1) 37,106 mm (1/10 pygon), important pour qui se sert de mesures, comme les architectes, les ingénieurs militaires, les peintres, les sculpteurs; 2) 33,396 mm (1/10 pied de Drusus), pour la construction de figures, les instruments de mesure du temps, les problèmes mathématiques; 3) 27,830 mm (1/10 pied osque) et 29,6853 mm (1/10 pied romain) en relation avec l'unité de longueur de 37,106 mm. Elle rappelle aussi que sur la tour nord de l'église Saint Laurent à Nuremberg, il y a encore aujourd'hui un Klafter de 1,67 m [1,6698 m = 5 × 333,960 mm (pied de Drusus) = 6 × 278,300 mm (pied osque)].

laquelle on a créé d'autres unités mathématiques ou abstraites, la coudée et la brasse géométriques.

Cependant, le « pied » entretient un rapport étroit avec les unités naturelles de longueur, en particulier avec le doigt de 18,553 mm[14].

Tab. 6 doigt, paume et pied

nombre de doigts	*nombre de paumes*	*longueur en mm*	*mesure originelle*
10		185,53	demi-pygon
12	3 paumes	222,636	spithame grec
15		278,295	pied osque
16	4 paumes	296,848	pied égyptien
18		333,954	pied de Drusus
20	5 paumes	371,06	pygon
24	6 paumes	445,272	pechys

Or, on trouve là un rapport 3 : 4 : 5 ou 12 : 16 : 20 qui est celui du triangle rectangle et du théorème de Pythagore où le carré de l'hypoténuse est égal à la somme des carrés des côtés de l'angle droit (32 + 42 = 52 ou 122 + 162 = 202). S'agit-il ici de construction de l'esprit qui s'efforce de rationaliser, ou bien ces mesures ont-elles réellement servi ? Les constructeurs des pyramides, des temples, des cathédrales, des édifices civils étaient des architectes-géomètres qui ont réellement utilisé ces mesures originelles, en particulier:

Tab. 7 permanence des mesures originelles

- le spithame grec de 3 paumes ou 222,636 mm,
- le pied osque de 278,295 mm,
- le pied égypto-gréco-romain de 296,848 mm,
- le pied de Tongres longtemps appelé pied de Drusus de 333,954 mm
- et les deux coudées, le pygon de 371,06 mm et le pechys de 445,272 mm.

On retrouve ces mesures au XVIIIe siècle encore en Suède (pied de 296,853 mm) comme en Espagne (pied de 278,300 mm). On a même trouvé dans une tombe de l'île de Fyn (Danemark) des mesures-étalons de bois, dont l'une mesurait 23,6 cm et l'autre 23,4 cm. Aucune de ces deux mesures n'est atypique. Par exemple:

1 pied de Drusus de 333,954 mm × 7 / 10 = 233,767 mm

14 Pour l'exactitude des calculs, nous sommes allés au millième de millimètre, une marge de variation ou tolérance de ± 5 % est acceptable en métrologie historique.

Tout est question de proportions arithmétiques. Le décuple de cette mesure forme la brasse ou *Klafter*. Le premier de ces pieds était connu sous le nom de « pied rhénan » de 17 doigts (ce qui par le calcul donne exactement 315,401 mm) et l'autre avait été transmis sous le nom de « pied grec » ou byzantin (312,233 mm).

Il existait aussi des pieds « royaux », qui étaient en fait les mesures officielles des États, dont les plus anciennes furent empruntées aux mesures du corps du Pharaon et les plus usitées au Moyen Âge à celles de Charlemagne (pied de Charlemagne utilisé dans tout l'empire à partir de 789).

Les mesures itinéraires étaient organisées selon le système décimal à partir des mesures d'arpentage, en particulier du demi-*pygon*, soit 185,533 mm. Les valeurs sont le *decempeda* (10 pieds) de 1,8553 m (*Klafter*), le *candetum* (100 pieds) de 18,553 m (all. *Schnur*, *Seil*, la corde), le milliaire ou *stadium* (1 000 pieds) de 1,8553 km. Là où le demi-pied romain avait été adopté comme mesure de base, la brasse ou *Klafter* se trouvait réduite à 1,4842 m et ainsi de suite jusqu'à 10 000 pieds ou *milia decempedem* de 1,4842 km.

Les variantes de ces mesures originelles trouvent leur origine dans des modes de compter et de mesurer à l'aide de « valeurs approchées », un concept d'importance fondamentale qui subsiste aujourd'hui quand nous attribuons à π la valeur de 22/7.

L'arpent du roi et l'acre d'Angleterre

Un exemple concret fera mieux comprendre l'effort de géométrisation des anciennes mesures agraires[15]. Dans les sources françaises de la fin du Moyen Âge, la perche romaine de 24 pieds romains est comptée comme la perche du Châtelet de 22 pieds pour le calcul de l'arpent du roi de 100 perches carrées ou heredium (l'heredium romain mesurait 5075,8 m2, soit 2 jugères de 2537,9 m^2). Le pied français (dit du Roi, du Châtelet, ou « pied manuel ») est égal à 1/6 de la toise qui fut appelée « du Pérou » quand La Condamine l'emporta en 1735 pour ses mesures à l'Équateur. Il entre dans une relation arithmétique simple avec les pieds antiques:

1 pied du Châtelet = 7/6 du pied osque de 278,300 mm = 324,677 mm = 7/6 × 15/16 (= 35/32) du pied romain de 296,848 mm.

L'arpent est donc directement emprunté à l'antique *Rute* de 12 pieds comptés pour 11 et doublés pour donner la perche du roi de 22 pieds du roi, soit 7,1463 m, l'arpent d'ordonnance (ou arpent du roi) de 100 perches carrées mesurait 5107,1 m^2. Or ceci est une valeur nouvelle établie en 1668/69 pour retrouver la valeur ancienne de l'heredium. Le pied du roi mesura alors 324,833 mm. Avant

15 Sur les mesures agraires, Hannerberg (6 - 1955), Lütge (6 - 1937), Schmeider (6 - 1938), Tulippe (6 - 1936), Saint-Jacob (6 - 1943), Perrin (6 - 1945), Dunin-Wasowicz (6 - 1985), Dunin-Wasowicz (6 - 1992), Petillon, Derville et Garnier (1991), Touzery-Le Chénadec (6 - 1996–97).

la réforme, la perche du roi, déjà égale à 22 pieds, mesurait 7,1834 m, car le pied était alors de 326,515 mm, si bien que l'arpent du roi couvrait une superficie de 5161,1 m2.

Le pied anglais, aussi appelé « pes ptolemaicus », mesure 25/24 du pied romain ou 10/12 du pygon, soit 304,915 mm. L'acre est la mesure de surface égale à 160 poles carrés ou à 10 chains carrés. Le pole ou perche mesure 5,029 m, la chaine 20,116 m, l'acre a une superficie de 4046,6 m^2.

Tab. 8 mesures linéaires anglaises

mille	1				
furlong	8	1			
chain		10	1		
pole (rod, perche)		40	4	1	
pied				16 1/2	
pied romain				17	1
M	1614,72	201,84	20,184	5,046	0,296848

Le mesurage ou une histoire sociale des mesures[16]

Les poids et mesures des marchandises du grand commerce, de biens qui circulaient au loin, pourraient laisser croire que marchands et villes de commerce avaient adopté pour faciliter les échanges des étalons assez semblables et que, au prix de corrections minimes, quasi infinitésimales, on peut choisir l'une de ces unités interchangeables pour l'autre, l'écart serait négligeable et non significatif. Cependant, si le Moyen Âge a connu une vigoureuse expansion commerciale et urbaine, il n'en est pas moins resté un monde surtout rural où l'agriculture était le secteur économique dominant qui livrait ses surplus au commerce, la paysannerie, classe la plus nombreuse de la population, demeurait soumise à la domination des seigneurs. La majeure partie des ruraux vivaient dans une sorte de tête-à-tête permanent avec leur maître, le seigneur qui, pour le mesurage et le pesage, opérations qui relevaient de son droit de ban, leur imposait ses propres poids et mesures. A l'échelon local, celui du grand domaine, de la châtellenie, il y avait prolifération des mesures. Les gens distinguaient entre ces mesures et réclamaient souvent le retour à la bonne mesure, à la mesure ancestrale, celle qui n'aurait pas dû varier, la mesure immuable et permanente conforme à une certaine force d'inertie idéologique, de l'Église en particulier qui maintenait cette mesure en usage pour le prélèvement des dîmes. Il y avait donc une mesure de référence, celle du prieur, de l'évêque ou du chapitre, à côté de laquelle étaient apparues les « mauvaises mesures », les « nouvelles mesures ». Trois éléments au moins

16 Kula (5 - 1984), p. 40.

concouraient à la création de nouveautés. D'abord un élément technique : les mesures quotidiennes étaient en bois, fabriquées par des artisans du bois, les boisseliers (fabricants de « boisseaux »), sujettes à l'usure et aux déformations. Second facteur de variabilité : les mesures manuelles ont évolué en fonction des gains de productivité du travail humain ou animal. Enfin, le maître des poids et mesures, le châtelain, était le bénéficiaire de la rente seigneuriale et il aimait obtenir un rendement maximal des paysans astreints à lui verser la rente en nature. Avec la prolifération des pouvoirs et des droits divers à l'époque féodale, on abandonna le droit romain, unique et exclusif, que Charlemagne avait encore tenté de maintenir, les bénéficiaires du fractionnement du pouvoir s'arrogèrent le droit d'établir leurs propres mesures dans leur seigneurie. Avec les divisions et les recompositions des patrimoines, les seigneuries étaient constituées de fragments juxtaposés utilisant chacun ses propres poids et mesures et il n'était pas difficile en un même lieu de voir coexister les trois mesures du curé, du marché et du seigneur. Les seigneurs auraient aimé utiliser simultanément plusieurs mesures, une grande pour le paiement des rentes en nature par les paysans, une petite pour la vente au marché des surplus non consommés de la rente. Mais l'emploi de deux mesures par un même homme et pour un même produit suscitait l'hostilité générale, à la fois des assujettis et de l'Eglise qui rappelait volontiers qu'il ne peut y avoir « deux poids, deux mesures ». Chacune de ces mesures s'entendait sous l'un des quatre termes : rase, sur bord, demi-comble ou comble et ce mode de remplissage introduisait un élément supplémentaire de diversité entre les mesures. À défaut de changer les mesures, les seigneurs espéraient toujours pouvoir vendre au marché et en ville à mesure rase ce qu'ils avaient reçu gratuitement à mesure comble : les mesures des marchandises vendues par les puissants étaient toujours déterminées comme mesures maxima, celles des produits qu'ils se procuraient comme mesures minima.

Tricher avec les mesures était à la portée de chacun. Une fraude vénielle consistait à garder les deux mesures de longueur de l'étalon officiel, royal ou comtal, en les inversant, la coudée donnant le diamètre de la circonférence et le pied la hauteur, pour créer une mesure basse de grand diamètre. Ce faisant, la capacité rase était augmentée, et plus encore le comble qui devient très important dans les mesures basses de grand diamètre. Le récipient jouait donc un rôle important, mais moins que la façon de le remplir. Le mode de remplissage qui constitue le mesurage proprement dit influait à son tour sur la forme et le dessin de la mesure. Si ces mesures avaient été emplies à ras bord avec un liquide, les deux parties auraient pu constater la loyauté de la transaction. Mais pour les grains et toutes les marchandises sèches, il fallait être attentif au geste du mesureur qui un jour déposait avec précaution sa pelletée sur le bord de la mesure et le lendemain la lançait avec force de toute sa hauteur dans la mesure dont il battait ensuite le bord ou les flancs avec sa pelle. Ces gestes contribuaient à tasser le produit, ce que chacun savait, car chacun occupait successivement les positions de vendeur (donner le moins possible) et d'acheteur (recevoir le plus possible), et chacun épiait son partenaire. Les meuniers de ce point de vue avaient mauvaise presse, ils étaient savants dans l'art de faire rendre à la mesure plus qu'elle ne devait, ils aimaient recevoir le grain quand les meules tournaient et imprimaient leurs trépidations au plancher sur lequel étaient posées les mesures. Ils étaient rémunérés en nature, avec la « boulange », le produit de la mouture dont la densité est environ deux fois plus faible que celle du grain (une mesure de grain aurait donné deux mesures de boulange). Dans de nombreuses régions, on mesurait le grain et on pesait la farine, mais ailleurs les meuniers faisaient prévaloir un autre procédé : ils mesuraient le grain ras et la farine comble et restituaient au boulanger 13 mesures combles pour 12 mesures de grain reçu ras, en conservant le surplus pour prix de leur service[17].

A la fin du XIIIe siècle, qui voit la naissance d'une administration « moderne » liée à la modernisation des structures étatiques dans les communes, les états régionaux ou les monarchies, on prit conscience des difficultés engendrées par la prolifération des mesures qui rendait impossible une simple addition. La Chambre des comptes de Paris qui exerçait une surveillance sur la gestion des domaines du roi et s'occupait aussi de la police des mesures entreprit une série d'enquêtes régulières pour dresser des équivalences de mesures (*adequaciones mensurarum bladorum, avenarum et vinorum*). Une Enquête de 1292 ou 1298 a classé les mesures par bailliage pour ces trois produits et les enquêteurs se sont adressés aux autorités municipales des villes du nord de la France (Saint-Quentin, Péronne, Arras, Lens, Lille, Courtrai, Compiègne) pour procéder aux évaluations et faire venir au chef-lieu les mesures du voisinage examinées par des mesureurs-jurés. Ces mesures locales étaient converties dans la mesure du chef-lieu et quelquefois dans celle de Paris. Pour la France du Nord (Hauts de France), on dispose de 211 localités dont les mesures sont connues grâce aux enquêtes successives. Quels enseignements peut-on en tirer ? d'abord une grande stabilité dans le temps, généralement la variation est inférieure en un même lieu à 10 % et cet écart peut être dû à des différences de qualité des blés selon les années (d'humidité ou de sécheresse) ou la nature des terroirs, d'autre part une grande variété dans l'espace, mais certains nombres sont récurrents (338, 380, 422, 666, 988, 1077, 1571, 2155 kg au muid : la conversion en kilogrammes interdit de voir les parentés fondées sur la livre locale)[18]. En fait les villes et les marchés exercent un grand rayonnement sur les mesures de leur zone d'influence et obtiennent *de facto* une unification des poids et mesures des villages approvisionnant le marché urbain. En général, l'emprise économique de la ville se manifeste dans un rayon de 15 à 20 km alentour par la diffusion et l'adoption des mesures urbaines pour la circulation des grains[19]. La monarchie tenta, rarement avant le XVIe siècle et toujours sans succès jusqu'à la Révolution, d'obtenir une unification des poids et mesures sur les étalons parisiens, mais ces tentatives ne réussirent jamais à imposer les choix royaux à la seule Ile-de-France[20].

17 Hocquet (6 - 1990E), Kula (5 - 1984) a mis en lumière l'histoire sociale, dominée par les rapports de force, des poids et mesures.

18 Portet (6 - 1991A).

19 Neveux (6 - 1991).

20 Hocquet (6 - 1990B).

L'État, vendeur de biens ou concessionnaire de services, n'hésitait pas à multiplier son profit par une manipulation savante des poids et mesures. À Venise, par exemple, l'Office du sel, par une manipulation des mesures et des comptes et une modification du mesurage parvenait à faire passer le muid de sel méditerranéen d'un poids à l'entrée compris entre 2 028 et 2 496 livres (selon la provenance) à un poids à la sortie respectivement réduit de 1 872 à 2 304 livres, soit une réduction égale à un setier. Pour le recrutement des mesureurs, il accordait la préférence à celui qui était capable de remplir la mesure avec le moins de sel. C'était là la situation en 1456, mais à partir de cette date et jusqu'à la fin du XVIIIe siècle tout l'effort de l'Office en matière de mesurage du sel consista à aligner le poids du muid à la vente pour tous les sels, y compris les plus pesants, sur le poids du sel le plus léger, soit 1 680 livres au muid. Pour certains sels, l'État réussissait à gagner 696 livres qu'il revendait au prix de la gabelle, or le produit de cette vente est totalement occulté si l'on ne tient compte que du prix d'achat au marchand et du prix de cession au fermier sans prêter attention à la variation du muid, simple unité de compte sans contenant, unité de masse[21].

Les mesures de capacité du vin et de l'huile

Les mesures de capacité sont des mesures de volume en creux dont l'unité fondamentale est une mesure de longueur appliquée au diamètre et à la hauteur. Pour les petites unités et la vente au détail dans les auberges, un sous-multiple fut choisi et le pouce fut adopté, la pinte, le pichet ou la *kanne* étaient exprimés en pouces cubes, mais pour les mesures du transport et du commerce, on calqua les unités sur le pied. Dans les pays germaniques, on demeura fidèle au pied de Drusus de 333,96 mm pour mesurer et construire le diamètre et on adopta la coudée (all. *Elle*) pour la hauteur[22]. La mesure cylindrique est plus haute que large et il est erroné de donner l'équivalence d'une mesure, en l'occurrence le *Eicher*, en deux pieds cubiques, car la hauteur (une coudée) modifie le volume de l'unité de mesure et la porte en réalité à un quart en plus, non pas 1 pied^3, mais 1,25 pied^3 (dans ce cas, la coudée est égale à 5/4 du pied). Cette mesure d'un pied de diamètre et d'une coudée de hauteur constitue la mesure manuelle, c'est-à-dire la mesure adaptée au travail, à la force de travail de l'homme, du mesureur, du porteur obligé à un travail répétitif durant toute la journée. Cette mesure constitue un sous-multiple pour des mesures plus grandes adaptées à la capacité de travail de l'animal transportant sur le bât des tonneaux

21 HOCQUET (6 - 1975).

22 ZIEGLER (6 - 1986) fonde ses calculs sur un travail de B. HANFTMANN, *Die Werkpläne des Würzburger Domes*, 1926, selon qui les Bénédictins utilisaient comme mesure de longueur un pied de 332,9 mm qui n'est autre que le pied de Drusus (*pes drusianus*) encore appelé pied de Charlemagne. Charlemagne hérita des mesures bénédictines (les lettres de Théodémar (p. 230 et n. 22). Il est délicat de calculer la valeur exacte, au millimètre près, d'une mesure de longueur sur un monument.

emplis de vin ou d'huile. Heinz Ziegler a trouvé un nombre impressionnant de ces tonneaux, qui sont tous dans un rapport étroit. L'unité fondamentale est le *Eimer*, un récipient muni d'une anse que l'on peut suspendre au bât de l'animal. Deux *Eimer*, un de chaque côté, constituent un *Saum* (*soma*, somme) pour les matières sèches (grain ou sel) et qui, pour les liquides, est connu sous le nom de *Ahm* ou *Ohm* (tonneau). Cet *Ohm* est la charge d'une bête de somme et l'unité de transport du commerce lointain dans tous les pays de langue germanique, dans l'espace rhénan, aux Pays-Bas, dans l'Allemagne du nord, au Danemark, dans les pays scandinaves et en Angleterre[23]. Il y a quelques variantes locales, sous la dépendance de l'animal qui porte la charge, les plus petites sont confiées à l'âne, les moyennes au mulet, la bête de somme par excellence dans le transit montagneux appelée « sommier », au cheval les plus pesantes (la *carica* ou *carga* de 300 livres). Le transit montagneux, transalpin, a son importance si on songe que les deux grands produits liquides du commerce international au Moyen Âge étaient le vin et l'huile, des produits méditerranéens très demandés par les populations au nord des Alpes. Pendant la seconde guerre mondiale, les troupes alpines utilisaient ces animaux et chargeaient le mulet à 120,5 kg net (ou 134 litres d'huile) et le cheval à 136 kg (151 l d'huile), plus le poids des futailles. D'autre part, il faut aussi considérer le liquide transporté car les masses volumétriques du vin et de l'huile sont différentes : l'huile a un poids spécifique de 0,9, le vin de 0,99 soit 10% de plus. Les futailles de vin étaient par conséquent plus petites et entretenaient avec celles d'huile un rapport de 9 à 10. On rétablissait le rapport numérique par une pratique née dans l'Antiquité et qui survécut du Moyen Âge au XIXe siècle : l'huile était pesée et commercialisée au poids.

Le *Saum* arrivé dans les pays germaniques, pesé à la mesure locale, indiquait un poids de 280 livres, soit 10 fois 28 livres, une unité connue comme le *Viertel-Zentner* divisible à son tour pour la vente au détail selon les diviseurs binaires décroissants, 14, 7, 4 et 3,5. A Cologne, à la fin du XIVe siècle, l'unité de 28 livres était appelée « septimus » car elle contenait 7 *Stop* de 4 livres d'huile. *L'Ohm* de la ville contenait 146,5 litres d'huile. Cette capacité est fondamentale et constante : 2 *Eimer* de Franconie avaient un volume de 146,80 litres, une charge de 3 quintaux de Paris (300 livres) pesait 146,85 kg, tandis que le célèbre pile de Charlemagne contenait 146,85 kg également.

L'autre unité, pour le vin, avait une capacité inférieure, proche de celle de la feuillette de Paris pour le commerce de gros, soit 136,974 litres, ou encore 4 mesures pied du roi, ou 280 livres d'eau au poids de Paris = 137,062 l. Cette « somme » de vin est connue sous le nom d'*Ohm* de vin de Mayence. La feuillette de Paris contenait 18 setiers (ou « veltes ») qui avaient même masse que les 20 *Viertel* d'huile de Mayence.

23 ZIEGLER (6 - 1985B), p. 270, voir aussi. ZIEGLER (6 - 1986), p. 237–249.

Tab. 9 poids et capacité des tonneaux d'huile et de vin dans l'Europe médiévale

Souabe/Suisse		
	1 Saum d'huile	146,80 l
	280 livres d'huile à 471,7 g	146,75 kg
	1 Saum (Ohm) de vin du Brisgau	132,10 l
	280 livres d'eau	132,08 kg
Cologne		
	1 Normannorum pondus	130,96 kg
	1 Ahm de vin (*ama vini*)	131,22 l
	10 *septimane* d'huile (70 *Stop*)	146,44 l
Londres		
	1 *Ohm* d'huile (norme de 1486–87)	141 l
	10 quarter à 28 livres avoirdupois	141,11 kg
Lübeck		
	1 Ohm	150,80 l
	1 tonne d'huile (280 livres)	136,08 kg
	1 Schiffpfund (20 Liespfund)	136,08 kg
Mayence		
	1 Ohm d'huile (1 Saum)	150,86 l
Augsburg		
	1 Eimer (= 1/2 Ohm)	75,42 l
Paris		
	1 feuillette (en entrepôt)	136,974 l
	280 livres d'eau poids de marc	137,062 kg

Les balances

La balance est l'instrument de la pesée depuis la plus haute Antiquité qui l'utilisa en Mésopotamie, dans la vallée de l'Indus et en Égypte, à partir du IIIe millénaire avant JC. Elle était alors construite en bois et on n'en a guère conservé que des représentations peintes dont les artistes décoraient les tombes des puissants, reines et pharaons. La balance servait à la pesée des âmes (*Livre des Morts*), mais les artistes ont également peint ou sculpté des scènes de la vie quotidienne dans les échoppes des artisans ou les ateliers des orfèvres[24]. Les balances sont alors fabriquées en métal, suspendues, avec deux plateaux ou des paniers attachés aux bras par des cordes. Elle servait aussi à peser le tribut dû au pharaon ou les offrandes au dieu, elle était d'un usage fréquent dans les transactions commerciales et toute la vie quotidienne[25].

24 Ducros (6 - 1908), p. 32–53.
25 Willard (6 - 1992).

Le Moyen Âge fit aussi un large usage des balances, ainsi qu'en témoignent les textes et l'iconographie. La balance est d'abord présente dans la symbolique médiévale comme signe zodiacal de l'équinoxe d'automne quand le jour est rigoureusement égal à la nuit. À ce symbole païen apparu au 1er siècle avant JC, le Moyen Âge en superposa un autre, chrétien : le Créateur qui agit avec mesure utilise un compas et une balance pour créer un ordre naturel d'essence mathématique : « Qui a pesé les montagnes sur une bascule et les collines sur une balance ?» (*Sagesse*, XI, 20). La balance fut aussi symbole de la Justice, de l'*aequitas*, et, au tympan des cathédrales ou sur les vitraux, saint Michel qui pèse les âmes au jour du Jugement tient une balance sur laquelle le diable fraudeur appuie pour alourdir le plateau des péchés. Enfin, saint Mathieu, publicain et changeur, abandonna sa balance pour suivre Jésus.

Il existait alors plusieurs types de balance. La moins fréquente était la balance romaine à un seul plateau et un curseur coulissant rapidement sur le fléau gradué pour équilibrer la charge posée sur le plateau. À cette balance, les Allemands donnent le nom de *Schnellwaage*. Les autres balances ont deux plateaux, les unes sont de faible portée, utilisées par les orfèvres, les joailliers, les changeurs, les monétaires pour peser des masses étalonnées entre 1 once et 1 livre. Quelquefois fabriquées en argent, elles étaient pliantes et mises à l'abri en étui. Banquiers et changeurs les appelaient « trébuchet ». Celui-ci présentait un plateau triangulaire profond pour les monnaies et un plateau circulaire peu évasé pour les poids. Apothicaires et alchimistes plaçaient leurs balances dans de petites cages de verre pour protéger les produits à peser. Les boutiquiers, bouchers, boulangers, épiciers, et tous les marchands « d'avoir au poids » recouraient à des balances de moyenne portée (d'une livre à 50 livres). Le commerce de gros, les arsenaux, les mines, les moulins, les navires et les ports utilisaient des balances de forte portée, de 25 kg à 1 ou 2 tonnes appelées « statères »[26].

La balance rendait donc de multiples services. En voici deux exemples. On se demande comment les marchands qui opéraient sur les marchés lointains pouvaient vérifier la loyauté des transactions, à la fois le poids des marchandises que leur proposaient leurs vendeurs indigènes (dont ils ne comprenaient pas toujours la langue) et le cours des changes monétaires. Laissons là les changes et les difficultés linguistiques, mais pour les conversions de poids, rien n'était plus facile. Ainsi les *Statuts maritimes* vénitiens du XIIIe siècle obligeaient les navires qui gagnaient l'Outremer et le Levant à embarquer une statère. À Alexandrie, Acre, Tripoli ou Famagouste, le marchand vénitien qui avait acheté des marchandises pesées au *cantar* de 100 *rotoli* les plaçait sur le plateau de la statère et pratiquait la pesée avec les poids de Venise. Il avait immédiatement la conversion des poids d'Alexandrie ou d'autres ports dans ceux de sa ville. C'était d'autant plus nécessaire qu'à Alexandrie on utilisait quatre *cantars* différents composés d'autant de *ratl* (latin : *rotoli*, livre) différents eux aussi, qu'aucun de ces cantars

26 CHABALIAN-ARLAUD (6 - 1992), p. 77–88.

n'était semblable à celui de Syrie, mais que Venise avait calqué ses deux poids du commerce international, la livre *sottile* ou légère et la livre *grossa* sur les poids analogues d'Alexandrie en les divisant par deux[27]. Ces difficultés, les marchands les rencontraient partout où ils allaient et ils les résolvaient de la même façon.

Bruges qui fut l'une des autres grandes places du commerce mondial entre XIIIe et XVe siècles offre un autre exemple de la manière dont les marchands étrangers triomphaient des difficultés engendrées par la diversité extrême des poids et mesures. En 1252 la comtesse Marguerite de Flandre concéda aux marchands allemands à Damme « ses balances légales avec son poids légal »[28]. En 1281–1282, la revendication de balances à plateaux et l'abolition de la balance à bras inégaux réglée sur le poids d'un *Schiffpfund* ou deux *Wage* (anglais, *wey*, *weight*) étaient parmi les conditions que les marchands d'Empire mettaient au transfert de l'étape d'Aardenburg à Bruges[29]. Le règlement révisé de la balance de Bruges en 1282 répondit à ces exigences. Il fut imposé au douanier qui dut disposer au pont Saint-Jean et au marché d'une balance suffisante. La balance du marché fut dressée par la ville, celle du pont Saint Jean installée aux frais des étrangers[30]. On fit venir de Lübeck les plateaux et fléaux des balances des marchands. Par la suite, ces derniers obtinrent l'octroi de leurs propres balances. En 1351, Espagnols et Anglais possédaient déjà une maison de la bascule, les Allemands suivirent le 18 février 1352. On connait aussi l'existence, dans la deuxième moitié du XIIIe siècle, de balances particulières pour la laine, le fer et les matières grasses, fromage et suif. Enfin, au début du XIVe siècle, on reconnut à tous les bourgeois le droit de peser chez soi jusqu'à 60 livres[31]. Bruges, marché mondial au Moyen Âge, attirait de toute l'Europe les marchands et les marchandises qui voyageaient avec leurs propres poids, ce dont témoigne le nombre des places de pesage et des balances.

Il y a plus significatif encore de l'emploi largement répandu de la balance et de l'attention prêtée au Moyen Âge à sa justesse et à sa précision. Cette époque, surtout à partir de la renaissance commerciale et urbaine qui suivit l'an mil, a abandonné l'économie naturelle au profit d'une économie monétarisée, même dans les campagnes où les seigneurs au nom de leur droit de ban ont assujetti les paysans à user du moulin et du four « banal » et par conséquent à acheter le pain. Or les moyens de paiement qui avaient un haut pouvoir d'achat et la monnaie divisionnaire n'étaient pas d'un usage fréquent et il n'était pas toujours aisé de « faire de la monnaie » ou de la rendre. Les prix du grain subissaient de fortes variations saisonnières, mensuelles, voire hebdomadaires, les « mercuriales » enregistraient ces cours que l'État - le prince, la commune - était le plus souvent incapable de stabiliser. Le cours des grains avait une répercussion immédiate sur le prix du pain et, dans la majeure partie de l'Europe occidentale, étant donnée la difficulté

27 HOCQUET (6 - 1993).
28 HÖHLBAUM (4 - 1876)*Hansisches Urkundenbuch* 1, n° 428 (15 avril 1252).
29 *Ibidem*, n° 891 (ca 1281).
30 KOOPMANN (4 - 1870) éd., *Die Rezesse*, n° 23 et 24 (1282),
31 WITTHÖFT, (6 - 1976) ; WITTHÖFT (6 - 1990).

d'ajuster le prix aux moyens de paiement, on faisait varier le poids du pain en maintenant son prix. Chaque semaine (le mercredi de préférence), on publiait le « tarif » ou *calimiero*[32]. Autant dire que les acheteurs étaient très sensibles à obtenir juste poids et non juste prix. Les émeutes de la faim étaient déclenchées non par la hausse du prix mais par la baisse du poids du pain.

Les poids

La livre comportait des sous-multiples et des multiples. Ces derniers étaient quelquefois fondés sur le calcul décimal et le monde méditerranéen privilégiait le « cantar » ou *centenarium*, et le « milliaire » ou millier, pour désigner des masses de 100 et 1 000 livres. Les sous-multiples de la livre étaient le marc (1/2 livre), l'once, le carat et le grain. Le poids le plus petit était le grain, la plus petite unité pondérale, où commence et s'achève la perception humaine. Le grain était si petit qu'aucune balance n'était assez précise à l'époque pour le peser. Il fallait grouper ces grains sur le plateau pour en estimer le poids. Comme le poids des grains varie en fonction de la céréale choisie (froment, orge, seigle, mil, etc), du sol, du climat, de l'humidité, de la latitude, cet élément initial introduisait une première diversité. Ainsi, la livre poids-du-roi de Paris et la livre grosse de Venise contenaient l'une et l'autre 9 216 grains, mais la livre parisienne était fondée sur le grain de froment et la vénitienne sur le grain d'orge plus petit, si bien que les 9 216 grains de Paris rendaient à Venise 9 456 grains. Les autres différences tenaient aux multiplicateurs du grain, carats ou onces. On s'imagine souvent que les deux livres marchandes de Venise, la légère et la pesante étaient différenciées par le nombre d'onces les composant, et comme le rapport retenu est d'environ 1/1,5, on conclut rapidement que l'une était de 12 onces, l'autre de 18 (12/18 = 1/1,5). C'est tout-à-fait faux : chacune des deux livres étaient constituées de 12 onces, seule changeait la composition de l'once, faite dans un cas de 121 carats, dans l'autre de 192 carats[33], parce que le nombre de grains constituant la livre était respectivement de 5 820 et 9 216.

La recherche métrologique la plus récente a, là aussi, introduit ordre et rationalité dans ce qui paraissait un chaos dépassant l'entendement. La construction la plus remarquable est sans aucun doute celle de Witthöft qui s'appuie, il est vrai, sur une source d'informations de premier ordre, les données rassemblées à l'usage des marchands par un marchand, facteur des Bardi, Francesco Balduccio Pegolotti. Les marchands du Moyen Âge se heurtaient aux mêmes difficultés que l'historien d'aujourd'hui, constamment ils devaient résoudre des problèmes de conversion et de change. Ils trouvaient une aide précieuse dans des guides écrits à leur intention et qui fourmillaient d'indications pratiques, très nombreux en Italie dès le XIIIe siècle, puis dans l'Europe du nord à partir du XVIe siècle, ce qui atteste

32 La bibliographie italienne est plus tardive, pour les XVIe-XVIIIe siècles [Hocquet (6 - 1989C) p. 228, n. 2]. Pour le Moyen Âge, Stouff (6 - 1971), p. 33 et 49 ; Desportes F. (6 - 1976) Dirlmeier (6 - 1978), p. 338–353.

33 Hocquet (6 - 1993).

le déplacement du pôle de l'activité marchande des rives de la Méditerranée vers celles de l'Atlantique et de la mer du Nord.

Les marchands recevaient un autre type d'aide, dans leur jeunesse, lorsqu'à l'école ils apprenaient le calcul et le maniement de l'abaque : leurs maîtres les soumettaient à des exercices très concrets d'arithmétique dont les sujets étaient choisis dans leur future pratique commerciale. Dans un des plus anciens manuscrits mercantiles, le *Zibaldone da Canal* (début du XIVe siècle), on trouve par exemple cet exercice : « In Puia se vende carne e chaxio a pesi e li xxx pexi sì è J millier e lo pexo sì è 20 rotolli, doncha sé lo millier del caxio e de la carne 600 rotolli e sè tal millier cho'sé lo millier groso de Venexia ? (En Pouille, on vend viande et fromage au poids et 30 "poids" font un millier, le *poids* est de 20 *rotoli*, donc si le millier de fromage et de viande pèse 600 *rotoli*, combien ce millier pèse au millier de livres de Venise ? »). La réponse suppose de connaître l'équivalence du *rotolo* de la Pouille avec la *libbra grossa* de Venise. Elle est donnée page suivante : « E questo millier torna in Venexia millier 1, lbr. 125, al peso grosso de Venexia ; lo rotollo de Pulia sì è a Venexia onçe 22 e 1/4 a pesso grosso (ce millier fait à Venise un millier et 125 livres au gros poids de Venise ; le rotolo de la Pouille pèse à Venise 22 onces ¼ au gros poids »)[34].

Pegolotti a rassemblé et transcrit le poids de l'once des livres des principales places marchandes de l'Europe sur la base du *tari* égal à 20 grains, soit à 883,6363 mg d'après les indications qu'il fournit pour le marc de Londres. En choisissant un standard sicilien, la conversion de l'once locale en *tari* fournit rarement un chiffre rond, plus souvent un nombre fractionnaire (par exemple, l'once d'Avignon égale à 33 *tari* 3 grains 19/27. Mais le calcul permet d'établir pour chaque ville les poids respectifs de l'once, du marc et de la livre, car on connait par ailleurs la composition numérique du système pondéral[35]. On aboutit alors à des tableaux qui, par le foisonnement et la richesse des données, pourraient renforcer l'impression de chaos chez le lecteur[36]. En fait ce tableau constitue un matériau brut, quasi la matière première soumise à la recherche et au travail de l'historien qui s'efforce de mettre en relation ces données disparates et de construire des séries.

De telles séries mettent en évidence l'existence de poids-standard dans les métropoles marchandes (Bruges, Lübeck, Cologne, Paris et Londres dans l'Europe du nord, Venise, Florence, Avignon, Barcelone dans l'Europe méridionale, Nuremberg ou Augsbourg assurant les nécessaires relations entre les deux moitiés de l'Europe) et leur large diffusion à travers tout le continent. On constate que ces poids différents ont d'étroites parentés entre eux, mais aussi qu'ils sont issus de quelques souches seulement, le *solidus* ou sou d'or de Rome, le denier d'argent de Charlemagne, le *sterling* anglais et le *Pfennig* de Cologne dans l'Europe du

34 Stussi (1967), p. 8r et 9v.

35 Witthöft (6 - 1987) a utilisé et corrigé les calculs de K. Runquist, *Medeltidens Unsvikter*, Helsingborg 1982.

36 *Ibidem*, p. 423–4.

nord-ouest[37]. Les calculs monétaires et les calculs de marc et livre fondés sur l'once de Bruges montrent l'étroitesse des corrélations. Par cet ensemble de conversions, il est possible de présenter le système des poids de livre et de marc de vastes régions et d'importantes villes européennes en termes métriques, de confectionner une grille qui présente la structure des relations entre poids européens.

Ces relations nouvelles montrent que le poids monétaire et commercial carolingien s'est trouvé relégué à l'arrière-plan par des unités homologues d'autre origine nées d'autres façons de compter. Ces unités qui apparaissent alors furent, par le biais de rapports calculés en nombres entiers, fermement intégrées au système impérial universel.

Ce système de rapports numériques était basé sur une conception qui exprimait les proportions uniquement en nombres entiers. Documents écrits et pièces conservées démontrent que de telles séries de relations font apparaître sur les places où elles courent des différences et des variables, logiques et calculables, dans les unités de poids. Le poids de Bruges enseigne par exemple dans quelle mesure les poids de Troyes ou Cologne furent réalisés en unités différentes certes, mais toujours entières. Avec la migration des centres industriels et marchands d'un domaine de poids à l'autre, différentes définitions d'une unité d'un même nom pouvaient successivement passer au premier plan. Il n'était pas de règle qu'à une époque de mutation, les grands foyers du commerce adoptassent la « nouvelle » unité avec les caractéristiques qu'elle présentait déjà dans son berceau. On construisait en effet des relations chiffrables par rapport à ses propres poids. Ainsi, si on disposait d'une livre adéquate, proche, basée sur un certain poids d'onces, on n'hésitait pas à l'emprunter, en toute connaissance des différences ainsi introduites. Sa diffusion successive dans les domaines assujettis à la ville obéissait à sa dynamique propre.

Le petit marc flamand - ou marc de Bruges - a entretenu avec les marcs et livres des grandes cités médiévales, Florence, Venise, Aix-la-Chapelle et Lübeck, des relations simples, de calcul facile. Le rapport de l'once de Bruges à l'once carolingienne (25 à 22) était analogue à celui entretenu avec les onces de Naples-Florence-Messine / Londres / Cologne / Anvers-Bologne, respectivement 25 : 30-32-33 et 34[38]. Le poids de l'once à Bruges correspondait à celui qui composait la livre suédoise de fer (340,200 g) et la livre royale écossaise (680,400 g). Il était voisin de celui de la livre marchande d'Amsterdam. (494,834 g). Pegolotti comptait une livre d'argent des foires champenoises à 2 marcs d'argent brugeois

37 Dans le système de compte carolingien, 12 onces contenaient 192 deniers (15 onces = 240 deniers). Par la suite un poids de 12 onces fit 240 d. Hilliger (1900), avait observé que durant le haut Moyen Âge la livre-poids ne contenait pas un nombre fixe de deniers ; encore au milieu du xiiie s. à Cologne le sou n'était pas une mesure de la valeur d'échange, mais un poids réel (p. 190), à Lübeck, demi-once et sou étaient aussi des unités de poids, sous-multiples du marc lubeckois (p. 200). Ces sources tardives éclairent la signification du poids d'once carolingien (27,216 g) de 16 deniers.

38 Witthöft (6 - 1987), p. 423 sqq.

précisément. L'once de Bruges (30,927 g) était à cette époque une once de foire. On avait donc toujours la possibilité arithmétique d'arriver, par la livre marchande de Bruges de 14 onces, à une valeur très proche de la livre des autres villes en relation d'affaires avec la cité flamande.

Contaminations et emprunts ont toujours existé. De même que nous montrerons que Venise avait emprunté ses deux livres du commerce international aux *ratl* correspondant d'Alexandrie, de même l'Angleterre, quand elle abandonna un système archaïque de pesée connu sous le nom d'*auncel* dont les marchands de laine étrangers ne voulaient plus car il suscitait d'infinies contestations, adopta deux poids non pas nouveaux, mais étrangers. Elle choisit les poids de deux grands centres économiques où se vendait et se transformait la laine anglaise : Florence lui transmit l'*avoirdupois*, les foires de Champagne le *troy weight* ou livre de Troyes de 5 760 grains. La livre florentine de 16 onces pesait 453,9 g, soit 1/3 de gramme de plus que le poids actuel d'*avoirdupois* (453,59 g et 7 000 *Troy* grains), Edouard Ier adopta l'once de Florence pour constituer le nouveau système pondéral de la laine et l'étendit à toutes les marchandises des trafics[39]. Cependant, il existait encore une autre livre à Londres et Pegolotti précise qu'elle servait à peser l'argent à la Monnaie abritée dans la tour de Londres. Le marc de cette livre (*Tower pound*) était le même que celui de Cologne ajoute-t-il, et il était plus léger de 240 grains que le marc de Troy. Ce système anglais, très bien décrit par un paragraphe de l'*Assisa panis et cervisie* qui reçut le nom de *compositio mensurarum* était un système clos dès le temps d'Henri III (1266), puisqu'il donnait à la fois la composition du denier sterling en grains, le poids de l'once et de la livre et la conversion des mesures de capacité du vin (*gallon*) et des grains (boisseau) en unités pondérales d'après la livre et le *quarter*:

> By the consent of the whole Realm of England, the measure of our Lord the King was made, viz, that an english penny called a sterling (...) shall weigh XXXII wheat corns ; and XX pence do make an ounce ; and 12 ounces a pound ; and VIII pounds do make a gallon of wine and VIII gallons of wine do make a London bushel ; which is the eight part of a quarter[40].

Ces systèmes clos attestent que l'on était arrivé dès le XIIIe siècle, et probablement auparavant, à un haut degré de rationalisation des poids et mesures[41]. Ils

39 CONNOR (6 - 1987), en particulier chap. VIII, *The origins of the units of commercial weight.*

40 *Ibidem*, 123–4. On trouve la même définition dans le manuscrit *The Noumbre of Weyghtes* dont JENKS a donné une édition : « To have knowlych of Troy weyght ye schalle understand that 30d, whyche were coynyd and made of sylver « tempore Henrici Sexti » wey ane unce and 12 unce make a lb. off Troy. And of alle thys weyghtes 8 lb. made a galon of wyne and 8 gallons of wyne make a boschelle of whete (or) of odyr graynis that be sold in London, wiche is the 8. parte of a quarter whete [JENKS (6 – 1992), p. 283–319].

41 WITTHÖFT (6 - 1984) développe cette idée (p. 96) : le poids du marc d'argent (170,54 g) et de la livre d'or (327,45 g) au temps carolingien ont été établis, compte tenu de la diversité des poids

témoignent aussi que marchands et clients avaient toujours la possibilité de vérifier la loyauté d'une transaction par la pesée : un *gallon* est une mesure géométrique au diamètre et à la hauteur exprimés en pouces, mais chacun sait que cette mesure, si elle est conforme à la loi, contient 8 livres de 12 onces de vin. Le *gallon* de vin dit de Winchester, attesté dès l'époque de la Grande Charte (1215), avait pour mesures 7 pouces de diamètre et 6 pouces de hauteur, soit un volume de 231 pouces cubes, le *gallon* de grain avait pour dimensions, diamètre et hauteur, 7 pouces et contenait 269 pouces cubes, soit 1/8 de *bushel* dont les deux dimensions atteignaient 14 pouces ou 36,36 litres[42]. Outre le fait que ces mesures anglaises anciennes sont fondées sur la progression 7, 14, 28..., il convient de noter qu'en diminuant d'un pouce la hauteur du *gallon* de vin, les créateurs du système ont réalisé une opération analogue à celle déjà observée pour les tonneaux d'huile et de vin, à savoir équilibrer les poids en modifiant les volumes. La géométrisation des mesures et la considération des poids volumétriques (pour ne pas employer la notion de poids spécifique pourtant connue depuis les expériences d'Archimède) des diverses marchandises étaient largement répandues dans l'Europe médiévale.

On ne s'étonnera plus, dans ces conditions, que la nouvelle école métrologique, à laquelle il a été si souvent fait référence, n'hésite pas à présenter des tableaux synoptiques des poids et mesures en Europe, où sont illustrées les filiations et les rapports numériques simples et entiers qui unissent entre eux les poids royaux de la Sicile à la Suède et ceux des grandes villes marchandes, de Venise ou Florence à Londres[43]. L'arithmétique éclaire singulièrement ce qui avait passé longtemps pour un chaos dont l'enchevêtrement et l'obscurité décourageaient les chercheurs qui, à de rares et glorieuses exceptions près, renonçaient à entreprendre le moindre commencement d'étude.

* * *

Il fallait rendre compte du foisonnement des anciennes mesures sans pour autant prétendre en dresser un dictionnaire encyclopédique où chacun aurait pu espérer trouver la solution des problèmes qui l'assaillent. Répondre à la question « qu'est-ce qu'une *carruca* ? » appelle-t-il une équivalence en termes métriques (x fractions d'hectares) ou une définition en termes de travail qui désigne la quantité de terre arable que le paysan labourait en une journée avec ses deux bœufs. La première donne une image très abstraite qui fait référence à l'abstraction du mètre, la seconde, concrète, s'enracine dans la vie matérielle du paysan, dans les travaux et les jours. Ce foisonnement bien réel juxtapose, on en a eu l'intuition, des mesures officielles élaborées et utilisées par les arpenteurs, les monétaires, les grandes maisons de commerce et les transporteurs, les notaires, les agents du

spécifiques des deux métaux précieux, respectivement 9,3 et 18,8, en fonction de la capacité d'une même mesure de 17,40 cm^3, soit un cube d'un pouce d'arête. Il y avait dès cette époque une étroite relation entre les unités de longueur (le pouce), de volume et de poids.

42 Sahlgren (6 - 1985), p. 361–7.

43 Witthöft (6 - 1990), p. 46.

fisc, et des usages populaires des campagnes et des travailleurs. La juxtaposition masque souvent l'usage savant du géomètre, mais celui-ci est exhumé dès qu'on procède à une vérification précise des champs et des terres dont les dénominations paysannes avaient fossilisé les mesures d'arpentage. D'autre part, et c'est l'idée qui a inspiré tout l'exposé, les mesures sont érigées en systèmes « verticaux » qui les rassemblent selon une arithmétique rigoureuse et savante combinant harmonieusement multiples et sous-multiples pour mettre à disposition des usagers le plus grand nombre d'éléments de divisibilité, et en systèmes horizontaux : la recherche la plus récente s'efforce de retrouver l'unité fondamentale, celle de longueur, dont sont issues les mesures de surface, les mesures de capacité et les unités de masse. La naissance de systèmes clos n'est pas à porter au crédit du XVIe siècle et d'une Renaissance des mathématiques, le monde carolingien n'ignorait pas ces constructions intellectuelles hardies et dans l'enseignement au Moyen Âge les écoles et les universités firent une grande place à deux disciplines du *quadrivium*, la géométrie et l'arithmétique. Forts de ces deux sciences, théoriciens et praticiens de la mesure, très éloignés de faire n'importe quoi, ont édifié des architectures métriques qui s'efforçaient de sauvegarder et de transmettre les mesures impériales romaines léguées par la renaissance carolingienne. Si la mesure ne varie guère dans le temps, si les rapports numériques (fractions) établissent clairement les filiations dans l'espace, le mesurage qui désigne la manière d'utiliser la mesure « à son avantage » engendre beaucoup d'abus qui placeront souvent le contrôle des poids et mesures au cœur du conflit opposant paysans et seigneurs.

Traduit de l'italien, titre original : « Pesi e misure », p. 895–931, *Storia d'Europa*, III, *Il Medioevo, secoli* V-XV, Gherardo ORTALLI éd., Giulio Einaudi editore, Turin 1994.

Part I

L'ORIENT ET LA MÉDITERRANÉE

1

VENISE ET ALEXANDRIE (XIVE-XVE SIÈCLES)

Les juristes musulmans se sont efforcés de fixer le poids du dinar d'or selon la mesure de La Mecque, et le poids du dirhem d'argent, selon la mesure de Médine à l'époque du Prophète, pour déterminer exactement le paiement de la dîme aumônière, du *nisab,* de la *qasāma* (la réparation*)*. Le dinar d'or légal ou *sari* pesait 72 grains d'orge et comme le poids du dirhem d'argent légal équivalait à 7/10 du dinar d'or, il devait peser 50,4 grains. Au xe siècle, le marc ou dinar pour peser l'or contenait 72 grains comme à La Mecque, mais le marc ou dirhem pour peser l'argent tenait 36 grains, un dirhem aurait alors pesé un demi-dinar, une valeur que l'on retrouve par la suite, dans l'once et la livre. Seize dirhems de 36 grains constituaient en effet l'once *(iqiyya)* de 576 grains. La livre ou *ritl* était le multiple de l'once. Deux sortes de livres, de 12 et de 16 onces, coexistaient, la livre de 16 onces mesurait et pesait grains, liquides et autres solides, la petite livre de 12 onces était réservée aux usages médicinaux et pharmaceutiques[1]. L'unité supérieure de poids était le quintal *(qintār),* constitué de quatre *arrobas* de 25 livres chacune, mais le quintal d'huile équivalait à 2,5 quintaux ordinaires et pesait donc 10 arroves. L'*almudí (al-mudy)* constituait la mesure supérieure de poids égal à 12 cafis *(qafiz, cahiz*), et pesait 8 quintaux (*quintales*). Le cafis était fait de 2 fanègues (*fanegas*) et dans *l'almudi* entraient 24 fanègues. La plus grosse unité de poids et de capacité reçut le nom générique de *carga (himl).* Au xe siècle on l'identifia à *l'almudí* de 8 *quintales* de 24 livres (*arroba*) ; par la suite, il fut synonyme de *qafīz*. Selon le produit pesé ou mesuré la *carga* contenait un nombre déterminé de quintaux et *arrobas*, de cantars et *qadah,* ou *almudes* et *fanegas*[2] Quand la *carga* contenait des liquides, elle était appelée *moyo* et tenait 16 *cantars* ou *arrobes* de 34 livres ou 544 livres.

1 Il existait d'autres livres, ainsi la livre carnassière de 36 onces qui servait à peser la viande de boucherie.

2 Pour ce bref rappel des principaux poids et mesures des pays musulmans au Moyen Âge, nous avons suivi, même s'il s'applique à l'Andalousie, l'excellent exposé pour sa commodité de VALLVÉ BERMEJO (6 - 1977) et (6 - 1984).

DOI: 10.4324/9781003322733-3

Les échanges opérés à Alexandrie avec les marchands vénitiens tenaient-ils compte de ces mesures musulmanes ? Ces échanges entre chrétiens et musulmans étaient-ils dictés par la loi religieuse ou obéissaient-ils à des considérations purement marchandes où chacun des partenaires cherchait à réaliser le profit maximum ? à acheter au meilleur prix des produits venus d'ailleurs et mesurés avec des valeurs étrangères?

Ne pas confondre « mesure » et « chose mesurée » est d'importance primordiale. L'emballage, la caisse, le baril étaient dès le Moyen Âge des containers suffisamment standardisés pour servir d'unités de mesure auprès des vendeurs comme des acheteurs, des transporteurs ou de services administratifs, les douanes par exemple, mais il était souvent prudent, pour contrôler la loyauté de la transaction, de confronter les contenants, colis ou récipients aux mesures-étalons qui, déjà au XIIIe siècle, étaient des unités abstraites, mathématiques, sans lien avec les paquets, balles, enveloppes, barils ou autres tonneaux qui servaient à la manutention et à la protection des marchandises. Le marchand acheteur était bien avisé de vérifier le poids précis de la *sporta,* s'il achetait une *sporta* de poivre, et d'en lire le poids sur la balance ou la statère en cantars ou en livres. Quand le *Zibaldone da Canal* recensait les poids et mesures d'Alexandrie, il omettait la *sporta* et se contentait d'examiner les différentes sortes de cantars ou quintaux en usage dans le port égyptien[3].

Le miel était transporté en tonneau *(botte)* dont le poids était évalué en cantars égaux à 200 livres (lb.) grosses de Venise. Ce cantar d'Alexandrie pesait 100 *rotoli* et était égal à 200 lb. grosses de Venise[4]. Ce cantar emprunté à l'Antiquité classique, toujours égal à 100 livres, n'est nullement surprenant, les Arabes lors de la conquête s'étaient installés dans des territoires profondément romanisés conquis sur l'empire byzantin. Sauvaire qui a publié une étude pionnière de métrologie musulmane à la fin du XIXe siècle[5] et l'Encyclopédie de l'Islam[6] citent le *mystron*, le *cyathe*, le *xeste* (grec *sextarios*), le *conge* et le *matar* (*métrétès*) ou encore le *keurr* (grec *koros*) et le *ratl* qui serait la forme araméenne du grec *lítron*, sans parler du *kintar*, tandis que le *kafiz* viendrait du persan. Ces termes empruntés à diverses cultures méditerranéennes avaient pu être corrompus par les copistes.

3 *Rame e stagno e tute cosse che se pesa a Venexia a grosso geta in Alexandria cantera V çeroin, vien lo canter lbr. 200 a grosso. Mielle se vende a lo dito canter e geta lo mier de Venexia in Alexandria canter 5 men 1/4 perchè ello se abate lo 1/4 per le bote et a questo canter se vende tute cosse da mançar e çucharo e datalli e lo canter del çucharo geta in Venexia lib. IIJC a sottil* [STUSSI (2 - 1967) c. 39v]. On voit par ce premier exemple l'attention portée aux poids et mesures, au poids brut et au poids net, puisque du miel venu en tonneau il fallait abattre un quart de cantar pour le poids du tonneau, soit 50 livres.

4 *Ibid.*, 41v (69), *A canter çeroin se vende tute merchadantie che se porta a vendere là e lo canter si è C rotolli e lo rotollo si è XIJ onchie.*

5 SAUVAIRE (4 - 1886), VII et VIII-1.

6 ASHTOR, VIII – 115–9, s.v. Makāyil et Mawāzin (mesures de capacité et de poids).

L'auteur du manuscrit vénitien poursuit son étude des poids en usage à Alexandrie et de leur conversion dans les unités de Venise[7]. Le *Zibaldone* fournit des renseignements de premier ordre et des données suffisamment riches pour en tirer un tableau que l'on peut confronter aux informations fournies par Pegolotti[8].

Les cantars d'alexandrie

Tab. 1 conversion des cantars d'Alexandrie en poids locaux et en poids de Venise.

nature du cantar d'Alexandrie	*poids à Alexandrie*	*poids à Venise selon* Zibaldone	*à Venise selon Pegolotti*
cantar *çeroin*[9]	1 cantar et 56 rotoli *leudi* (= 156 rotoli leudi) ou 2 cantars *folfori*	200 lb grosses 300 lb. légères	300/301
cantar *felfello*[10] pour le poivre	100 *rotoli*[11] de 12 onces 1/2 cantar *çeroin*	143/144 lb. légères	140
cantar *leudi*[12] pour le lin		200 lb. légères	193

A première vue, les informations transmises par le *Zibaldone* comporteraient une incohérence, mineure il est vrai : 1 cantar *çeroin* de 300 lb. *sottili* de Venise est égal à 2 cantars *felfelli* qui ne font plus que 143 livres. Il existait des *rotoli* et des onces différents pour la pesée de chaque cantar[13]. L'auteur du *Zibaldone* confirme que chaque cantar avait son propre poids, sa propre unité de poids pour la pesée. Et ces poids, *rotolo çeroin* et *rotolo folferi* étaient

7 Stussi (2 - 1967) 39v, 41v, *Sepis che lo pevere se vende in Allexandria a carga e sé canter V felfelli; questa carga geta in Venexia lbr. VIJcXV a sotil et a questo canter felfelli se vende tute merchadantie che se traçe fora d'Allexandria e sé sto canter de rotolli C e llo rotollo si è onchie XIJ che vien ad esser lo canterl lbr. CXLIIJ a sotil e a CXLIIIJ° in Venexia. Lo lin se vende in Allexandria a canter X leudi, li qual torna in Venexia mier IJ a sotil (...) vien lo canter lib. IJc a sotil de Venexia. Lo canter çeroin si è canter J e rotolli LVJ leudi e lo canter çeroin fa canter IJ folfori in Allexandria.*

8 Evans (2 - 1936), p. 74.

9 Ashtor (6 - 1986) appelle ce cantar « jarwī » (p. 473).

10 La mesure pour les épices était le *ratl fulfulo (felfelo)* ou *forfori.*

11 Les Italiens désignaient par *rotolo* ce que les Arabes appelaient *ratl* et qui est en fait l'équivalent de la livre. Ashtor (6 - 1986) indique les équivalences qu'il a décelées dans l'ensemble des sources consultées (p. 472), notamment judiciaires (à Venise *Giudizi di Petizion*). Les conversions s'établissent entre 0,413 kg et 0,439 kg entre xive et xvie siècles.

12 Certaines livres portent des noms de personne, ainsi le *ratl laithī* (ou *leuedi, leudi*) du nom d'un ancien gouverneur de l'Égypte, al-Laith ben Fadl, 799–802 [Ashtor (6 - 1986), n. 6]. Le *ratl laithī* mesurait la cire.

13 Stussi (2 - 1967), 41v, *Lo rotollo çeroin pexa miarexi 312 e lo rotollo folferi si pexi CXLIIIJ de miarese e lo rotollo leudi pessa pexi CC de miarexi.*

dans un rapport de 1 à 2. Le cantar *leudi* était plus petit que le *çeroin:* 1 cantar *çeroin* = 1 cantar et 56 *rotoli leudi* ou 156 *rotoli leudi,* ce *rotolo* pesant 200 *miarexi* ou 2 livres légères de Venise[14]. Reste à savoir ce qu'est le miarese[15], en tout état de cause une unité infime égale à 1/200 du *ratl* ou à 1/16 ⅔ de l'once, ce qui semble indiquer le poids d'un dirham de 36 grains d'orge (36 × 16,66 = 600 grains = 1 once[16]). La métrologie arabe, selon ses meilleurs historiens, était fondée sur le poids légal du *dirham* d'argent et du *dīnār* d'or, et de leurs multiples et sous-multiples[17]. Sauvaire se fondait sur le poids du dirham en 1845, soit 3,0898 g, et avançait que ce poids représentait une valeur stable depuis le ve siècle de l'Hégire[18].

A Venise, on pesait le poivre et les épices condimentaires à la livre légère, diverse de la livre pesante ou grosse de 12 onces égale à 477,08 g. A Alexandrie on procédait de même, avec 2 *ratl* différents. Le poids de la livre légère, si on accepte l'équivalence donnée par Pegolotti (100 livres grosses = 158 livres légères), pesait 301,94 g[19] ce pour quoi il faut faire intervenir également deux onces de poids différents, chaque livre étant constituée de 12 onces, alors que la livre monétaire à Venise pesait à la fois 16 onces et 9 216 grains entrant dans 144 carats.

14 Selon la tradition historiographique représentée par l'islamologue allemand Walther Hinz il existait en Egypte cinq sortes de cantars (*qintar*) de 100 *ratl*, notamment à Alexandrie le *qintar folfoli* pour la pesée des épices et aromates de 100 *ratl* de 144 *dirham*, d'environ 45 kg, le *qintar laiti* de 100 *ratl laiti* de 200 *dirham* et de 62 kg, et le *cantar garwi* de 100 *ratl garwi* de 312 *dirham* ou 96,7 kg. HINZ (6 - 1955) connaissait Pegolotti mais suivait de préférence une source plus tardive, Da Uzzano, et surtout le voyageur anglais HAKLUYT (2 - 1903–05), auteur d'un rapport daté de 1584, Alexandrie, qui établissait les comparaisons avec Marseille (*Extra series*, vol. V, Glasgow 1904, p. 272). Les données contemporaines (des XIXe et XXe siècles) sont empruntées par Hinz à Nâser e Hosrou, Sefar Nama, ed. Ch. Scheffer, Paris 1881, 51 et à al-Qalqasansi, Subh III, 445. Le *cantar folfoli* pesait 44,298 kg en 1925, selon MSOS, *Westasiatische Studien*, Berlin 1925, 25. ASHTOR (6 - 1986) incline à penser que Hinz surévalue et a besoin de corrections.

15 STUSSI (2 - 1967), 40r-41v, *Questo canter (leudin) torna in Venexia lib. 200 al pexo sotil e la lbr. de Venexia pexa miarexi 100 e lo rotollo de questo canter pexa miarexi 200. La libre sottil de Venexia si pexa miarexi 96 d'Allexandria.* Le mot est formé sur la racine [mille] et signifie « millième », mais le sens ne paraît pas évident. SOPRACASA (2013) avance l'hypothèse d'un poids d'or égal à 1/1000 de livre.

16 Nous suivons dans nos calculs des données de VALLVÉ BERMEJO (6 - 1977–1984).

17 Les juristes musulmans s'efforcèrent de fixer le poids du *dinar* d'or selon la mesure de La Mecque, et le poids du *dirhem* d'argent, selon la mesure de Médine à l'époque du Prophète, pour déterminer exactement le paiement de *l'azaque* (ou *zakāh*, dîme aumônière), du *nisab*, de la *qasāma* (la réparation) écrit VALLVE BERMEJO (cf note précédente), tandis que SAUVAIRE (1886) cite la dîme, les aumônes et les expiations.

18 SAUVAIRE (4 - 1886), 2e partie, les poids, p. 369, n.1. VALLVÉ BERMEJO (6 - 1977–1984) ne cite nulle part cette valeur dans son examen des poids calculés sur les deux monnaies arabes du temps du Prophète, soit un demi-millénaire plus tôt.

19 MARTINI (6 - 1883), s. v. Venezia, retenait une valeur de 301,23 g.

Tab. 2 les deux livres marchandes de Venise

	Peso grosso				*Peso sottile*			
livre	1				1			
once	12	1			12	1		
carat	2 304	192	1		1 455	121,1	1	
grain	9 216	768	4	1	5820	485	4	1
gramme	477,08	39,705	0,2068	0,0517	301,28	25,0745	0,2068	0,0517

On voit bien que cette livre légère de Venise présente une difficulté. Comme la livre grosse, elle repose sur le grain d'orge et l'once, mais l'once est ici faite de 121 carats et un grain. Le rapport des deux livres:

9 216 : 5 820 = 1,5835

confirme l'indication de Pegolotti. Or notre tableau, emprunté à un auteur du XVIIIe siècle, Antonio Menizzi[20] met en évidence la stabilité des unités de poids entre XIVe et XVIIIe siècle, mais il montre aussi que la livre légère est étrangère à Venise car le système arithmétique qui organise ses diviseurs est perturbé par l'expression de la valeur de l'once en carats : une définition de 121 carats 1 grain ne constitue pas un mode de calcul cohérent de l'once. Les deux équivalences avec le poids d'Alexandrie, 100 ou 96 *miarexi*[21], inclinent à envisager que les Vénitiens auraient emprunté leur livre légère au commerce asiatique des épices transitant par Alexandrie ou du lin nilotique. Si les deux livres de Venise sont dans un rapport de 1,58 pour 1, les deux cantars d'Alexandrie pesés au *rotolo* de 312 et de 200 *miarexi* sont dans un rapport de 1,56 à 1, le plus pesant est donné en livres grosses de Venise, l'autre en livres légères. Il y a là des contaminations opérées par le commerce qui font que dans les deux cas, la livre de Venise est la moitié du *rotolo* d'Alexandrie, contaminations des poids et mesures entre les deux grands ports du commerce méditerranéen qui méritent d'autant plus d'être soulignées que l'on serait bien en peine de relever des parentés entre les divers *ratl* et *qintar*/cantars en usage à Alexandrie. Le manuscrit vénitien *Tariffe di Alessandria*[22] notait à l'extrême fin du Quattrocento ces informations capitales : « 16 carats d'Alexandrie font 1 poids (*peso*) à Alexandrie et 100 poids d'Alexandrie font 1 livre légère à Venise »[23].

20 MENIZZI (2 - 1791), 23.

21 Cf supra n. 11. Le Zibaldone ne parvient pas à trancher : *la lbr. de Venexia pexa miarexi 100 e lo rotollo de questo canter pexa miarexi 200. La libre sottil de Venexia si pexa miarexi 96 d'Allexandria* [STUSSI (2 - 1967)].

22 Venise, *Biblioteca Marciana, Ms It.* VII 384 (7538).

23 Ce texte soulève des difficultés : *charati 16 di Alexandria torna peso J° di Alexandria (. . .) et pesi 100 di Alexandria hè £ J^a^ sutil da Veniesia*. En effet les deux termes carats et poids (*carati e*

Mais le même tarif informait ses lecteurs que « à présent, parce qu'ils ont augmenté les poids (*al presente perché hano grand itti i pesi*) », 77 1/3 pesi font un marc de Venise.

Tab. 3 Des systèmes hétérogènes de poids et mesures à Alexandrie

unité de poids		*furfuri*			*laidin*			*zervi*		
		cantar	*rotolo*	*once*	*cantar*	*rotolo*	*once*	*cantar*	*rotolo*	*once*
furfuri	cantar	1			1.38.8			2.16.8		
	rotolo	100	1		1.38	1.4.64		216.8	2.2	
	once	1200	12	1	166.4	16.64	1.386	2600	26	2.16
laidin	cantar				1			1.56		
	rotolo	70.11 23/27			100	1		156	1.6	
	once				1200	12	1	1872	18,72	1,56
zervi	cantar							1		
	rotolo	46.1 1/3			4			100	1	
	once							1200	12	1

Le tableau 3 met en évidence que les poids *furfuri* utilisés pour peser les épices sont les plus étrangers aux deux autres poids alexandrins. Le cantar *furfuri* pesait en effet 70 *rotoli* 11 onces 23/27 *laidin* ou 46 *rotoli* 1 once 1/3 *zervi*, tandis que l'on constate que l'once *laidin* est avec l'once *zervi* dans le rapport 1/1,56 qui nous est devenu familier.

Il est aisé de calculer la valeur métrique des différents poids : *miarexe,* onces, *rotoli* et cantars, dans les deux hypothèses d'une livre légère égale à 96 ou à 100 *miarexi* qui fait le *miarexe* égal, dans le premier cas, à 3,138 g, et dans l'autre, à 3,012 g, cependant que Sauvaire retenait 3,0898 g, soit une valeur moyenne. Traditionnellement peu porté à l'emploi de moyennes qui fausse le jugement, le poids du dirham d'argent indiqué par Sauvaire me parait en l'occurrence digne d'être retenu pour calculer le poids de la livre légère de Venise au tournant des XIIIe et XIVe siècles : 3,0898 × 100 = 308,98 g, ce qui met le cantar de 300 livres à 92,694 kg et celui de 144 livres à 44,493 kg. On remarquera que l'adoption du poids du dirham d'argent nous place au cœur du système métrologique arabe/mamlūk d'Alexandrie (mais nous écarte du poids de la livre de Venise indiqué par Martini), sans chercher à étendre le résultat de l'enquête à l'ensemble du monde musulman ni même à l'ensemble des territoires soumis à l'autorité du sultan mamlūk.

pesi) sont inusités dans la métrologie arabe, il est infiniment probable que les Italiens appellent « peso » le dirham-poids et 100 *dirham* font 1 livre légère à Venise, laquelle pèse 1 600 carats d'Alexandrie.

Tab. 4 conversion des poids en usage à Alexandrie vers 1300 dans les unités du système international[24]

	1 cantar çeroin	*1 cantar* folferi	*1 cantar* leudi
rotolo	100	100	100
once	1 200	1 200	1 200
kg	92,694	44,493	61,996 kg
poids de l'once (g)	77,245	37,0775	51,663

Tab. 5 calcul des poids d'Alexandrie d'après Pegolotti

	à Alexandrie	*à Venise en livres légères*
1 cantar *gervi*[25]	156 *rotoli leuedi*	300/301
5 rotoli *gervi*	6 *mene*	
10 *mene*	13 *rotoli levedi*	
1 cantar *forfori*	50 *mene*	140
100 *mene*		265/268
1 cantar *leuedi*		193

Les écarts, importants déjà soulignés dans le tableau 1, font-ils préférer les données rassemblées par le plus ancien manuscrit, le *Zibaldone* ? En fait, il est probable que les conversions indiquées par Pegolotti dans les poids de Venise sont exactes, mais qu'au moment de calculer les équivalences internes, il a retenu des valeurs approchées (13/10, 5/6, 1/2). Il n'en reste pas moins aussi que les poids indiqués pour les deux cantars *forfori* et *leuedi* sont plus légers au temps de Pegolotti alors que le cantar *gerui* s'est maintenu inchangé. Or celui-ci, établi en livres grosses de Venise, sert surtout à peser les marchandises importées à Alexandrie par les Occidentaux, métaux, cuivre et étain, le miel et tout ce qui se vend au *peso grosso* à Venise, à quoi Pegolotti ajoute le sucre, l'alun, la cire, le mastic, les fruits secs, la poix, etc. Les épices, la soie et le lin, exportés par Alexandrie sont pesés avec les deux cantars légers, dont le poids s'est affaibli.

24 Une remarque s'impose : nous nous plaçons au cœur du document et les unités du système international (système métrique décimal) ne sont intervenues qu'au moment d'opérer les conversions ultimes et parce qu'elles sont nécessaires à la fois pour comparer et pour donner une idée précise des valeurs anciennes dans les poids qui nous sont familiers. En leur absence, il aurait fallu calculer avec des grains ou des onces, ce qui aurait singulièrement compliqué la tâche.

25 Le *ratl jarwī* (*gerui*) pesait l'huile d'olive.

Peut-on conclure de cette constatation:

1. à une dégradation des termes de l'échange au bénéfice d'Alexandrie durant le premier tiers du XIVe siècle ?
2. à une manipulation des poids et mesures à des fins fiscales et douanières?

Dans les deux cas et quelle que soit l'hypothèse retenue, les marchands occidentaux payaient plus cher les marchandises chargées à Alexandrie car elles étaient vendues sous un plus faible poids.

Il demeure un dernier problème non résolu : de quand date ce système de poids d'Alexandrie ? La réponse à cette question serait de nature à éclairer les problèmes de la transition entre les poids romains et les poids du XIVe siècle. En 392, selon Epiphanios de Salamis qui avait entrepris de décrire les poids et mesures de son temps, le talent de Thèbes d'Égypte de 60 mines thébaines de 810 g ou 100 mines égypto-ptolémaïques de 486 g pesait 48,6 kg[26]. La mine égypto-ptolémaïque (486 g) était égale au centième du talent de 48,6 kg, soit un écart assez important de 7,5 % avec le cantar *folferi.* Cette mine de 486 g était dans un rapport de 3/2 avec la livre romaine de 324 g, 100e partie du talent de 32,4 kg qui forme un peu plus de la moitié du cantar *leudi* de 62,75 kg. L'écart est ici de 3,25 %.

Les documents de la *geniza* du Caire auraient pu fournir d'utiles informations. Goitein signale dans une note[27] que l'unité de poids *(basic weight)* est le *dirhem* de 3,125 g, très proche par conséquent du *miarexe* de 3,138 g. La différence est de 0,013 g (rappelons que nous avons travaillé avec la donnée de Sauvaire : 3,0898 g). Le poids commun de Fustat-Le Caire, le *ratl,* consiste en 12 onces de 12 *dirhems* ou 144 *dirhems* soit 450 g. Cent *ratls* font 1 *qintar* et il s'agit ici du cantar *forfori.* Un poids très utilisé est le *mann,* lié au *mene* biblique, et qui consiste en deux livres un peu plus légères que la livre de Fustat : 139 *ratl* correspondent à 74 *mann*[28]. Pegolotti affichait l'égalité suivante : 1 cantar *forfori* = 50 *mene* = 140 livres légères, soit 1 *mann* = 0,843 kg, ce qui semble l'équivalence de 2 *ratl,* mais ailleurs, il notait que 1 *qintar* de *mann* égalait 265/268 livres légères, ce qui abaissait le poids du *mann* à 798/807 g[29]. La *Tariffa di Alessandria* retient une autre égalité : *mene 100 sono rotoli 180 furfuri, diè esser a Veniesia libre 259 sotil,* soit 0,780 kg et un écart de 63 g ou 7,43 % entre les deux données. Les documents distinguent différents types de poids (poivre, grand et *laythi*), où l'on peut reconnaître : *forfori, gervi* et *leuedi.*

26 Dean (6 - 1935) ; Schillbach (6 - 1992), p. 223–257.

27 Goitein (6 – 1967), I, p. 360–1.

28 *Mann, mana, mine* (attique, romaine. . .), pl. arabe, *amnā*, on l'appelle aussi *batman*). Le grand équivaut à 4 *ratls*, le petit à 2 *ratls* à la mesure, précise Sauvaire (4 - 1886), IV-2, 236–8.

29 Evans (2 - 1936), p. 74.

La *sporta*

La sporta qui était au départ de l'enquête, pèse 500 *ratl,* c'est-à-dire, pour reprendre le terme même du *Zibaldone,* une *carga* ou *carica,* une unité bien répertoriée du commerce international. Selon Goitein, le container le plus fréquemment utilisé dans le commerce maritime était une balle faite d'une enveloppe de cuir, appelée *'idl,* qui à l'origine représentait la moitié d'une charge de chameau, tandis que le poids qui désignait les grosses charges de poivre était appelé *himl.* Son poids standard était de 500 livres *(ratl),* mais de fait, ajoute-t-il, elle pesait souvent beaucoup moins. Ainsi, dans un compte ancien (vers 1030–1040) de livraison de lin qui donnait le détail de 35 balles, 5 balles pesaient exactement 500 livres, une 510, 17 entre 490 et 498, cinq entre 482 et 489, sept 472 ou moins. Le poids standard d'une balle de poivre était de 375 livres et une balle de 378 livres était tenue pour avoir une surcharge de 3 livres[30].

Ces renseignements succincts sont précieux et renforcent notre réticence à assimiler poids et colis, à considérer ces paquets emballés à l'instar des mesures-étalons. Souvenons-nous que le poivre se vend à la *carga* qui pèse 715 à 720 livres légères de Venise et contient 5 cantars *forfori* de 100 *ratl* de 144 *dirhems* ou 143 à 144 livres de Venise *(Zibaldone).* Tous les auteurs italiens, Saminiato de'Ricci, da Uzzano, Chiarini, la *Tariffa veneziana*[31], affirment la même équivalence. Pegolotti, plus précis, nous renseigne sur la fonction de la *sporta* dans le commerce maritime. Il lui accorde le paragraphe *divisamento come si mette la mercatantia a carico di nave in Alessandria*[32]:

Tab. 6 marchandises et poids de la sporta d'après Pegolotti

marchandise, 1 sporta	*poids*	*kilogrammes*
poivre, gingembre indigo, *verzino* brut	cantar 5 *forfori*	225,9
verzino lié	cantar 4 *forfori*	180,72
sucre, poudre de sucre	cantar 2,5 *gerui*	203,97
lin	cantar 3 leuedi	180,7/188,25
cannelle, *cassa fistola*	*mene* 200	159,6/161,5
soie	500 livres	150,64

Seule la *sporta* d'épices (poivre, gingembre, indigo et bois de brésil non ouvré) approche du poids de 710 livres. Il n'est pas précisé si les *sporte* ainsi constituées sont pesées brut (avec la tare) ou net. Toutes les autres marchandises sont empaquetées dans des *sporte* plus légères, même le sucre[33]. Pour les textiles, lin et soie,

30 Goitein (6 - 1967), p. 335.

31 *In Alexandria si vende pepe a sporta e torna in Vinegia gharbelata lib. 710.*

32 Evans (2 - 1936), p. 71.

33 Sauvaire (4 - 1886), 3e partie – *Mesures de capacité*, VII, p. 124–177, écrit : « Les Arabes, à l'instar des Romains, évaluaient leurs mesures de capacité non au volume mais d'après le poids

cela n'a rien de surprenant, mais il est curieux que la cannelle et la *cassafistola* ne soient pas pesées au même poids que les épices. Le bois de brésil ouvré et attaché fait prime sur le bois en vrac.

Pegolotti prenait l'exemple d'une balle de poivre empaquetée dans un panier fait à l'intérieur de corde de palme, et de cuir à l'extérieur, lié par une corde, la tare totale avec la poussière produite au criblage s'élevait à 6 ⅔ % car le poivre venant d'Alexandrie contenait des impuretés. Il livre le détail des différentes tares[34]. La *sporta* de 5 cantars *forfori* ou 225,9 kg pesait 749,8 livres légères de Venise, poids brut car, ôtée la tare de 6,6 % ou 45 livres, le poids net du poivre se trouvait réduit à 705 livres, une donnée acceptable.

Vient alors une autre question : pourquoi la *sporta* a-t-elle un poids différent selon les marchandises ? La *sporta* de cuir a la taille de la peau de l'animal, c'est un emballage prêt à l'usage que l'on trouve dans les ports et entrepôts et selon ce qu'on y place, elle fait tel ou tel poids, en fonction des caractéristiques de la marchandise, de son poids spécifique. Des modifications étaient également intervenues au cours de ces deux ou trois siècles où nous nous sommes placés, elles n'avaient pas échappé à la vigilante attention du Sénat de Venise en 1464 : « les *sporte* d'Alexandrie de poivre pesaient traditionnellement 720 livres mais les marchands ont observé qu'elles ont progressivement diminué, d'abord à 700 puis à 680, et aujourd'hui elles sont réduites à 600 livres ». Le Sénat ordonna au consul vénitien à Alexandrie d'intervenir auprès du sultan mamlūk afin que les marchands ne fussent plus contraints d'acheter la *sporta* de poivre si elle pesait moins de 720 livres[35]. Mais le subtil et bien informé Pegolotti avait encore une autre réponse : il s'agissait, disait-il, « de placer les marchandises à chargement de navire », d'arrimer la cargaison et de la facturer au chargeur. On retrouve là un problème maintes fois abordé dans les *Statuts maritimes* vénitiens du début du XIIIe siècle.

Mesures et coefficients d'arrimage

Dans les *Statuts maritimes* de Venise (1233)[36] qui codifiaient des usages plus anciens – déjà attestés par Fibonacci *(Liber abbaci,* 1202) dans les ports d'Afrique du nord – et leur conféraient valeur de normes, on trouve des équivalences sur lesquelles Dotson attira l'attention[37] : les Statuts établissaient une table des nolis qui s'appliquait à toutes les marchandises chargées sur des navires de Venise, tant à l'importation qu'à la réexpédition ou même à l'exportation des ports du Levant vers Venise : *hee sunt merces quas decernimus pro imbolio computari ad*

de l'eau ou des grains qu'elles contenaient », ils pesaient par conséquent les mesures emplies, une tradition qui se perpétua au Moyen Âge (cf le *staio di peso* à Venise)

34 EVANS (2 - 1936), p. 307, *per l'angina grossa, rotoli 2 e occhie 7, per la sporta e corda di palma, ruotolo 2 e occhie 3, pepe non garbellato, rotoli 1 e occhie 6, somma rotoli 6 e occhie 4.*

35 ASV, *Senato Mar*, VII, c. 192r [cité par ASHTOR (6 - 1986), p. 476].

36 PREDELLI & SACERDOTI (4 - 1903).

37 DOTSON (6 - 1973) et DOTSON (6 - 1982).

caricandum pro uno kantario. Une balle de marchandises emballée *(imbolio* = en balle) était comptée pour un cantar. Ce cantar, étalon pondéral et mesure de la valeur pour le calcul des nolis, servait par conséquent à estimer des produits volumineux (qu'on peut aussi qualifier de légers), au premier rang le coton et les filés de coton, des étoffes de laine *(lana de berretis),* la lavande et le sucre en caisse. *Et hee sunt merces que pro carico computari debent, scilicet duo cantaria pro uno de inbolio.* Ce sont trente-deux marchandises, surtout les épices de la cargaison, poivre, encens, indigo, gingembre, sucre *in capellis,* myrrhe, laque, gomme arabique, aloès, noix muscade, girofle, etc., toujours comptés à raison de 2 cantars pour un dit d'emballage[38]. Les fourrures enfin, le lin, la cannelle, le cumin, le macis, l'anis et les *zambelloti* constituaient une catégorie intermédiaire acceptée à raison de trois cantars pour deux d'*inbolio.*

L'échelle des nolis, établie d'après le poids, comportait ainsi trois valeurs, selon un rapport de 1 / 1,5 / 2. On peut considérer une quatrième valeur, le plomb, exempté de nolis s'il entrait dans le lest du navire. Le plus curieux dans ce texte, au point de vue métrologique, c'est que les Vénitiens n'utilisaient ni leur propre système pondéral, ni la *botte* qui n'apparut comme unité de jauge qu'à la fin du XIVe siècle, ni le *mier* qui l'avait précédée (un millier de livres grosses) et qui servit pourtant dans les Statuts Tiepolo à mesurer le tonnage des navires, ni le *moggio,* ni le *staio.* Quant au cantar, c'est là son seul usage connu dans le commerce vénitien.

Les statuts du doge Rainieri Zeno (1255) affinèrent ce classement des marchandises pour introduire désormais les mesures vénitiennes : *omnes merces posite in navi computentur camerate in milliarjo vel kantarjis* Ils distinguent désormais sept classes de marchandises : *de inbolio,* 3/2 *de inbolio, pro carico,* 3/4, 2/3 ou 4/5 *de carico,* enfin la *saorna* (lest) divisée en deux catégories[39]. Le cantar signalé dans ce statut est très pesant, puisque tout navire d'un tonnage supérieur à 200 milliaires doit embarquer une statère capable de peser au moins 700 grosses livres[40]. Déjà dans une addition du 15 août 1233, les statuts Tiepolo avaient précisé le poids du cantar et surtout le mode de compter : le navire de 1 000 milliaires soit compté sur le pied de 1 050 cantars à charger dans les ports d'outre-mer (*navis de miliariis mille computetur a modo de cantariis ML ad caricandum, scilicet navis que caricaverit in partibus ultramarinis*[41]).

Les deux indications plaident en faveur d'un cantar lourd, qui ne peut être celui (ceux) d'Alexandrie, encore que les deux Statuts énuméraient un véritable catalogue de tous les chargements autorisés sur les navires vénitiens au *prorata* de leur tonnage : les nefs ayant un port supérieur à 750 milliaires étaient autorisées à charger plus de cantars que leur tonnage exprimé en milliaires. Inversement, sous

38 PREDELLI & SACERDOTI (4 - 1903), IV-2, 288, *qualiter merces computari debeant ad caricandum.*

39 PREDELLI & SACERDOTI (4 - 1903), CIII-CX, 244–5.

40 *Ibidem., Statuti Zeno,* 5–183, c. XXXI.

41 *Ibidem, Statuti Tiepolo,* 1–285 (le milliaire à Venise désigne habituellement 1 000 livres grosses, 1 000 milliers feraient 1 Million de livres, soit pour un tel navire un port de 477 tonnes, tandis que 1 050 cantars feraient le cantar égal à 952 livres ou 0,454 t). Fallait-il lire ML ou MD, 1 050 ou 1 500 ?

ce seuil de 750 milliaires, le nombre de cantars s'abaissait rapidement jusqu'à 110 seulement pour une nef de 200 milliaires. L'échelle de conversion n'était pas constante, mais dégressive et visiblement établie à l'avantage des gros tonnages, supérieurs à 750 milliaires. La même échelle de coefficients de chargement fut reprise vingt-deux ans plus tard. Sans doute visait-elle déjà à assurer la sécurité du navire et à décourager les petits tonnages de tenter les voyages d'Outre-mer.

Quel était donc ce cantar utilisé au calcul du fret sur les gros navires dans les *ultramarinis partis* du commerce vénitien ? Tout un faisceau d'indications plaide en faveur d'un cantar largement utilisé et passé à l'histoire sous le nom de « cantar syrien ». Les autorités et les marchands d'Alexandrie, en choisissant la *sporta,* s'étaient alignés sur leurs voisins du Levant. Dans tous les ports du Levant, la balle de marchandise était de dimensions semblables, standardisée.

Tab. 7 poids du cantar syrien vers 1300

à Limassol et Acre	794 livres légères de Venise
à Chypre (sauf Limassol)	750 livres
en Arménie	735 livres
à Tripoli de Syrie	655 livres

La table des nolis des Statuts du doge Tiepolo informait les chargeurs (les marchands) sur les nolis à verser aux armateurs pour les marchandises qu'ils embarquaient. Cette loi allait bien au-delà : Outre-mer, sur la côte de Syrie, de Laias à Acre, le cantar pesait autour de 750 livres légères de Venise. Pour le calcul des nolis, une balle valait un cantar, deux cantars d'épices étaient facturés au prix d'un cantar de coton et sept marchandises étaient chargées à raison de trois cantars pour le prix de deux[42]. Les marchandises encombrantes (gros volume et faible poids) donnaient l'unité de compte pour le prix du transport, les denrées de prix étaient acceptées à des nolis nominalement moins élevés (deux cantars facturés au prix d'un ou trois pour deux). Dès les années 1220, les Vénitiens appliquaient en fait des nolis différenciés, masqués par une savante manipulation des mesures de compte. Pour bien comprendre cette subtile comptabilité, il faut dissocier les deux types de marchandise, celles chargées selon leur volume (*balle*) mais calculées au cantar, et celles uniquement pesées, les épices et les sept marchandises de la troisième liste, pour lesquels les nolis étaient respectivement, mais apparemment seulement, diminués de moitié ou des deux-tiers.

En fait, le choix du coton comme unité de compte témoigne du savoir-faire vénitien qui s'est porté sur un produit de très faible densité et de volume élevé.

42 Dotson (6 - 1982), p. 5, avait résumé la situation: « The shipper was allowed to load two cantars of these commodities while paying the same freight charges as for one cantar of packaged goods » ; pour le coton à bord des navires, Lane (6 - 1962), p. 27–29

Les Vénitiens ont en effet choisi comme facteur d'arrimage le produit le plus volumineux et aligné les coûts des nolis des marchandises de charge *(carico)* sur ce facteur, avec une correction modeste de 2/1 ou 3/2. C'est une politique marchande qui vise à favoriser les armements navals et à dégager de la navigation des profits élevés. Selon une loi votée par les *Pregadi* le 28 juillet 1332, le coton était « vissé » dans les cales des navires en passant dans un engin formant une sorte de coffrage qui mesurait 5,5 pieds de long avec une ouverture (de section ronde probablement, mieux adaptée à l'espace courbe du navire) de 3 pieds 3/4. Cette machine à comprimer le coton servait à confectionner et arrimer des balles d'environ 750 livres (ou 1 cantar) qui occupaient le volume du cadre, soit 60 pieds^3 (un pied^3 = 42 dm^3). Un cantar de coton occupait donc un volume de 2,5 m^3 : aligner les nolis des cantars d'autres denrées sur un produit d'aussi faible poids, même divisés par des coefficients de 1,5 ou 2 revenait à facturer très cher l'espace aux chargeurs, puisqu'ils payaient un volume de 2,5 m^3 pour charger au mieux 1 500 ou 1 125 livres d'épices. Les armateurs pouvaient multiplier et facturer l'espace ainsi occupé fictivement. La démonstration sera complète si l'on fait état du poids spécifique des différents produits, car poivre et épices sont plus pesants que le coton brut très léger[43]. On peut alors tenter de calculer les coefficients réels des nolis non plus selon les masses embarquées à bord des navires, mais selon les volumes occupés, car un entrepont est d'abord un volume. L'entreprise est d'autant plus justifiée que le coton et les épices sont des marchandises légères qui n'enfoncent pas le navire et que celui-ci a par conséquent besoin d'un lest, plomb ou sel, pour naviguer.

Tab. 8 deux modes de calcul des nolis

1 cantar	*nolis selon poids*	*volume*	*nolis selon volume*	*coefficient selon volume*
de coton	1	2,5 m^3	1	1
de poivre	2	0,39 m^3	6,4	3,2

Pour le cantar de poivre, le chargeur acquittait à l'armateur un nolis non pas la moitié, mais 3,2 fois supérieur à celui du coton à volume égal.

Le problème est que sur les navires, pour l'arrimage des marchandises[44] et la facturation des nolis, on compte le fret des marchandises de faible densité selon

43 Une pesée sur une balance dite de ménage (ou de cuisine) donne un PS de 0,58 pour le poivre blanc rond et de 0,27 pour une variété de poivre vert déshydraté. Le PS des différentes épices se tient entre ces deux ordres de grandeur. Le coton, selon nos calculs, 1 cantar de 750 livres légères occupant un espace de 2,5 m3, aurait une densité de 9 g/l, soit 6,4 fois inférieure à celle du poivre.

44 La question des coefficients d'arrimage n'a pas cessé de préoccuper chargeurs et armateurs et même les sociétés savantes : voir par exemple, pour le domaine français, l'abbé Bossut (5 - 1761), p. 76 ; Sauvage (4 - 1926), p. 55 ; Garoche (5 - 1937).

leur volume et celui des denrées pondéreuses d'après leur poids. Or, le commerce entre le Levant et Venise transportait fort peu de pondéreux, toutes les marchandises étaient des marchandises légères, à l'exception de l'alun et du sel chargés comme *zavorra* (lest), à la différence du fret de retour qui faisait une grande place aux métaux et au verre, produits lourds. Cependant quand le *Zibaldone* recopiait la table des nolis et des coefficients d'arrimage des marchandises, utilisée à la fin du XIIIe siècle (après la chute d'Acre), il abandonnait la référence au cantar et n'envisageait plus que le *mier* de livres grosses de Venise[45]. Tout se passait alors comme si, après avoir utilisé les poids et mesures du Levant et les avoir copiés ou calqués, Venise imposait enfin à la fin du siècle ses propres poids et mesures, devenus, aidés par leur proximité avec les poids orientaux, dominants dans le commerce oriental, à l'image de la place que s'était taillée la Commune de l'Adriatique sur les itinéraires commerciaux du Levant et du Ponant.

Les relations commerciale entre Alexandrie et Constantinople

Le livre de comptes de Giacomo Badoer livre une information trop rare sur les relations métrologiques entre les deux grands terminaux des navigations vénitiennes en Méditerranée orientale. Cette information repose sur les produits échangés directement entre les deux ports. Nous nous en tenons à ce critère de l'échange direct pour n'avoir pas à recourir aux poids des deux livres vénitiennes, c'est-à-dire à un élément extérieur, et pour nous placer au cœur même des deux systèmes. Le 15 mai 1437, Giacomo Badoer expédia à Alexandrie, via Candie, un chargement de cuivre, soit 438 platines en 23 *cofe* d'un poids net de 50 cantars 73 *rotoli* (ou 5 073 *rotoli*) de Constantinople, à un autre marchand vénitien, également issu de noble famille, Zacharia Contarini. Le 3 août 1439, Contarini apura le compte, il avait reçu au poids d'Alexandrie les 23 *cofe* d'un poids de 2 430 *rotoli*[46]. Ce *rotolo* (*ratl*) alexandrin est bien entendu le 1/100 du cantar *zervi*, les deux autres poids pesant l'un le lin exclusivement, l'autre les épices légères, ce que confirme Paxi[47]. Un *rotolo zervi* faisait un peu plus de 2 *rotoli* byzantins (2,08 pour la précision).

Parmi d'autres équivalences, on relève 10 *fasi* de cannelle pesant *mene* 1712 ½, 4 *fasi* de *verzi* pesant 24 cantars 21 rotoli, enfin le *pondo* de grande taille:

45 Stussi (2 - 1967), p. 39–41.

46 Dorini et Bertelè (2 - 1956), c. 56, *dar*, l. 9–13, *aver*, l. 7–19. Le texte écrit 243 *rotoli*, mais comme il définit le prix à 16 ducats d'or le cantar et fixe la facture à duc. 388 *grossi* 19, il est clair qu'il faut rétablir 2430 *rotoli*.

47 Paxi (2 - 1503), c. 43v-49r.

Piper (. . .) chargado in galia Soranzo pondi 3, fra i qual pondi 3 ne fo pondo 1 alesandrin (grando) el qual fo fato de pondi 2 picholi (c. 33, 17–18)[48].

La cannelle était pesée au *mann* à Alexandrie, et son contenant (*faso*[49]) pesait un peu plus de 170 *mann* soit environ 136 kg sur le pied d'un *mann* = 0,8 kg. Quant au poivre (*piper*), si la galée Soranzo en a chargé 3 *pondi*, il semble qu'il s'agisse du *pondo* d'Alexandrie, il faudrait préciser : de *pondi* d'Alexandrie, car l'un, le grand, est double des autres appelés petits[50].

D'après "Méthodologie de l'histoire des poids et mesures. Le commerce maritime entre Alexandrie et Venise durant le Haut Moyen Âge", in Mercati e mercanti nell'alto Medioevo : l'area euroasiatica e l'area mediterranea, *40ª Settimana di studio del Centro Italiano di studi sull'alto Medioevo,* Spoleto 1993, p.847–869.

48 Dorini et Bertelè (2 - 1956), c. 299, 22 et ibid., 33, 17–18, 21, 25, cité par Hocquet (2002), p. 91.

49 Selon Ashtor (6 - 1986), p. 483–4, fardo et fasso sont synonymes et pour la cannelle, sur la base d'un fardo = 186 mann, il retient un poids de 140 kg.

50 Des savantes considérations d'Ashtor (6 - 1986), p. 482–3, et de son dépouillement systématique des archives des *Giudizi di Petizion*, il ressort que l'Égypte utilisait bien deux *pondi*, le plus petit était en fait le *collo* syrien peu affecté par les variations, tandis que le plus gros n'aurait cessé de prendre du poids entre xive et xvie siècle, passant de 180 kg à 360 kg, enfin à 450 kg. En somme il aurait suivi une évolution inverse de la *sporta*.

2

LES POIDS ET MESURES DU LEVANT, TABRIZ, ALEP, DAMAS ET LAIAS

L'Antiquité orientale, considérée comme un berceau de l'humanité, invite à aborder un problème récurrent dans les études de métrologie historique : y-a-t-il eu une permanence des mesures anciennes et les origines peuvent-elles apporter une réponse fiable à cette question fondamentale du maintien ou des mutations des anciens systèmes de mesure ? Pour aider à cette réflexion, je peux utiliser les manuels d'informations pratiques mis à la disposition des marchands lorsque ceux-ci autorisent le croisement des données et leur confrontation pour aboutir à des standards acceptables, ce qui me paraît réalisé dès la fin du Moyen Âge ; je limiterai aussi la recherche à quelques produits dont le caractère précieux incitait à des pesées fines, les métaux précieux, or et argent, certaines épices, enfin la soie retenue comme une production-type du Proche-Orient ; enfin, tributaire de mes sources, j'ai retenu quatre places commerciales orientales, Tabriz, Alep, Damas et Laias, et une occidentale qui servira sinon d'étalon dont les mesures sont bien connues, du moins de point de comparaison.

Quelles sont les sources occidentales de ce projet:

Le *codex* conservé à la *Biblioteca Nazionale Marciana* de Venise, sous l'indication It. VII 545 (7530) et qu'on appellera *Tariffa delle dogane del 1493*.

Le manuscrit *Tariffa dil viagio di Alexandria* conservé à l'Archivio di Stato de Venise, dans le fond des *Cinque Savi alla Mercanzia*, serie 1, busta 868 (Dogana Tariffe).

Le *codex* conservé à la Bibliothèque Nationale de France (manuscrits occidentaux), sous la cote Italien 912 (*Antica tariffa de' prezzi delle merci*).

Ces trois manuscrits ont fait l'objet d'une étude très précise de:

Alessio Sopracasa, *Venezia e l'Egitto alla fine del Medioevo : Le tariffe di Alessandria*, Études Alexandrines n° 29, Alexandrie médiévale 5, Centre d'Études Alexandrines 2013, 855 p.[1].

1 Je tiens à remercier Alessio Sopracasa pour m'avoir généreusement communiqué son travail avant parution.

DOI: 10.4324/9781003322733-4

Ces trois sources, sont complétées par trois auteurs d'un précieux secours, le premier, toscan, du début du XIVe siècle, les deux autres, vénitiens, de la fin du XIVe siècle et du XVe siècle[2].

La collecte des sources

Les poids et mesures de Tabriz

Tab. 1 marchandises, poids et mesures à Tabriz et à Venise

marchandise	*mesurage à Tabriz*	*équivalence à Venise*
	1 cantar	900 £ = 1, 5 cantars de Damas
Grosses épices	100 *mene*	
Epices fines	10 *mene* mais on donne 10 ½ à bon compte	1 mena = 6 £ 6 onces al sotil, 10 mene = 65 £
Soie	*Mena grossa*	
Toiles de lin	*Picchio* (mesure de longueur)	
Indigo	*A peso* avec les tares d'emballage	
Corail, vif argent ambre ouvrée, cinabre	10 *mene de spetierie grosse*	
Etain	100 *mene de spetierie grosse*	
Ciambellotti et draperie de laine	*A pezza*	
Perles Perles de 2,5 à 14 carats Plus de 14 carats	10 *saggi,* = 1 fil de 36 perles compté 1 fil *A saggio*	
Or et argent	*A saggi* à carats de poids	1 marca d'arzento de Venise = sazi 54 1/2
	1 rotolo de Tabriz	9 livres

On voit immédiatement que la nature du produit et sa masse déterminent l'unité employée à sa pesée. Les grosses épices sont comptées ou pesées à la centaine, les plus fines à la dizaine, en outre il semblerait qu'il existait deux *mene* différentes, l'une plus grosse servait à la pesée de la soie et peut-être des grosses épices et du corail, l'autre réservée aux épices légères. Pegolotti[3] examine ensuite les dépenses que doit

2 Evans (2 - 1936), Orlandini (2 - 1925), Paxi (2 - 1503), Dorini et Bertelè (2 - 1956). Mes travaux de métrologie seront aussi mis à contribution dans la mesure où j'ai exploité les sources de première main.

3 Evans (2 - 1936), *Torisi di Persia,* pour soi-même et à quel poids et à quelle mesure on y vend les marchandises).

consentir le marchand pour acheminer une somme (*soma*) de marchandise de Laias d'Arménie à Tabriz par voie de terre, il dépense 209 aspres (dépenses de transport et taxes). Dans l'examen des mesures de Laias, Pegolotti ne fait jamais allusion à la *soma* et envisage le *moggio* (muid) et le cantar (*1 mier grosso de Venise torna in Erminia ruotoli 76 in 78, o vuogli cantara 2 ½ d'Erminia*[4]). Il indique ensuite les équivalences de poids et mesures de Tabriz avec Trébizonde, séparées par 12 à 13 journées de marche pour le marchand à cheval et 30 à 32 jours par caravane. Puis il passe aux équivalences des poids de Tabriz avec ceux de Venise (col. 1 et 2) ce qui nous permet de procéder aux conversions dans les unités du SI (système international) car nous connaissons le poids de la livre légère de Venise (301,28 g)[5] et la longueur de l'aune de drap de laine ou *braccio* de Venise (667,920 mm)[6].

Tab. 2 conversion des mesures de Tabriz avec Venise

100 mene d'épices	*300 livres subtiles*
1 mene de soie	*6 ¼ livres subtiles*
1 peso d'indigo	*125 livres subtiles*
110 pichi de toiles de lin	*100 braccia*
Saggi 55 ½	*1 marc d'argent*

Parmi les unités de poids de Damas (tab. 3) on voit apparaître des marchandises peu communes : l'*ambracan* ou ambre gris, était une concrétion présente dans l'intestin des cachalots, l'odeur forte semblable au musc était utilisée en parfumerie. Le *Zibetto* (du lat. mediev. *zibethum*, de l'ar. *zabād, zabīd,* français *civette*), de la famille des *Viverridae*, dont le contenu des glandes à musc périnéales très développées était expulsé périodiquement par l'animal, sa substance odorante était utilisée comme ingrédient en pharmacie et cosmétiques[7].

4 *Ibidem*, p. 61.
5 Hocquet (6 - 1993), p. 855.
6 Hocquet (6 - 2002), p. 103.
7 Sopracasa (2 - 2013), p. 718. Pour la soie, Sopracasa (2 - 2011), p. 134–136.

Poids et mesures de Syrie

Tab. 3 Le système pondéral de Damas et Alep (en 1500)[8]

produits	*mesure locale de Damas*	*Consistance*	*Equivalence avec Venise*	*Consistance de la mesure d'Alep*	*Equivalence avec Venise*
poivre, cannelle, girofle et grosses épices	*à la vente, cantar*				
menues épices, rhubarbe, scamonée, camphre, manne, benzui, aloès	*à l'achat, rotolo*				
Musc, ambracan et perles à broyer	*1 metecallo ar. mithķāl*	*= 24 carats =1½ dirham ou pexo (poids)*		*1 metecallo = 1 ½ pexo, Pexi 9 ¾ = Metecalli 6 ½*	*= once 1 d'argent*
zibeto	*1 ungia*	*10 pesi = 6 metecalli 2/3*	*= once 1, sazi 1, car 5*	*10 pesi*	*o 1 sa 1 ca 5*
Soies de azimia, lezi, trachazi et stravai	*1 rotolo*	*Pexi 680 = 1 rot 80 pexi*	*r 1 = l 6 on 10, à bon poids (680) = l 7 sotil*	*Pexi 680 = 1 rotolo*	*r 1 = l 6 on 10, à bon poids = l 7 sotil*
Soie du pays de Damas	*1 rotolo*	*Pexi 600*	*l 6 sotil*		
Argent en lingot (de bolla)	*100 pexi*	*= onze 40*	*1 marc = 238,5 g 78 ¼ pexi*[9]	*100 pexi*	*1 marc = 77 pexi*
	Pexo 1 Pexo 1 1/2	*16 carats 24 carats = 1 metecallo*			*Sa 1 ca 2 al pexo delle specie*

8 *Ibidem*, c. 107.

9 « mais à présent les *pexi* ont augmenté et le marc donne moins qu'autrefois » (Paxi (2 - 1503) c. 107.

Tab. 4 Équivalences des poids de Damas/Alep et de Venise (L = livre)

Damas	Venise	Alep/Venise
1 cantar	L 600 sotil L 380 grosse	L 720 sotil L 456 al grosso
1 rotolo	L 6 sotil L 3 on 9 ½ grosse	1 rotolo de 720 pexi = L 7 o 2 sa 2 2/5 al sotil L 4 o 6 ¾ al grosso
1 once	*onze* 6 sotil	
100 pexi de Damas = 66 ½ metecalli 1 000 pexi a pexo de li arzenti	= L 1 al peso sotil Marche 12 onze 6 quarts 2	100 pexi = a peso de arzenti onze10 q 1 cara 5 a peso di specie L 1 marche 12 onze 6
Metecalli 100 a pexi de li arzenti	Onze 15 quarto 1 cara 5	
Carati 100	A pexo de li arzenti da Venesia carati 90 in 91	Ca 90 in 91
Carati 100	A peso di specie carati 105/106	Ca 105
Carati 24	A pexo de li arzenti da Venesia carati 22	
Carati 24	A peso sotile di specie Carati 25 ½ / 26	
Metecalli 5 ½	A peso di specie onze 1	a peso di specie onze 1
Metecalli 6 ½	A pexo de li arzenti onze 1	a pexo de li arzenti onze 1
Metecalli 77 ½ in 78	A pexo de li arzenti onze 12	
		Pexi 78 = a peso de arzenti onze 8
		Pexi 1 000 = marche 12 o 6 qr 2
		Metecalli 100 = a peso de arzenti onze 15 qr 1 ca 5
		Metecallo 1 de 24 ca alep = carats 22 a pexo de li arzenti

Tab. 5 Équivalences des poids de Venise et de Damas/Alep

Venise	*Damas*	*Alep*
1000 L grosse	cantar 2 rotoli 63 1/3	cantar 2 ro 19
1000 L sotili	cantar 1 rotoli 66 2/3	cantar 1 ro 40
380 L grosse	1 cantar	1 cantar = 456 L grosse
100 L grosse	rotoli 26 1/3	rotoli 21 9/10
100 L sotili	rotoli 16 2/3[10]	rotoli 14
		1 cantar = 720 L sotili

Tab. 6 Équivalences des mesures de longueur de Venise et de Damas

Venise	*Damas*	*Alep*
Braza 100 de draps de laine Bergame	114 picchi	
Braza 100 de draps de Venise écarlates	111 / 112	106 picchi
Braza 100 de draps de soie ou d'oro	106 / 107	100
Braza 87 de draps de laine	100 picchi	
Quarte 3 ½ poco mancho	1 picco	
Braza 100 de draps de laine de Venise	114 picchi	

À Damas on n'utilise qu'un *picco* pour mesurer les longueurs.

La conversion en unités du système international

Les poids des deux livres de Venise, unités bien répertoriées du commerce international, vont nous permettre de convertir les anciens poids et mesures dans nos unités du système décimal.

Tab. 7 Les deux livres marchandes de Venise[11]

livre grosse					*livre légère*			
livre	1				1			
once	12	1			12	1		
carat	2304	192	1		1455	121,1 gr		
grain	9216	768	4	1	5820	485	4	1
gramme	477,08	39,705	0,2068	0,0517	301,28	25,0745	0,2068	0,0517

10 Paxi (2 - 1503) écrit : « bien que certains disent que les poids de Damas ont crû de 2 %, d'autres disent que non, moi je me gouverne selon les poids usagés et vieux » (c. 107).

11 Hocquet (6 - 1993), p. 855.

Il serait prématuré de confronter ces quelques données qui auraient besoin d'être affinées aux résultats de la recherche de Grégory Chambon exposés dès 2005[12]. Une telle confrontation exigerait une étroite coopération entre chercheurs.

Layas ou Ayas, L'ayas (au Moyen Âge Lajazzo, aujourd'hui Yumurtalik sur la côte ouest du golfe d'Alexandrette-Iskenderun) était un port de Cilicie où avait éclos le royaume chrétien de Petite-Arménie entre l'Anatolie et la Syrie[13]. Il éveilla l'intérêt des marchands italiens après la perte des positions de Terre Sainte conquises par Saladin. Sa situation offrait l'avantage d'allonger les routes maritimes pour atteindre ensuite par les voies de terre les grandes places marchandes du Levant (Alep) ou

Tab. 8 la conversion des poids et mesures dans les unités du Système International

Poids et mesures	*Venise*	*Tabriz*	*Damas*	*Alep*
1 livre légère	301,28 g			
1 livre pesante	477,08 g			
1 mene de soie		1,883 / 1,958 kg		
1 peso d'indigo		37,660 kg		
1 picco de toile		607,20 mm		
1 picco de drap de laine	667,920 mm			667,920 mm
1 cantar		271,152 kg	180,768 / 181,290 kg	216,921 / 217,548 kg
1 rotolo		2711,52 g	1807,68 / 1808,43 g	
24 carats			5,27 / 5,376 g	
1 metecallo			Pour l'argent : 6,108 g les épices : 4,559 g	

les carrefours caravaniers plus éloignés (Tabriz). L'invasion mongole au XIIIe siècle avait en effet déplacé vers le nord le segment occidental de la grand-route continentale qui traversait l'Asie et le sac de Bagdad en 1258 conféra à Tabriz le rôle de grand carrefour caravanier et commercial dont les Ilkhans iraniens firent leur capitale. De Tabriz, la route qui avait parcouru le Khorassan à l'est de la mer Caspienne divergeait : un rameau septentrional gagnait Trébizonde sur la mer Noire, l'autre, méridional, aboutissait en Cilicie sur la Méditerranée[14]. Les deux routes traversaient l'Arménie et elles furent empruntées par les Polo rentrés par Tabriz : en 1269, à leur retour, les marchands vénitiens arrivaient à Ayas

12 Chambon (6 - 2005), p. 251–320, « Les mesures pondérales ».

13 Mutafian, (6 - 1988), Mutafian (6 - 1993) ; Dedéyan (6 - 2003).

14 Evans (2 - 1936) : Pegolotti a décrit cette route et les péages prélevés aux vingt-cinq étapes qui la jalonnaient sous le titre : *Spese che si fanno ordinatamente a conducere mercadantia da Laiazzo d'Erminia infine a Torissi per terra (. . .) e ciò s'intende per una soma tanto di cammello come d'altre bestie* (p. 28–29), au total 209 aspri.

(Laiazzo) et en 1295, pour leur nouvelle expédition en Chine, le navire de Matteo et son neveu Marco les conduisit à Ayas[15]. Les *Pratiche di mercatura*, manuels à l'usage des marchands destinés à démêler l'écheveau des poids, mesures et changes entre monnaies qui avaient cours dans toutes les places commerciales autour de la Méditerranée, firent une place à la Petite Arménie et à Laias dès 1278. Selon un manuel pisan de ce type, le port de Laiazzo vendait de la soie, toutes les épices et l'indigo, la laque, le coton, les textiles de l'Assyrie, enfin les perles[16].

Les poids et mesures de Laias

Tab. 9 poids et mesures des marchandises exportées de Ayas

Marchandise	*Arménie*		*Venise*	*conversion*
fromage, chairs salées, savon, miel	cantar 1+	rotoli 33		202,87 kg
		rotoli 49	1 000 L sotil	301,28 kg
soie de Giulfa	occhia piccola 1	pesi de deremi 68	once sotil 8	202,6 g
autres soies, épices fines, marchandises légères	rotolo 1	occhie 15		6,018 kg
		occhia 1	once sotil 16	401,19 g
marchandises grosses	rotolo 1	occhie 12 del pesadon	20 L sotil	6,125 kg
miel	cantars 2 1/2		1 100 L grosse	
perles	pesi 40			
indigo	vendeta 1	rotoli 6 del pesadon	125 L sotil	
		rotolo 1	21 L e men	6,275 kg
fer	1 caisse	rotoli 3, once 3		
toile	cannes 100		braza 316	211 m

Pour évaluer l'entité des biens échangés à Ayas[17], Le *Zibaldone da Canal* offre des équivalences à profusion et nous avons établi les conversions dans les mesures de Venise.

15 Jacoby (6 - 1995), p. 273–4.

16 Lopez – Airaldi (2 - 1983), p. 125–126 (les équivalences métriques sont indiquées avec Pise).

17 Giulfa était un marché de la soie à la frontière actuelle de l'Iran et du Nakitchevan azeri, au nord-ouest de Tabriz, alors cité arménienne : il a donné son nom à la *ruga giuffa* à Venise, artère commerçante qui débouche au sud du campo de S. Maria Formosa à Castello.

Tab. 10 poids des marchandises vénitiennes importées en Arménie

	Venise	*Arménie*
Argent en lingots portant le sceau de Venise	100 marcs	107 men 1/3 /106 once 4
safran de Venise	11 livres sotil	10 livres d'Arménie
savon	1 mier sotil	46 rotoli (cala)
étain et cuivre	1 mier grosso	76 à 77 rotoli
	1 marc	79 deremi 14 carati

3

LES POIDS ET MESURES DU COMMERCE À BYZANCE À LA FIN DU MOYEN ÂGE

Giacomo Badoer était un marchand non spécialisé associé à son frère dans une *fraterna compagna* et à quelques autres marchands, vénitiens de préférence ou italiens, établis dans les ports du Levant, avec lesquels il entrait dans des sociétés temporaires (*joint ventures*). Le 2 septembre 1436, il débarquait à Constantinople au terme du voyage des galées placées sous le commandement de Piero Contarini. Dès le lendemain il commençait à tenir ses écritures[1].

Le marchand était un homme habitué dès sa jeunesse à compter, peser et mesurer, ce qui exigeait de lui une gymnastique intellectuelle hors du commun. J'en donnerai un premier témoignage à l'aide d'une lettre de change. De Caffa, le vénitien Giacomo Badoer encore jeune, établi à Constantinople, bénéficia de lettres de change de son correspondant, Andrea da Chale pour 3 030 *aspres* turcs au taux de perp. 10 car. 8 le *somo*, soit la contrevaleur à Constantinople de perp. 151 car. 12 (246, 16–18). Les lettres de Caffa étaient tirées sur Francesco de Tomado ou sur Nicolò Pulachi, ce dernier versa au marchand perp. 50 car. 12 pour une lettre de 1 010 aspres à 10 perp. le *somo* (multiple de l'aspre, 1 *somo* = 202 aspres[2]). Andrea se trouvait à son tour être créditeur, à l'égard notamment d'un autre correspondant de Badoer, établi dans les ports de la mer Noire, Francesco Corner. Le marchand qui dans son pays était habitué à manier des ducats d'or et à tenir ses comptes en livres de gros et par conséquent à pratiquer des changes internes, avait bien besoin d'un long apprentissage pour tenir ses écritures et pour compter.

Sur ces livres, il enregistra soixante-dix marchandises, les plus diverses, des plus prisées, le fil d'or ou la soie, aux plus triviales, le suif, les chairs salées, le poisson salé côtoyait le caviar de Russie, mais il marquait sa prédilection pour les produits traditionnels du commerce vénitien, les épices, les métaux, les textiles, draps et futaines, et les fourrures, et pour les produits alimentaires de grande

1 Dorini et Bertelè (2 - 1956), *Il libro dei conti di Giacomo Badoer*. Par respect des règles de la comptabilité « à la vénitienne », nous avons choisi de renvoyer au folio (c. = carta) et non à la page imprimée les citations (entre parenthèses sont indiqués les renvois, page et lignes, au texte). Hunger Herbert et Vogel (1963).

2 Morrisson (6 - 2001), § 5b : le *sommo* était un lingot d'argent du poids de 200–205 g environ et une monnaie de compte. Dans le livre de compte il est coté entre 9 perp. 6 car et 10 perp. 9 car.

DOI: 10.4324/9781003322733-5

consommation, vin, huile et grains. Ses comptes reflètent parfaitement l'étendue du commerce du marchand vénitien à la fin du Moyen Âge, toujours à l'affut de ce qui s'achetait et se vendait, de ce qui se demandait sur une place et s'offrait sur une autre. Il achetait pour revendre, c'était là sa fonction, quelquefois il confiait le produit pour une première transformation simple dans l'échoppe d'un artisan grec ou juif. En fait le volume de ses affaires, même pour les matières pondéreuses, dépassait rarement la tonne. Réduit à traiter de petites quantités, habitué à diviser les risques, Giacomo répartissait sur plusieurs galées de la *muda* les biens qu'il envoyait à Venise.

Il serait impudent de poser la question : le marchand italien de la fin du Moyen Âge attachait-il autant d'importance aux problèmes de métrologie que l'homme du xxe siècle habitué à compter, à peser et à mesurer. Ne se contentait-il pas d'apprécier, estimer, jauger d'un coup d'œil, vendeur et acheteur se mettant d'accord sur l'évaluation avant de conclure l'affaire par un « tope-la » plein d'arrière-pensée. N'était-il pas suffisant d'apprécier un panneau de drap à sa texture et à sa couleur, à son origine et au toucher ? Voici la réponse de Badoer : il a reçu 12 draps, 8 écarlates, 2 « turquins » (bleu azur) et 2 verts, qui ensemble avaient une longueur de 582 *pichi q.* 3, mais le prix était calculé à la « pièce » (*peza*) qui mesurait 50 pichi et coûtait 50 hyperpères[3]. Badoer abandonnait alors la marchandise concrète (12 étoffes de différentes couleurs) et convertissait ses draps à une unité de mesure : il vendait au facteur de Muxalach non pas 12 draps mais 11 pièces et 32 *pichi* ¾ et portait en compte 815 perp. 21 carats[4].

Les marchandises et leur conditionnement

Badoer recevait ou expédiait les marchandises dans les conditionnements les plus divers qui constituaient une première mesure très empirique, mais aucun de ces conditionnements n'était une unité de mesure-étalon. Ceci n'a rien pour surprendre : il ne viendrait à l'idée de personne aujourd'hui d'assimiler un paquet ou un *pack*, un carton, un cageot, une boite, un sac ou un sachet, un colis, un pot, un seau, un flacon ou une bouteille et l'inévitable tonneau, bref un quelconque récipient à une unité de mesure, encore que la langue courante ne se prive pas de faire la confusion à chaque instant : acheter un paquet de sucre ou un kilo de sucre sont résolument confondus, mettre dans son cabas une boite de petits pois est déjà plus ardu, le législateur a imposé au fabricant d'éclairer le consommateur en précisant le poids de légume acheté, poids brut ? poids net ? poids égoutté ? A Byzance et ailleurs, à Alexandrie, Venise, Bruges ou Lübeck, dès le Moyen Âge, puisque le récipient ne pouvait être confondu avec une mesure, il était légitime de se demander : combien de poissons salés dans ces tonneaux ? l'un contient 1

3 Dorini et Bertelè (2 - 1956) : *Per l'amontar de pani 12 fo pichi 582 q. 3, a raxon de perp. 70 la peza de pichi 50, che vien a esser peze 11 e pichi 32 q. 3, sono scarlatini 8, turchini 2, verdi 2* (c. 13).

4 *Ibidem*, c. 13, 31–33.

170 mulets, l'autre 890, au total 2 063 (c. 58, 2 et 58, 3, 5) ; combien de vin dans un *caratel*, combien de poivre dans ce *pondo* arrivé d'Alexandrie ? Pour répondre à ce type de question, il était prudent si l'objet s'y prêtait d'ouvrir le contenant pour en compter le contenu, ainsi des quatre caisses de verre avec des aiguières (*angestere*), Badoer espérait sortir : 1 600 verres à pied, 400 aiguières, 300 verres et 200 tasses[5].

Ces nombres sont remarquables, le commerce de gros du verre expédiait 2 500 pièces, l'unité de vente était alors la centaine et non la douzaine. Compter pièce par pièce est une méthode sûre pour connaître la quantité de marchandises achetées ou expédiées. Elle ne mettait pas à l'abri des mauvaises surprises, trouver 293 fourrures de fouine quand on en attendait 300 apprêtées, mais il est tellement simple de constituer un petit ballot de cuir avec 103 peaux qu'on tient en magasin, 73 de fouine et 30 de martre auquel cas la quantité masque un défaut de qualité[6].

Les pièces de cuir (*cordoani*) pour fabriquer les sacs, tous les cuirs, damas, futaines, fourrures, draps, toisons laineuses de mouton (*montonine*) ou encore les poissons salés sont comptés à la pièce.

Comme il est hasardeux d'espérer convaincre facilement, deux exemples montrent combien ces récipients peuvent varier de contenance et de poids, celui qui suit est pris à Constantinople, Giacomo étant acheteur:

Tab. 1 l'instabilité du contenant au poids de Constantinople

pondo j de garofai,	chant. 2 r. 8
garofai pondi 4 (...)	chant. 7 r. 94/6
pondi 3 de garofai	neti livre 1213 onze 4
piper pondi 10	con i sachi chant. 27
piper pondi 4	chantar 10 r. 97 1/2
pondi 5 de piper	livre 2138
pondi 3 de piper	livre 1426 onze 9
pondi 5 piper	chant. 14 r. 94
pondi 5 de piper	r. 1259
pondi 19 de piper	neto chant. 45 r. 46 1/2

Un *pondus,* le mot signifie littéralement « poids », contient 2 cantars 8 *rotoli* ou 1,985 cantars (la consistance du cantar en 100 *rotoli* autorise l'emploi de la virgule décimale) de girofle (*garofai*), ou 2,743 cantars de poivre, ou 475 livres légères, à moins que ce ne soit seulement 427 livres 8 onces 1/3, ou encore 2,99 cantars, 2,518 et 2,40 cantars. Dans ces exemples où le contenant était uniformément le

5 *Ibidem, bochaleti da pè 1600, angestere 400 e bichieri 300 he taze 200* (c. 68.).

6 *Ibidem, fuine chonze 300, non aveno tara alcuna (...), fazo nota chome al chontarle ne manchava fuine 7 (c.20), fuine 73 e martori 30 chargadi in galia in baleta j de cordoani* (c. 102).

pondus, le marchand préférait faire confiance à un élément constant, à l'unité de mesure pondérale, cantars et *rotoli* ou livres, soit à une valeur permanente qui seule permettait de connaître avec exactitude la quantité.

Quand Jeronimo Badoer vendait sur la place de Venise les marchandises expédiées de Constantinople par son frère, il avait commencé par les peser:

Tab. 2 l'instabilité du contenant au poids de Venise

Quantité d'épices	*Poids net en livres légères*	*Poids du* pondo *en livres lég.*
Pondi 4 de *zenzeri beledi*	1 311	327 3/4
Pondi 3 de *garofai*	1 213 onze 4	404 1/3
Pondi 5 de *piper*	2 138	427 2/5
Pondi 3 de *piper*	1 426, onze 9,	412
1 charge *(chargo)*	vendudo a duc. 65 el chargo, traze duc. 225, g. 0, p. 18 412	

L'indication ne manque pas d'intérêt, elle autorise le calcul de l'équivalence entre le *pondo* oriental et la *carica* (*chargo*, charge[7]) de Venise. Le *pondo* pesait pour le girofle et le poivre un peu plus de 400 livres *sottili* (de 404 à 427 livres), moins pour le gingembre, la mesure vénitienne appelée *carica*, unité de masse, était toujours composée de 400 livres, comme dans la plupart des lieux où cette unité de mesure était usitée pour le transport sur les bêtes de somme[8]. La marchandise était donc pesée trois fois, au départ, dans la place de transit (Constantinople) et à l'arrivée (Venise) et son poids était exprimé dans les unités locales (du lieu où était effectuée la pesée).

À Alexandrie, connue pour la grande taille de ses mesures, où 10 *fasi* de cannelle pesaient *mene* 1 712 ½ (299, 22), le *pondo* était de grande taille, double de celui de Constantinople:

> *Pondi 3, fra i qual pondi 3 ne fo pondo 1 alesandrin, el qual fo fato de pondi 2 picholi* (c. 33, 17–18)

Les contenants donnaient donc une idée très approximative de la quantité et de sa mesure, dont se contentait le client peu informé qui acquérait un baril ou un *pondo*, le marchand international prenait la peine de vérifier toujours l'exactitude du contenu par la pesée exprimée en livres, cantars, *rotoli,* unités stables et reproductibles.

7 Lefort (6 - 1998) emploie le mot « charge » au sens générique de chargement et non au sens métrique, il considère que « les charges transportées faisaient ordinairement 2 ou 3 canters, soit de 94 à 141 kg » (p. 413, n. 3). Pegolotti ne signale pas l'existence d'une *carica* à Constantinople.

8 Ziegler (6 - 1985B), p. 273 sur la charge de 4 « cantars », standard du trafic transalpin au Moyen Age.

Tab. 3 Poids et prix d'un fardo de soie

	1 fardo de soie lezi	*1 fardo de soie* talani
1. compte du voyage à Venise (17nov 1437, f° 82)		
poids *camerado*	livre 161	livre 197
2. compte de Griguol Contarini à Trébizonde (19 avril 1438, f° 153)		
déclaré[9]	l. 156 onze 9	l. 194 onze 9
tare, 2 ½ %	l. 4	l. 4 onze 5
poids net	l. 152 onze 9	l. 190 onze 4
prix de la livre	165 aspres	153 aspres
prix total	25203 aspres	29121 aspres
prix total ttc[10]	26414 aspres	30685 aspres
change : 36 aspres = 1 perpère		
compte	perp 733 car 18	perp 852 car 8

On voit l'instabilité dans le temps du poids du *fardo*. A Trébizonde, Contarini qui agissait en qualité de commis de Badoer acheta 1 *fardo* de 156 livres 9 onces de soie *lezi*, dont Badoer abattit la tare du cordage et obtint un poids net de 152 livres 9 onces, poids qui servit à calculer le prix d'achat qui serait versé à Contarini. La soie mise en sac fermé à Constantinople pour être embarquée sur la galée de Venise et expédiée à Girolamo Badoer fut enregistrée au poids *camerado*, différent du poids net et même du poids brut initial, supérieur de 4 livres 3 onces au poids brut et de 8 livres 3 onces au poids net. Le poids « camerado » a pesé la soie embarquée, mise dans une *camera* de la galée. Le prix porté au débit de Girolamo fut celui inscrit au crédit de Contarini. L'opération en faveur de ce dernier fut soldée au printemps 1438, quand Badoer fut crédité du prix de vente de la soie. Le compte était alors clos.

Poids et pesées nationaux

Le 6 août 1437, Badoer enregistrait dans son livre 400 livres (vén) de khermès envoyé par Griguol Contarini de Trébizonde sur une nef, Griguol « per so chonto el me asigna, el qual mete aver pexà neto de tara livre 290 onze 6 » (182, 2–4). S'agit-il de poids de Trébizonde?

A Constantinople, le marchand vénitien faisait peser ses marchandises sur les balances de différents organismes, il acquittait un droit de pesage, qui n'était pas

9 *Seda lezi fardo 1, la qual el mete aver pexà livre 156 onze 9, bate per tara de ligami, a 2 ½ per c°, livre 4, neta livre 152 onze 9 (c. 153).*

10 Les taxes et frais divers comprenaient : un courtage payé à l'empereur soit 1 %, le *comerchio* (droit de douane) à l'empereur, ¾ %, le *comerchio* versé au baile de Venise, ½ %, le courtage versé au *sanser*, ½ %, une provision à 2 %, les frais : sac, corde, lieur, pourboire, *tariaticho*, barque et porteur, pourboire aux compagnons, au total 162 aspres ou 0,55 % (c. 153). Pourquoi ces paiements effectués à Constantinople en faveur des pouvoirs publics sont-ils libellés en aspres ? ils représentent un taux fixe calculé sur la valeur en monnaie turque d'une marchandise chargée à Trébizonde, en territoire grec.

le même aux différentes bascules : il achetait de la cire au marchand génois Leonardo Spinola et versait au peseur un droit de ½ carat par cantar, et en achetait à un marchand juif, pesée « au poids des grecs » et payait 1 ½ car. par cant. (c. 31). Toutes les transactions passées avec des Juifs et donnant lieu à pesée se déroulaient « au poids des Grecs » dont le tarif pouvait être élevé : 1 carat par dix livres de kermès (c. 235). En novembre 1437, il fit peser du cuivre, près de 50 cantars, *al pexo de Zenoexi* et acquitta un droit de *car. ½ per chanter* et un pourboire au peseur, soit *perp. 1 car. 4* (c. 142). Ce cuivre lui avait été vendu par Tomà Spinola (c. 143) et il devait gagner Venise sur la galée d'Alvise Contarini pour être vendu aux Vendramin (c. 142). Le vendeur initial, génois, avait donc imposé son poids, celui de sa nation et de son quartier. Il semblerait que le marchand vénitien utilisât plus souvent qu'il n'est écrit le poids de Pera (poids des génois). En effet, à deux reprises (c. 232 et 319), il procéda à des paiements « au compte de (. . .) qui avait le poids de Pera l'année passée, pour la pesée de plusieurs marchandises » (11 octobre 1438) ou « pour solde de toutes choses pesées au poids de Pera jusqu'à ce jour » (13 mars 1439). Le 28 février 1439, il réglait des arriérés « al pexador de Pera per parte de so pexi (. . .) e per più pexi pagadi al pexo de Griexi » depuis le 6 novembre 1438.

Le 31 octobre 1437, Giacomo avait pesé « al nostro pexo di Veniziani » près de 50 cantars de cuivre encore, ce qui lui avait coûté le modeste pourboire de 16 carats, un autre jour 10 *pondi* de poivre arrivés de Brousse (c. 33), du cuivre enfin. C'était là un des nombreux privilèges obtenus par les cités italiennes quelques siècles plus tôt. La pesée des chairs salées se fit au poids des grecs, pour 977 *mezene*, il en coûta au total *a car. ½* le cantar *perp. 9 car. 4* (c. 324). Chaque cité avait son poids, son service de pesée comme en d'autre temps il y eut l'octroi. On pesait au poids d'Andrinople, de Damas, de Messine, de Brousse, de Trébizonde ou de Tana, de Rhodes, d'Alexandrie, etc. Cet usage est précieux pour l'historien, une marchandise est pesée au départ avant l'embarquement, elle est pesée à l'arrivée ou avant d'être chargée sur d'autres bateaux. La confrontation des deux pesées entre deux lieux différents et éloignés fournit des équivalences qui sont la matière première de la métrologie historique.

Les marchands vénitiens ont recours à un autre mode d'estimer les marchandises, qu'on pourrait appeler la « pesée sur échantillons ». Le 30 avril 1439, une *griparia* grecque apporta de Salonique des chairs de porc salées, 977 mesures (*mezene*), 2 tonneaux et un *chofin* de suif. Comment payer le nolis au patron du bateau ? On préleva 50 mesures qu'on envoya au « poids » des Grecs pour les peser et *per el pagar del nolo* (c. 324, 11), après quoi sur cette base on évalua la totalité de la marchandise, *sonza* comprise, et on obtint au total 478 cantars (c. 324, 15).

Tares et déficiences

Le marchand prête une grande attention à ce qu'il achète, à la qualité, à la quantité, il n'entend pas payer les « tares », ce qu'il faut entendre d'un triple point de vue, à la fois comme défaut de qualité, ou quantité déficiente, ou tout ce qui n'est pas la marchandise proprement dite. Il ne conviendrait pas de payer un prix et des droits de douane égaux pour la soie et le sac de cuir qui la protège ou pour le vin et son baril de bois. Les marchands sont intraitables sur le sujet quand ils achètent. Les trois types de tares peuvent se cumuler:

Les fourrures apprêtées des fouines étaient de bonne qualité, elles ne supportent aucune tare, mais il en manque 7 au décompte[11]. Pour le suif, les deux tonneaux et le *chofin* pèsent 2 387 *rotoli*, mais si on ôte la tare des récipients, 3 cantars 6 *rotoli*, et si le suif subit, comme beaucoup de marchandises une dépréciation tarifée (*tara de la sonza*) de 4% ou 81 *rotoli* (par commodité), le poids net du suif est ainsi réduit à 20 cantars (et non à 19 cantars 97 *rotoli*)[12]. De même les cuirs de bœuf se voient taxés de diverses tares, les uns pour usure, les autres sont mouillés, d'autres encore sont salés, au total 110 *rotoli* ½ sont retranchés : les 151 cuirs pesant à l'origine 29 cantars 27 *rotoli* sont diminués à 28 cantars 16 *rotoli* ½[13].

Le *pondo* de *garofai* se voit diminué de trois tares, le sac, les *fusti* (rameaux ?) auxquels sont attachés les fruits, enfin une tare forfaitaire de 6 %, à la suite de quoi le marchand n'est pas obligé de payer pour 2 cantars 8 *rotoli*, mais seulement pour 1 cantar 95 *rotoli*[14]. Le calcul n'hésite pas à prendre en considération onces et *sazi*. Il est vrai que les épices sont produits de luxe, coûteux et le marchand a intérêt à se montrer attentif, le suif ne mérite pas autant d'égards, dans sa négociation les marchands acceptent d'arrondir à trois *rotoli* près. Les taches qui maculent le drap vert-clair de Florence provoquent une tare *pro mendo,* à titre de réparation, de 12 hyperpères[15]. Enfin, il faut se garder de la malhonnêteté : on estime 5 bottes d'huile à 236 *mitri* et on découvre 7 *laines* d'eau salée dans 2 des tonneaux.

Le « long compte »

Le marchand utilise aussi un mode de compter, le *conto longo* ou « long compte »[16]. Ainsi les douves (*doge*) de tonneaux étaient soumises à ce type de calcul:

> *per l'amontar de doge 4 500 nete (...), per l'amontar de doge 1 450 a longo chonto (c. 304, 11 et 14),*

11 Dorini et Bertelè (2 - 1956), *fuine chonze 300, non aveno tara alcuna (...), fazo nota chome al chontarle ne manchava fuine 7* (c. 20).

12 *Ibidem, bote 2 he chofin j de sonza, pexò chant. 23 rotoli 87, tara de le bote e de la chofa r. 306, tara de la sonza, a r. 4 per chanter, r. 81, neta chant.* 20 r. (c. 324).

13 *Ibidem, chuori de bo 151, pexò chant. 29 r. 27, tara de uxitado r. 56 per zentener de chuori, tara de chuori 4 bagnadi e saladi r. 26, resta neti chant.* 28 r. 16 ½ (c. 115).

14 *Ibidem, pondo j de garofai, pexa chant. 2 r. 8, tara de sacho r. 1 1/2, resta chant. 2 r. 6 1/2, tara de fusti che i tene che fo sazi 8 per rotolo, avi de tara 6 per r., rotoli 11 onze 9, resta neti a pagamento chant. 1* r. 95 (c. 28).

15 Dorini et Bertelè (2 - 1956), *pano verde chiaro Fiorenza, machià, bato per manchamento de picho j q. 3, perp. 5 car 6 et per mendo de le machie, perp. 12* (c. 54).

16 Sur ces comptes longs fondés sur un usage qui a longtemps persisté sous la forme bien connue de donner treize à la douzaine, qui consistait dans la vente à la douzaine d'ajouter un supplément d'une unité pour compenser un article gâté ou abîmé, ainsi des œufs ou des huitres, Hocquet (5 -1995).

sans qu'il y ait le moindre rapport entre les deux lignes du compte, il s'agit de deux cargaisons sur une nave. Ailleurs le marchand ne s'explique guère sur sa méthode:

Fusti da balestro, dieno esser per chonto fusti mille (c. 91, 2–3),

l'expression « dieno esser » [« doivent (ou devraient) être ») indique qu'il s'agit d'une estimation, d'un compte contesté de fait par un expert, fabricant d'arbalète ou arbalétrier qui a recours à l'estime lui aussi et « affirme par serment avoir estimé qu'il y avait seulement 900 fûts » (c. 91, 12–13). L'estimation de l'homme de l'art approche de l'exactitude, la marge d'erreur est réduite à 7 pour 900 puisqu'en présence de l'officier public, le *sanser* Portonari, il est compté « 907 fûts net » facturés à l'acheteur Ferigo Contarini (c. 91, 26–27). Il serait imprudent de croire qu'il a suffi de compter les fûts un à un pour atteindre le nombre exact, la méthode est plus savante, le « die aver » l'indique avec une certaine délectation[17]:

Cette donnée, 907 fûts, a une justification toute comptable. Il s'agit en fait d'obtenir une péréquation entre divers types de fûts à des fins comptables pour établir la facture. Les fûts sont comptés à 29 hyperpères 18 carats le cent, soit perp. 269.18. Giacomo juge opportun d'expliquer la méthode adoptée : la tare de 2 % recouvrait non pas une qualité moindre jugée déficiente qui eût autorisé à défalquer 18 fûts, une telle opération avait concerné 108 petits fûts, comptés 2 pour un grand, et permis d'en retrancher la moitié ou 54 fûts, cette fois la tare rémunérait le travail de l'expert et la peine de Giacomo Badoer, marchand intermédiaire qui s'interposait entre le vendeur Vielmo Arlati et l'acheteur Contarini, chacun percevant 1 %[18], arrondi à 10 fûts, soit 20 fûts. Enfin un article, cassé, ne fut pas retenu dans le compte. On a : 979 - 54 - 20 - 1 = 904. Il apparaît alors que le prélèvement de 1 % de l'expert et de Giacomo a produit non pas 10 fûts, mais 9 fûts, 979 - 54 - 18 = 907, mais dans la facturation on compta:

$$\frac{\textit{Perp. } 29 \textit{ car } 18 * 906}{100} = \textit{perp. } 269 \textit{ car. } 18$$

Dans le bénéfice rétribuant le marchand entraient deux éléments, un paiement en espèces égal à 2 % du prix d'achat (c. 121) et le versement en nature de 10 fûts, le tout s'élevant à perp. 5 car 10.

Des fourrures de martre sont également comptées *a longo chonto*, la compagnie des deux frères Badoer avait acquis 589 fourrures, chacun une moitié, après abattement d'une tare de 15 peaux, il restait net 574 articles, pour lesquels

17 Dorini et Bertelè (2 - 1956), *per l'amontar de fusti 979 a longo chonto, bato per tara de fusti sotil che fo mesi 2 per uno, fusti 54, resta fusti 925, bato per tara de 2 per c°, fusti 18, resta neti fusti 907* (c. 91, 3–4).

18 *Ibidem, fazo nota che el balestrier che i chontò e guardò de tara ave fusti X che sono 1 per c°, segondo uxanza, e fusti 10 tulsi mi per mia fadiga, oltra la provixion de 2 per c°, e fusto 1 fo sfeso e roto e non fo in chonto* (c. 91, 6–8).

Giacomo s'attribua une provision, sa rémunération, de 3 perp. et demi (c. 215). Dans le compte actif, la moitié s'entend égale à 287 peaux *a longo chonto, neti 281* (c. 215, 3). Autrement dit, comme 287 × 2 = 574, ce nombre, tare déduite, reste pourtant « à long compte », ce qui justifie un abattement de 6 peaux à l'issue de quoi on obtient net 281 martres. Ces tares ne sont pas perdues, Giacomo porte en compte 7 fourrures de martre « tarizadi » pour réparer sa veste[19].

Le chargement sur les galées

Les botti de vin

La *botte* de vin offre un autre exemple. Compte tenu des conditions techniques de la tonnellerie, on peut voir que les tonneliers parviennent à livrer au négoce des récipients quasiment standardisés, ce qui n'a rien pour surprendre puisque ces tonneaux rigides seront arrimés sous le pont des vaisseaux, dans des espaces impossibles à modifier. Chaque grand vignoble, ici le candiote et le sicilien, dispose de ses types de tonneaux, l'un est de plus grande taille, celui de Candie, tandis que Messine expédie volontiers ses vins dans des *caratelli* égaux à une demi-botte[20].

Tab. 4 vins de Candie

botte	*mitri*	*per feze mitri 7%*	*resta neto*	*mitri/1 bote*
16	775		720	48,43/45
6	293	21	272	48,83/45,3
2			100	50
15			780	52
7			335 1/2	47,92
13	607			46,69
3	145			48,33

La botte de vin de Candie a une capacité intérieure nette variable comprise entre 45 *mitri* et 52 *mitri*, le nom de cette mesure n'est autre que le μετρον antique qui généra aussi le métrète, le « mistate » crêtois ou le *mastello* vénitien, dont la *Tarifa* signale:

> *vin se vende in Candia a mistati, e mistati 14 è bigonzo 1 a Veniexia*[21]*:*
> *si che mistati 56 vien a gitar a Veniexia anfora 1, et esser vin claro. (...)*

19 *Ibidem, martori 7 tarizadi, che tulsi per rechonzar una mia veste, val per martori 6 boni, perp. 7* (c. 215, 7–8).

20 *Ibidem, bote 149 e charatei 40 che suma bote 169, de i qual ne hè bote 67 ½ de vermei e bote 101 ½ de bianchi* (c. 98, 2–3).

21 Orlandini (2 - 1925), p. 32

lo dicto vin se vende (in Chandia) a C° de mistati, lo qual C° de mistati die responder de vin claro e vesyo anfora 1 3/4 e pluy (de Veniexia)[22].

Tab. 5 Vins de Messine

Botte	*caratello*	*mitri*	*mitri/1 bote*
8	1	374	44
8		347	43,375
4		153 net	38,25
1		43	43
87	11	3950	42,70
2		81	40,50
	1	22	44
1	3	111 1/2	44,6
	1	22	44
2		86 1/2	43,25
4	7	334	44,53
6	6 + 13 mitri	372	39,88
12		543	45,25
	1	19	38
3	4	142	28,4
1		44 1/2	44,5
1	1	67	44,66
2		79 1/2	39,75
1		45	45

La botte de Messine emplie de vin sicilien avait une capacité moyenne inférieure, voisine de 38 à 42 *metri* de Constantinople (- 14 1/4 %). A l'estime du fût on sait déjà l'origine du vin et sa quantité.

Les coefficients de chargement

Cependant le terme de botte dans une autre acception désignait le tonneau de marine[23]. Badoer tint ses écritures au moment où la « botte » achevait de supplanter le *mier* pour le calcul des nolis[24], c'est-à-dire quand tous les espaces réservés au chargement des marchandises de la cargaison sur les navires étaient

22 *Ibidem*, p. 59.

23 Dorini et Bertelè (2 - 1956), *per nolo de miera 26 di suri, meso mier j per bota j (c. 96), savoni da Mesina, sachi 15 he caratei 3, sacho j pexò chant. j r. 37, sachi 14 chant. 19 r. 70, charatei 3, neti chant. 10 r. 4, suma in tuto chant. 29 r. 74 (c. 97), per nolo de sachi 15 e charatei 3 de saponi che pexono chant. 32, raxonando chant. 10 per bota j* (c. 96).

24 Tucci (6 - 1967), Lane (6 - 1964), p. 213–223.

convertis en tonneaux de marine (les *botti*). Lui-même opérait cette conversion : « pour le fret (*nolo*) de 26 *miera* de *suri* (*sughero*, sucre) en comptant 1 *mier* [= mille livres grosses] pour un tonneau (botte) »[25], ce qui était superflu puisqu'il négociait un tarif *a duc. 2 ½ el mier* égal à celui de la botte de vin (c. 78, 21). Bien entendu il s'agit de tonneaux fictifs (comme aujourd'hui), toutes les marchandises ne sont pas mises en tonneaux, mais toutes sont affectées de coefficients établis en tonneaux, selon leur volume ou selon leur masse. Il est d'usage en effet de charger les pondéreux selon leur masse et les marchandises légères selon leur volume, pondéreux et volumineux étant déterminés par leur masse volumique en référence à l'eau de mer[26]. Toutes les chairs salées, viandes et suif, 977 mesures + 2 bottes + 1 chofin étaient l'équivalent de 478 cantars *per nolo.* Dans le compte déjà cité à c. 78, le patron grec Todaro Vatazi a importé de Messine du vin, de l'huile, du tartre et de l'orpiment *(orpelle)*, plus encore 15 sacs et 3 *caratelli* de savon, pour un poids de 32 cantars. Le patron et le marchand considéraient que 10 cantars étaient équivalents à 1 botte et fixaient par accord un nolis de 8 ducats ce qui était le montant traditionnel du nolis de la botte sur ce trajet (c. 78, 16–17). Le millier de livres de sucre pouvait être enfermé dans des caisses, qu'à cela ne tienne, le *scrivan* de la galée faisait payer pour une botte. Ici il n'est plus question de ne pas prendre la tare en considération, celle-ci occupait aussi un volume, il est normal qu'un nolis fût acquitté sur elle : les savons de Messine mis en sacs et en tonneaux pesaient au total 32 cantars « et on compte 10 cantars pour 1 botte ».

Pour des marchandises de prix comme les draps, mesurés dans leur longueur au *picho* et protégés dans une balle, le nolis était calculé au poids[27]. Ce renseignement est capital, outre le nolis, il permet en effet de calculer la densité et la qualité, la finesse des différents draps : on voit d'emblée que les draps de Florence étaient plus lourds et plus épais que ceux de Mantoue.

Cependant il ne faut jamais oublier que les mesures de marine sont de pures unités de compte établies pour occuper au mieux les volumes de la cale en assurant la stabilité du vaisseau et pour calculer les taux de fret.

Maîtriser la comptabilité pour gérer ses affaires

La *griparia* de Zorzi da Scarpanto, signalée le 8 mai 1439 agit pour une compagnie de quatre marchands (deux italiens et deux grecs) qui avait acheté à Tripoli de Syrie et Beyrouth 310 cantars (de Damas) de cendres, chacun pour ¼, transportés par le patron Zorzi, qui, pour délester son bateau surchargé, fit jeter six sacs (de la part des grecs) à la mer, les deux groupes partenaires payant chacun la moitié du

25 Dorini et Bertelè (2 - 1956), *per nolo de miera 26 de suri raxonando mier 1 per una bota.*

26 Hocquet (6 - 1989B)

27 Dorini et Bertelè (2 - 1956), *Pani Fiorenza fini bala 1, dixe eser peze 8, braza 351 (...), per nolo chontadi a ser Dardi Moro patron de una de le galie, per nolo de i diti pani abudi, pexò livre 305, monta duc. 5 g. 3* (c. 14, 1–6) ; *Pani de 60 da Mantoa bala 1, dixe eser peze 8, in tutti braza 341, per nolo per livre 230 che la pexò, duc. 3 g. 21* (*ibidem*, 17–21).

nolis (200 perpères). Transporter des cendres de la côte libanaise à Constantinople suppose de les peser au port d'embarquement et à l'arrivée. A Beyrouth, le navire avait donc chargé 310 sacs de cendres, réduits à la suite du jet à la mer de 6 sacs, à 304 sacs, soit 303 cantars et 28 *rotoli* de Damas[28]. Malgré la confusion entretenue par le vocabulaire des marchands qui hésitaient entre *allume catino*, alun *de rocha*, alun *de sorta*, il s'agissait de produits très différents aux usages assez voisins, dans le traitement des cuirs et des textiles tout au moins. Par son prix l'alun, même de deuxième qualité, était plus cher que les cendres. Il voyageait dans des tonneaux de bois quand les cendres étaient simplement mises en sacs. La différence de conditionnement témoigne de la diversité des statuts de ces deux marchandises. On observe qu'en Syrie il arrive que cantars et sacs soient ajustés l'un à l'autre, le sac contenant un cantar-poids, mais ce rapport est instable, car en une autre occasion 202 sacs de cendres pesaient 165 cantars 19 *rotoli barutini*. Un quart du chargement de cendres à chacun des quatre associés aurait dû procurer à chacun 76 cantars de Damas ou 77 sacs et demi si on prend en compte le chargement initial, mais Giacomo Badoer constata que sa part avait été réduite à 50 cantars « barutini » (de Beyrouth), soit une diminution de 26 cantars ou ⅓. Giacomo rappela à son associé que « si la quantité de cendres répondait plus ou moins, ils devaient se refaire l'un l'autre », c'est-à-dire, sur un mode moins familier, ils devaient diviser exactement la quantité de cendres réellement débarquées à Constantinople, si bien que Giacomo devait se voir crédité de 334 cantars 80 *rotoli* de Constantinople[29].

A la pesée à Constantinople, le peseur juré Nicholó del Groppo qui avait manipulé 915 cantars de Constantinople[30] reçut pour avoir pesé les cendres et quelque autre marchandise 20 perpères.

Le marchand devait avoir l'œil à tout. Il fallait à la fois convertir les poids de Beyrouth en unités constantinopolitaines et pratiquer des divisions entre deux ou quatre associés. Le toscan Francesco degli Albizi se laissait, semble-t-il, aller à la facilité en accordant uniformément 50 cantars à son associé qui protestait et faisait valoir son bon droit. Les monnaies posaient aussi quelque problème : en Syrie il fallait payer des cendres pesées au cantar syrien en *dirhem* de Damas, monnaie qui devait être convertie en ducats avant de reporter la monnaie de compte sur le Grand Livre tenu en perpères et la marchandise pesée au cantar de Constantinople[31]. Enfin, dernier problème, si Giacomo signalait un profit dégagé par la

28 *Ibidem*, p. 630, 11–20 : Sur les poids et mesures du commerce avec le Levant, Rebstock, 1992 ; Hocquet (1993).

29 Dorini et Bertelè (2 - 1956), p. 718, 24–27. Il est clair que Badoer attendait davantage pour son quart : en cantars de Constantinople (50 × 5 – 8% = 230 cantars). Il avait été « refait » d'une centaine de cantars lors de la division du chargement.

30 *Ibidem*, p. 746, 9–10 .

31 *Ibidem*, p. 630, 22–32, *per l'amonter de sachi 77 ½ de zenere, ch'el me asigna tocharme per el mio un quarto de i sachi 310 ch'el chargó su la griparia patron Zorzi de Scarpanto, le qual el mete aver pexà chant. 303 r. 28 al chanter damascin, mete montar el mio ¼ chon le spexe deremi 4885 ½ che val, a deremi 40 el duchato, duchati 122 e deremi 5 ½ che meto a valer a perp. 3 car 0 el duchato, le qual zenere costó de primo insachade deremi 60 el canter, c. 328, perp. 340, car 0.*

vente des cendres, il ne précisait à aucun moment le nom et la raison sociale de l'acheteur des cendres.

Le nolis de cette marchandise de faible valeur, très recherchée à Venise pour la savonnerie et la verrerie, deux industries urbaines actives, était élevé : le transport de 5 cantars de Constantinople sur le trajet entre la côte syrienne et Constantinople coûtait un ducat, le transport de 234 cantars et 80 *rotoli* jusqu'à l'entrepôt de Giacomo Badoer lui avait coûté 47 ducats, ou 150 perpères et 19 carats. On sait aussi que l'achat de 77 sacs et demi de cendres soit autant de cantars à la mesure de Damas a coûté 122 ducats ou 366 perpères[32]. Si on applique la conversion proposée par Giacomo, soit 1 cantar de Syrie = 5 cantars de CP – 8%, ses 77 ½ cantars de Syrie formaient 356,5 cantars de Constantinople. Le nolis des cendres coûta au total 400 perpères, un prix de transport élevé qui atteignait presque 2/3 de la valeur d'achat du produit sur un trajet relativement bref. Sur le parcours plus long, jusqu'à Venise, le transport faisait plus que doubler la valeur initiale de la marchandise.

* * *

Nous avons illustré quelques difficultés auxquelles se heurte le chercheur, après le marchand qui disposait d'un outillage mental de tout premier ordre. Incontestablement Giacomo Badoer avait une excellente connaissance du marché, des besoins de l'industrie vénitienne du textile et de la verrerie, aux divers stades de l'élaboration des produits, des techniques commerciales et comptables, des subtilités des changes monétaires grâce à quoi il jonglait avec trois monnaies, l'une d'or, le ducat, l'autre, musulmane, d'argent, et la troisième, byzantine de compte, des difficultés inhérentes à la variété des poids et mesures dont il convertit les poids syriens en poids grecs sans se laisser surprendre par les erreurs de son associé qui tantôt majore sa part pour encaisser davantage d'argent de cette vente forcée, tantôt la minore. De Badoer, toujours très attentif et qui se révèle marchand expérimenté, on aimerait savoir dans quelle école et avec quel maître il a appris son métier. Mais le Grand Livre de comptes ne peut nous éclairer sur ce point, il est en effet réduit à la sécheresse des écritures comptables.

Badoer s'est contenté de tenir ses comptes avec beaucoup de soin, il n'a pas écrit un manuel de marchandise pour présenter de façon systématique les poids et mesures en usage à Constantinople et dans les ports en relations commerciales avec la capitale de l'empire. Seule lui importait la connaissance de ses affaires, des bénéfices espérés, des marchandises attendues, de ses parts dans les différentes sociétés où il entrait. A l'issue de cette étude qui visait à présenter la diversité des poids et mesures qui s'imposait au marchand vénitien dans une métropole commerciale en relations avec des ports méditerranéens dispersés de Majorque à Alexandrie et de Messine à Caffa, sans oublier Venise, Trébizonde et Beyrouth, on constate, outre la richesse des unités, que les unités de masse reposent sur les

32 Le ducat se changeait à 3 p 5 c à Constantinople en juillet 1439 et à 3 p. sur la côte syrienne en mai.

plus petites unités possibles, en particulier le carat, voire le grain, et le *saggio*, qui, affectés de coefficients multiplicateurs, donnaient les unités plus grandes, du type de la livre ou du *rotolo* ou *ratl*. Le commerce de gros ne se contentait pas de ces poids, de l'ordre de quelques centaines de grammes, et adoptait d'emblée le cent ou le mille, sous forme du cantar, du *cento* ou du *mier*.

Le marchand vénitien utilisait le plus souvent les poids et mesures de la capitale impériale et non ceux de Venise. Une dernière remarque s'impose : à la lecture des manuels de marchandise de la fin du Moyen Âge, on peut légitimement se demander à quelles sources avaient recours leurs auteurs. Certains d'entre eux avaient parcouru le monde, de Bruges à Chypre, et avaient pu noter dans des carnets leurs propres observations, mais le champ de leurs informations dépassait de beaucoup les notations personnelles du voyageur. En fait il était plus simple de réunir une information de qualité, sinon exhaustive, en consultant attentivement les ll qui travaillaient de seconde main sur la masse des informations transmises par les marchands internationaux. S'il faut préférer la source initiale au traité méthodique, il faut aussi considérer l'étude de l'historien comme un portail d'entrée à la connaissance transmise par les livres comptables. La métrologie est mieux qu'une conversion des anciennes mesures en unités métriques, elle éclaire une culture urbaine et marchande. Enfin je me suis toujours placé au cœur de mes deux sources, le livre de comptes de Giacomo Badoer et les Statuts maritimes sans recourir aux données des Manuels de marchandise écrits dans un autre contexte et un autre milieu.

D'après:

« Weights and measures of trading in Byzantium in the later Middle Ages. Comments on Giacomo Badoer's account book », 89–116, in Markus A. Denzel, Jean Claude Hocquet, Harald Witthöft Hrsg., *Kaufmannsbücher und Handels-praktiken vom Spätmittelalter bis zum beginnenden 20. Jahrhundert*, Steiner Verlag, Stuttgart 2002.

« Savoir, pratique et diffusion des mesures : marchands et marins italiens à Constantinople et Alexandrie », p. 169–183, in F-O. Touati et P. Chareille éds., *Mesure et Histoire médiévale*, 43e Congrès de la SHMESP, Tours, 31 mai–3 juin 2012, Publications de la Sorbonne, Paris 2013, 415 p.

4

DENRÉES ALIMENTAIRES ET MARINE MARCHANDE EN MÉDITERRANÉE À LA FIN DU MOYEN AGE

De nombreux navires, dont la typologie n'est pas toujours aisée, parcouraient la Méditerranée. Des historiens font en effet figurer certains de ces navires parmi les vaisseaux longs, du type de la galère, mus à la voile et à la rame, d'autres rangent ces mêmes navires parmi les gros voiliers marchands. L'accord s'est fait à présent sur les capacités nautiques de la galère, sur l'aptitude de la voile latine à remonter au vent, sur l'origine nordique de la coque ou *kogge* devenue la *cocca* en Méditerranée où elle introduisit avec elle le gouvernail d'étambot, mais abandonna la construction dite « à clins », sur les innovations qui ont ouvert la voie à la création de la caravelle. Ce sont là aussi des conquêtes de l'historiographie des trente ou quarante dernières années. La connaissance des aspects techniques, mode de construction, mâture, gréement, voilure, gouverne, a fortement progressé, même s'il reste encore des zones d'ombre. Or quand il s'agit d'étudier le transport des produits alimentaires, qui, principal secteur du transport maritime, constituaient à la fois le commerce de masse (grains, sel, vin, huile, poissons) et un commerce de denrées recherchées qui dégageaient de hauts profits (les épices), les aspects techniques gardent certes leur importance, mais l'un d'eux doit être privilégié, car il permet d'ajuster, par le transport, l'offre à la demande. C'est de tonnage qu'il est ici question, tonnage global d'une flotte entière, plus modestement tonnage des unités la composant. Or le tonnage est, tout autant que le gréement, un élément classificatoire décisif. Il impose au bâtiment ses dimensions. Rien, pourtant, ne paraît plus mystérieux que le tonnage.

La Mesure du tonnage

Le « tonnage » est chargé de rendre approximativement la capacité de chargement d'un navire à l'aide de différentes mesures comme « tonne » et « tonneau ». A Venise, ou bien on estimait cette capacité en tonneaux de vin ou *botti* ou bien on pesait au millier *(mier)* de 1 000 livres. Ces deux unités, *botte* et *mier,* entretenaient entre elles un rapport instable, mais les marchands avaient l'habitude, pour calculer les nolis, de « réduire à mesure de tonneau toutes les marchandises »

DOI: 10.4324/9781003322733-6

(essendo redute le robe a numero de bota) chargées lors du départ de Venise ou dans les escales outre-mer[1].

Il est impossible de considérer le seul volume intérieur des barriques du chargement, pour mesurer le volume disponible au placement d'une cargaison. Pour calculer l'espace occupé par ces tonneaux, il faut faire intervenir deux facteurs externes, le renflement de la barrique et la courbure de la cale, et se souvenir que l'amphore était une unité de compte constituée de quatre unités réelles, les *bigonci,* qui, pour une quantité égale de vin, occupent un volume réel supérieur à celui d'une amphore unique. La botte de vin était une unité de compte faite de la juxtaposition de 4 *bigonci* contenant 56 *mistati*[2]. Tout est donc problème de coefficients. Il faut successivement considérer le volume extérieur du tonneau, de 11 à 12 % supérieur à sa capacité interne, l'espace occupé par quatre de ces tonneaux (+ 50 % encore) et la déperdition de volume dans les cales courbes (+ 33%).

Tab. 1 Mesures nettes des futailles à Venise à la fin du Moyen Age

botte d'amphore	1			
demi-botte	2	1		
bigoncio	4	2	1	
mastello	56	28	14	1
litres	675,32	337,66	168,83	12,059

Il existait donc trois définitions différentes du tonneau : parler d'un tonneau de jauge de 1,14 m^3 ou d'un encombrement de 1,52 m^3 ou d'une quantité de vin égale à 675 litres 1/3 net, contenue dans les 4 barriques comptées pour une amphore, sont choses rigoureusement équivalentes qui désignent toujours une même quantité originelle[3].

Ces mesures ne s'appliquent pas aux galères, pour lesquelles intervient la notion de déplacement à pleine charge *(dislocamento a pieno carico)* qui s'évalue en tonnes métriques puisqu'il est égal à la masse totale du navire chargé sous armement complet, lorsque la flottaison atteint le franc-bord d'été. En fait sur tout navire, la moitié seulement du déplacement en charge est réservée au chargement, ce qui signifie que le déplacement total est constitué de : 50 % pour la

1 Mandich (6 - 1961), p. 492.

2 Orlandini (2 - 1925), Venise revint à plusieurs reprises sur le *bigoncio*: « Vin se vende in Chandia a mistati e mistati 14 geta a Veniexia bigonzo I, si che mistati 56 vien a gitar a Veniexia anfora 1 » (p. 32 et 59). Nous retrouvons ici la série remarquable 14 (28) 56 sur laquelle nous nous attardons dans ce volume.

3 Hocquet (6 - 1989B), repr. in Hocquet (5 - 1992) où l'on trouvera la bibliographie alors utilisée, notamment Lane (6 - 1966), Morineau (6 - 1966), p. 77 ; Renouard (6 - 953) et Renouard (6 - 1956) Tucci (6 - 1967), Vogel (6 - 1911), p. 3 ; Witthöft (6 - 1979B), p. 39–40.

coque, le gréement, l'armement, les approvisionnements, 50 % pour la cargaison de marchandises, ce qui revient à dire que la densité réelle moyenne d'un chargement de vin est réduite à 0,5 (760 = 1520/2). Paul Gille résumait en effet ainsi la situation : le déplacement est égal à 1,5 fois le nombre de tonneaux de jauge ou à 2 fois le port en lourd exprimé en tonnes[4]:

Tab. 2 Trois mesures équivalentes du tonnage pour les bâtiments de Venise

tonneau de déplacement	1		
tonneau d'affrètement	1,3	1	
botte d'amphore (brute)	2	1,5	1
mètre	1,52	1,14	0,76

Les tables de nolis qui comptaient pour une botte neuf setiers de grains ou légumes n'autorisent pas à calculer le poids d'une botte à partir du poids du setier de grain. Poids et volume évoluaient séparément en formant deux systèmes hétérogènes, sans commune mesure, l'armateur acceptant les marchandises légères et les liquides d'après le volume et les produits pesants ou lourds d'après le poids. Ces pratiques subsistent aujourd'hui encore, toutes les marchandises voyageant par mer demeurent affectées d'un indice d'arrimage[4]. Le mot « botte » avait donc plusieurs sens, pour les marchands, les cabaretiers et les consommateurs, il désignait concrètement une quantité précise de vin contenue dans des *bigonci,* égale selon nos calculs à 675 litres, mais pour les armateurs et les marins, il avait un sens purement technique et servait d'unité de mesure d'un volume égal à un solide imaginaire de 27 pieds^3 vénitiens, constitué par ces mêmes quatre *bigonci*.

On aurait pu choisir d'autres mesures, notamment des unités de poids. Le *cantar* fut très usité, ce qui n'est pas surprenant : pour des raisons de statique du vaisseau, on continue de charger et de calculer le fret des marchandises de faible densité selon le volume et celui des denrées pondéreuses selon le poids, la densité étant établie par rapport à l'eau de mer. Leonardo da Pisa, dans les premières années du XIIIe siècle, enseignait déjà comment « réduire, c'est-à-dire calculer diverses marchandises embarquées en Barbarie en cantars de chargement, ordinairement constitués de cuirs dans ces pays. Deux *cantaria beccunarum* devaient être comptés pour 3 cantars de chargement[5]. Les poids étaient égaux, puisque ces cantars pesaient 100 *rotoli* dans les deux cas, mais le volume de ces marchandises était divers. Cette diversité a son importance pour occuper un espace clos sans surcharger le bâtiment au-dessus de sa ligne de franc-bord. On rapportait donc toutes les marchandises à une mesure unique, le cuir, comme ailleurs on considérait tous

4 Dotson (6 - 1973), Bes (6 - 1951).
5 Boncompagni (2 - 1857), p. 118.

les produits à l'instar du vin. Deux cents livres de *beccuna*[6] occupaient l'espace de 300 livres de cuir.

Le conditionnement des marchandises à bord

Sur la place de Constantinople, on vendait : en *stuoia,* une simple toile appelée aussi *natta*, les raisins secs *(uve passe);* en *sporte (cofani, cufino),* les raisins secs de Syrie, les figues sèches de Majorque et d'Espagne, les dattes; en sacs, les amandes, châtaignes, noisettes, riz et cumin; en tonneau ou en outre, le miel; en caisse ou en tonneau, les sucres et sucres en poudre; en tonneau ou botte, l'huile d'Italie; en bottes cerclées de 45 *metri,* les vins; en jarres, les huiles d'autres provenances et les vins de pays; en *caratelli* les vins de la Marche.

A Messine, on livrait en caisses, en balles ou en *gabbia*, le poivre *tondo*, le gingembre, les amandes, en jarres, le miel pour lequel on comptait alors une tare de 20 %, en *sporta*, la cannelle (tare : 10 %). A Tunis, il était conseillé d'importer l'huile dans des tonneaux neufs qu'on ne pût soupçonner d'avoir déjà servi au transport de vin ou de graisse de porc. Sur le port, l'huile était transvasée dans des jarres et à ce moment-là il valait mieux qu'on n'y trouvât pas d'os de porc ou de rat mort. A Naples on vendait en baril la chair de thon *olorosa e netta d'ogni male sapore,* les sardines et les anchois. Pour les noisettes, vendues au cent (soit 100 sacs de 606 *tomboli a misura),* il fallait 450 brasses de chanvre pour confectionner les sacs.

Dans les navires, sel et grain voyageaient en vrac, mais pour aller de Pise (Porto Pisano) à Florence, par l'Arno jusqu'à Signa, puis par terre, on mettait le sel en sacs cousus et scellés à la cire. Pegolotti, qui accorde un chapitre à l'examen de la tare, prenait comme exemple un *pondo* de poivre non criblé *(garbellato)* pesant 40 *rotoli* de Chypre. Cette balle de poivre était emballée dans deux sacs, l'un de chanvre, l'autre de *giania* ou fil de dattier, lié par une corde, la tare totale, avec la *garbellatura,* s'élevait à 2 *rotoli* 1/12, ou 5 ¼ % et sans la poussière à 4 ¾ %. Si le poivre avait été mis en *sporta* d'Alexandrie, la tare se serait élevée à 6 1/3 % car le poivre venant d'Alexandrie contenait plus d'impuretés. Second exemple, les pains de sucres (en *pani*) qui pesaient de 1 *rotolo* ½ à 7 *rotoli* ¼. Le sucre était chargé dans les galées, ou dans les vaisseaux désarmés, en vrac, en caisse ou en tonneau. Sur les galées, le sucre voyageait emballé et enfermé dans un cône dc palme protégé d'une enveloppe de chanvre avant d'être placé dans une caisse enveloppée dans du coton attaché par une corde de chanvre. Sur les nefs, on préférait mettre de 22 à 24 pains de sucre dans un tonneau où le sucre était calé avec des feuilles séchées. La tare de 30 *rotoli* de sucre atteignait 8 *rotoli* (26 ⅔ %) sur les nefs mais dans les galées la tare plus pesante (17 *rotoli)* accroissait le nolis de 33 à 40 %. Le sucre dit *musciatto,* toujours en grandes enveloppes, voyageait aussi en caisses.

6 EVANS (2 - 1936) a lu « becchime, becchine, beccume » et traduit « peaux de chèvre ou chevreau (*goatskins*) », p. 414.

Il était important de ne pas briser les pains de sucre. Pour le sucre en poudre, on prenait moins de précautions et la tare était abaissée *à* 17 %. La cannelle voyageait dans les mêmes conditions que le sucre, en caisses, mais d'Alexandrie elle venait en *sporta,* un panier fait à l'intérieur de corde de palme, et de cuir à l'extérieur. La tare s'élevait alors à 18%. Les marchandises voyageaient fréquemment dans deux enveloppes, ainsi les noix muscades circulaient emballées dans un sac de chanvre léger *(4 occhie),* lui-même enfermé, pour naviguer, dans le sac *d'angina* (de palmier) quatre fois plus pesant. Enfin les sirops de Chypre circulaient dans des bouteilles de verre *(ampolle del vetro),* assez légères et mises en caisse[7].

Les produits alimentaires transportés par mer connaissaient divers conditionnements. Les pondéreux circulaient en vrac dans la cale, les liquides voyageaient en tonneaux de bois cerclés, en urnes ou en jarres. Les épices étaient placées dans des sacs quelquefois mis en caisse. Les fruits secs voyageaient le plus souvent en sacs. Certains pays étaient fidèles à des emballages particuliers, ainsi la *sporta* à Alexandrie, la jarre en Espagne, mais partout on tirait parti des ressources locales, le bois, le coton, le chanvre, la terre cuite, les feuilles, les palmes. Chaque marchandise avait son type d'emballage, adapté au type de navire et la peu commode galée, à l'espace étroit, embarquait les caisses de sucre, quand la nef préférait charger ce même sucre en volumineux tonneaux. De cette brève enquête, il ressort que, contrairement à une idée reçue, l'emballage ne servait pas d'unité de mesure, les mesures étaient déjà en ce début du XIVe siècle des unités abstraites, mathématiques, sans lien avec les paquets, balles, enveloppes, barils ou autres tonneaux qui servaient *à* la manutention et à la protection des marchandises.

Les problèmes de la navigation médiévale

Les historiens savent depuis longtemps l'incidence du coût du transport sur celui de la marchandise et la moindre cherté de la voie maritime par rapport aux voies concurrentes. Les marchandises les plus chères supportaient mieux l'aggravation des coûts provoquée par le transport, si bien que jusqu'au XIVe siècle seuls circulèrent les biens de prix, exception faite de ceux de première nécessité, tels le grain et le sel. Mais dans la seconde moitié du XIVe siècle, remarquait Melis depuis son observatoire privilégié des riches archives de la grande maison de commerce fondée par le marchand de Prato, Francesco Datini, tous les biens entrèrent en circulation, grâce au progrès technique qui améliora les navires, inventa les assurances et créa des itinéraires nouveaux, mais plus encore grâce au facteur économique de la discrimination des nolis. Jusqu'alors les prix des nolis étaient tendanciellement égaux, mais à la fin du siècle ces prix se mirent à varier dans de fortes proportions en fonction de la valeur de la marchandise transportée. Ce fut le grand marchand qui opéra cette révolution car le transport était devenu pour lui

7 EVANS (1936). La question des contenants est rarement abordée, voir par ex. l'article au titre significatif d'A. ZUG-TUCCI (1978).

un élément accessoire au service de l'échange, acte fondamental sur le coût duquel il fallait désormais modeler les tarifs de transport. Le marchand utilisa les larges marges de profit offertes par les biens riches pour alléger les coûts de transport des marchandises les moins chères qu'il réussit ainsi à intégrer dans son catalogue de produits offerts à la vente. Il exploita ces nouvelles possibilités de gain grâce aux progrès de la comptabilité qui isolait chacun des coûts accessoires pour tout lot de marchandises. Le nolisement d'importantes fractions de la cargaison abaissait les prix unitaires à des niveaux inférieurs à ceux consentis par des chargements plus fractionnés. Le marchand acceptait ainsi à la circulation des biens moins rémunérateurs. L'exemple le plus probant examiné par Melis concerne la cargaison appartenant à Datini dans la *nave* du florentin Guido Caccini, qui fit voyage de la Catalogne à Motrone en 1398 : les 5,8 % de marchandises riches du chargement supportèrent 32,5 % des nolis, ce qui permit d'accueillir la laine et les *boldroni* à un taux modéré : 4/5 du chargement procuraient 3/5 des nolis. Le riz de Valence voyageait à un tarif plus avantageux encore : 12,6 % du chargement, seulement 4,9 % du nolis[8]. Or la considération du seul élément monétaire dans l'estimation des nolis a pour effet de retarder la naissance de cette innovation : la différenciation des nolis[9].

La table des nolis des statuts du doge Tiepolo informait les chargeurs (les marchands) sur les nolis à verser aux armateurs pour les marchandises qu'ils embarquaient. Cette loi allait bien au-delà : Outre-mer, sur la côte de Syrie, de Laias à Acre, le cantar pesait autour de 750 livres légères de Venise. Pour le calcul des nolis, une balle valait un cantar, deux cantars d'épices étaient facturés au prix d'un cantar de coton et sept marchandises étaient chargées à raison de trois cantars pour le prix de deux[10]. Les marchandises encombrantes (gros volume et faible poids) donnaient l'unité de compte pour le prix du transport, les denrées de prix

8 Melis (1964).

9 Selon Melis (1964), p. 137, les nolis les plus chers multipliaient par 3 333 les moins coûteux. Or le nolis le plus coûteux était acquitté pour un avoir « de coffre-fort », un bien « che pero è rarissimo e soprattutto circola per quantitivi irrisori rispetto alla capacità dcl naviglio » : des perles, auxquelles Melis avait pourtant appliqué le coefficient multiplicateur habituel de 100 livres-poids, et le moins cher avait été payé pour du sel chargé à Ibiza, aux dires de Pegolotti, [Evans (1936), p. 231–2], qui s'était contenté d'indiquer le prix d'achat du sel, le coût de la *tratta* aux autorités majorquines et les frais de chargement payés aux patrons de charrettes et de barques qui avaient apporté le sel aux nefs en rade, au total une dépense sous vergue de 1 livre 11 sous 6 deniers *piccoli* de Majorque le *mondin.* Le coût du chargement à bord (« per altre spese ad Eviza a caricarlo a nave ») n'était nullement le nolis ou coût du transport. L'équivalence du *mondin* n'était pas établie, les itinéraires n'étaient pas tracés, et s'il semble que les perles circulaient entre Venise et la Catalogne, la destination du sel, et par conséquent la longueur du trajet et le temps de navigation, n'étaient pas précisés. Melis, pour conclure, signalait que la quasi-totalité des nolis était proche de 50 sous pour 100 livres-poids transportées.

10 Dotson (1982), 5, avait résumé la situation: « The shipper was allowed to load two cantars of these commodities while paying the same freight charges as for one cantar of packaged goods » ; pour le coton à bord des navires, Lane, (1962), 27–29.

étaient acceptées à des nolis nominalement moins élevés (deux cantars facturés au prix d'un ou trois pour deux).

Les marchandises encombrantes donnaient l'unité de compte au prix du transport, les denrées de prix étaient acceptées à des nolis nominalement moins élevés. Dès les années 1220, les vénitiens appliquaient en fait des nolis différenciés, masqués par la manipulation des mesures de compte, ils faisaient payer aux marchands étrangers, pour le fret de retour, des nolis plus élevés, doubles, qu'aux marchands vénitiens qui exportaient des produits finis au départ de Venise. La différence était occultée par la conversion inégale du cantar oriental, puisqu'ils prenaient au retour le cantar égal à 500 lb. gr. pour un millier de lb. gr. Encore était-ce là le tarif consenti aux noliseurs locaux, pour les produits en balles. Pour bien comprendre cette subtile comptabilité, il faut dissocier les deux types de marchandises, celles chargées selon leur volume (balle) mais calculées au cantar, et celles uniquement pesées, les épices et les sept marchandises de la troisième liste, pour lesquels les nolis étaient apparemment diminués de moitié ou des deux tiers. Dès les débuts du XIIIe siècle, les vénitiens appliquaient par conséquent cinq valeurs différentes aux nolis, la plus faible égale à 0 pour les métaux entrant dans le lest, la valeur 1 pour les marchandises des vénitiens exportées sur navires vénitiens, les valeurs 2, 3 et 4 pour le fret de retour chargé dans les ports syriens. A la fin du siècle, la différenciation des nolis avait encore progressé grâce à l'adaptation de l'unité de compte – le *mier* – aux caractéristiques de chacune des marchandises du chargement.

En fait, le choix du coton comme unité de compte témoigne du savoir-faire vénitien qui s'est porté sur un produit de très faible densité. Un cantar de coton occupait, semble-t-il, un volume de 2,5 m^3 : aligner le nolis des cantars d'autres denrées sur un produit d'aussi faible poids revenait à facturer très cher l'espace aux chargeurs, puisqu'ils payaient un volume de 2,5 m^3 pour charger au mieux 1 500 livres d'épices. Les armateurs pouvaient multiplier l'espace ainsi occupé fictivement[11].

La vie brève des types de navire ponctue le rythme rapide des changements techniques

Le tableau 3 a été dressé à partir d'un poste d'observation, la Sicile et ses ports qui, placés au cœur des navigations méditerranéennes, avaient toutes chances d'offrir une image fidèle des réalités du transport maritime avec ses escales. Il illustre

11 Selon Pegolotti ces techniques comptables des chargeurs maritimes survivaient dans les nolis facturés sur les navires allant d'Ancone en Schiavonie ou à Chypre [Evans (1936), p. 157- 158]. Il montre l'existence d'un commerce triangulaire qui intéressait de près le transport des denrées alimentaires : les Anconitains faisaient venir de Schiavonie des douves de barriques, de trois sortes, pour de grosses bottes, des demies et des petites *(botticelle),* ils exportaient huile et vin en *botti* de 20 à 24 *mètres* vers Chypre, comptées un « millier », et rapatriaient les consignations de bottes, démontées, sous forme de douves liées par une corde. Aux chargeurs étaient comptés « pour un cantar de coton » soit une botte liée, soit 15 douves non attachées.

un point capital de l'histoire navale de la Méditerranée à la fin du Moyen Age (1298–1459). Mis à part deux types stables qui ont traversé toute la période avec une extrême régularité, la galée marchande et la nef, tous les autres types de navires de haute mer ont eu une existence brève : après 1310 la taride est devenue un souvenir sauf à Venise à qui la délicatesse de la navigation intra-lagunaire impose des navires de tirant d'eau modeste, la prospérité de la coque s'acheva après trois quarts de siècle d'activité, avant même les années 1390. Celle du panfile n'excéda pas 40 ans, le *ligno* céda la place au *navilio*, en attendant que des types nouveaux – promis à une existence, semble-t-il, plus longue – se multipliassent dès la fin du XIVe siècle et tout au long du XVe siècle, comme si la construction navale, la navigation et l'art nautique avaient enfin trouvé des assises plus stables après les longs tâtonnements qui avaient précédé lors des siècles antérieurs[12]. Ces différents types de navires ne sont pas tous parfaitement identifiés, tant s'en faut. Et même un type dont le nom maintenu sans changement atteste de la durabilité a connu de profondes transformations grâce auxquelles il a duré : la nef par exemple ne doit d'avoir survécu qu'à l'emprunt de toutes les innovations introduites en Méditerranée par l'arrivée de la coque[13] et la taride disparaît parce qu'elle se fond dans la catégorie des nefs.

Tab. 3 navires au départ des ports siciliens (1298–1459)[14]

type de navire	*1298–1310*	*1319–1339*	*1340–1359*	*1360–1379*	*1380–1399*	*1400–1419*	*1420–1439*	*1440–1459*	*total*
galée	16	7	24	10	8	11	20	85	181
nef	41	4	5	28	28	443	208	349	1 106
taride	19	3	1		1	1			25
coque	4	32	35	36	11	7	2	1	128
panfile			63	30	3				96
linh	45	16	10	14	8	18	2	1	114
naviglio				10	17	60	33	96	216
pinasse				3	2	4		3	12
saette				1	2	4	15	65	87
balenier						1	10	30	41
caravelle							2	54	56
brigantin								30	30
autres	15	6	21	31	24	17	23	30	167
total	140	68	159	163	104	566	315	744	2 259

12 HOCQUET (1995B).

13 HOCQUET (1979), vol. 2, *p.* 104–8.

14 BRESC (1986), t. 1, p. 280–305. Nous avons choisi de classer les rares galéasses et galiotes parmi les galées. La catégorie « autres » comprend des navires peu représentés (carraque, navette, *tafarea,* destrière, *marano,* grip, fuste) et les barques.

La taride

Le texte le plus explicite sur les tarides est probablement le statut codifié à leur usage exclusif au temps du doge Rainieri Zeno, en 1255. Il est plus facile de le lire si on le confronte au statut des nef. Ainsi, si la capacité de chargement des nefs pouvait atteindre et même dépasser 1 000 milliaires, celle des tarides était limitée à 400 milliers. Leur appareil de gouverne était constitué de lourds timons latéraux. Le gréement, très semblable à celui de la nef, était disposé sur deux mâts, l'artimon en proue avec une grand-voile *(velonem)* de coton ou de futaine et une voile au tiers du type *terzarolum.* Le grand-mât, au milieu, portait également sur son antenne différentes voiles *(unam velam, unum velonem, et unum parpalionem)* de coton ou de chanvre. Jusqu'à 200 milliaires, elle emportait 6 ancres avec les flotteurs et leurs cordages roulés, plus encore 3 cordages de réserve ; on ajoutait une ancre par tranche de 50 milliaires, jusqu'à 400 milliaires, où la taride embarquait 10 ancres et les cordages à l'avenant. Les hommes d'équipage (marins, *marinarii)* étaient 25 jusqu'à 200 milliaires, ensuite leur effectif croissait d'un homme par tranche de 20 milliaires. L'équipage ainsi calculé exclut formellement toute analogie avec la galère. Mais la différence est également grande avec la nef, dont l'équipage augmentait d'un homme par tranche de 10 milliers, la taride emportait seulement 35 marins, la nef en avait 40. Les coûts d'utilisation de la nef étaient par conséquent plus élevés de 14 à 15% sur un même parcours. La taride n'était pas un navire désarmé, le Statut précisait même que les hommes devaient « emporter toutes les armes énumérées dans le statut des nefs », à savoir épées, javelots et arbalètes de corne des deux sortes *(de strevo et da pesarola)* avec leurs munitions.

La principale fonction de ce type de navire était le transport. Il embarquait des marchands – c'était encore l'époque du commerce itinérant – et deux écrivains (*scrivani*) chargés de veiller à ce que toutes les marchandises montées à bord fussent descendues en cale, sauf les vivres des marins, limitées à un *bigontio* de vin, un autre d'eau et un sac de pain, qui demeuraient sur le pont. La mission principale des écrivains, officiers publics, consistait à éviter la surcharge des navires. Ils pesaient les marchandises à la balance romaine *(statera)* du navire, après quoi ils mesuraient la hauteur du franc-bord marqué par une latte. Une fois chargées, les tarides conservaient 3 pieds de hauteur de coque hors d'eau. C'était un navire bas sur l'eau et on comprend ainsi qu'il pouvait éventuellement se transformer en navire à rames. Du reste les rames figuraient dans son armement. Les écrivains notaient la mesure de la surcharge éventuelle pour la dénoncer dès le retour à Venise aux Consuls des marchands qui imposaient au patron coupable une amende double du nolis pour tout milliaire ou cantar en surcharge. Il était interdit de reprendre des opérations de chargement quand les écrivains avaient terminé le mesurage. Les tarides ne souffraient d'aucune restriction de navigation, elles pouvaient aller outre-mer et *ad omnes alias partes,* mais leurs patrons devaient se conformer aux conventions passées avec les marins pour l'hivernage.

Les hommes recevaient leur solde au terme fixé, sauf *à* recevoir double solde en cas de retard[15].

Le statut maritime de 1255 accordait trente-six chapitres aux tarides, qui requéraient des normes plus simples que les nefs. Il était silencieux sur toute une série de dispositions que les historiens ont retenues comme caractérisant les tarides : navires servant de soutien logistique aux escadres à qui ils apportaient des machines de siège, des renforts en hommes et en chevaux, des armes et du bois. Elles avaient, ajoute-t-on, le fond plat, trois « rodes » *(ruote)* en poupe, deux portes de chargement, trois mâts et un haut-bord[16]. Pour l'étymologie, certains mettent en avant sa lenteur (latin : *tardanza),* d'autres au contraire sa rapidité (de l'arabe *tartj*, rapide). L'accord se fait mieux sur l'effectif réduit de l'équipage. Celles qui accostaient en Sicile comptaient jusqu'à 30 hommes, dont 24 ou 25 marins (en moyenne, pour 7 dénombrements, 22 hommes). Elles proposaient aussi des frets à peine supérieurs ou égaux à la nef. En 1307 les nolis étaient même inférieurs : 2,5 *tari* à 2,15 de Sciacca aux rivières génoises, contre 2,15 à 3 pour les nefs et coques[17].

À Gênes, les tarides présentent ces mêmes caractéristiques. Le chroniqueur Jacopo Doria, qui rapporte la capture de deux navires génois par les pisans en 1284, précise que « bien qu'on les appelât tarides, elles étaient armées à la manière des galées et avaient chacune 120 rames »[18]. Ces navires qui emportaient 120 rames avaient un équipage total réduit à 10 ou 28 matelots quand leur port oscillait entre 300 métrètes, 1 000 mines ou 200 sommées[19], mais Jehel en aurait identifié une à Gênes qui, en 1275, emportait 4 000 mines, soit un chargement d'environ 500 tonnes, et 230 matelots.

C'était un navire à un seul pont protégé de châteaux. En somme ce qui opposait la taride à la nef, c'était surtout la hauteur des murailles. Autour de 1300 ce bâtiment subit d'importantes et urgentes modifications, car, de mars 1300 à juillet 1304, sept èrent retournèrent en chantier à Venise pour être dotées d'un pont supplémentaire[20]. Quelle rigidité offrait la coque ainsi transformée ? La taride perdait un de ses caractères distinctifs et devenait à son tour un navire haut sur l'eau. Les vénitiens, selon les officiers du roi d'Aragon qui tenaient les registres

15 *Statuti marittimi veneziani, Statuti delle tarrete dcl doge Rainieri Zeno (1255), NAV.* V (1903), p. 314.

16 Guglielmotti (1889), art. *tarida.*

17 Bresc (1986), p. 545 n. 170. Bresc (1975) signalait que pour son entreprise contre Naples (la conquête du royaume) Alphonse avait fait construire dans les chantiers de Messine et Syracuse des tarides destinées au transport de soldats et de chevaux vers la péninsule (p. 9). La taride gardait alors une fonction déjà utilisée en 1281 par les vénitiens, Jal, II, p. 221 : les tarides vénitiennes pouvaient embarquer, en sus de l'équipage, 30 hommes et autant de chevaux. C'étaient alors des nefs huissières.

18 Balard (1978), p. 560 n. 104.

19 Borzone (1982) ; Byrne (1939) ; Petti Balbi (1966) ; Forcheri (1974) ; enfin Jehel (1993).

20 Tucci (1973–74), p. 836–8.

du sel à Ibiza, lui seraient demeurés fidèles encore un bon demi-siècle : de 1336 à 1343, sur 26 navires vénitiens qui chargèrent du sel dans l'île, ces gens notèrent 20 tarides, soit plus des 3/4 du gros tonnage vénitien affecté à cette navigation au long cours, 3 nefs, 2 coques et un dernier vaisseau non identifié. Or, le mot n'avait plus cours à Venise à cette époque, où la taride n'était plus qu'une survivance, même si elle était encore attestée en 1337 pour un transport de sel[21]. Il est curieux de croiser des tarides en Méditerranée occidentale, la plupart arborant le pavillon de San Marco, alors que le mot lui-même a disparu du vocabulaire vénitien : le terme ne désignerait-il pas en Occident un navire de charge à un seul pont, gréement et timons latins, en somme la vieille nef latine du XIIIe siècle qui ne fut jamais totalement supplantée au XIVe siècle à Venise. La discordance du vocabulaire s'étend bien au-delà de la seule taride et on n'en finirait pas de relever les hésitations des clercs chargés d'enregistrer les actes de la pratique commerciale et maritime[22].

La coque

Ce fut probablement la coque qui détrôna la taride. On en connaît les principales caractéristiques mais on continue de s'interroger sur son apparition en Méditerranée et les adaptations qu'elle y connut. Construit à clins, gréant sur l'unique grand-mât une voile carrée fort solide montée sur la vergue manœuvrée depuis le beaupré à l'aide d'une drisse, c'était le bâtiment de transport et de charge du monde maritime du Nord dès le XIIe siècle, muni bientôt du gouvernail axial fixé à l'étambot, représenté dès 1242 sur le sceau de la ville d'Elbing. La robustesse de ce vaisseau étonnait les contemporains. Les navires méditerranéens donnaient souvent l'impression d'exiger des contreforts superposés les uns aux autres sur les murailles afin d'en renforcer la solidité ; ici rien de tel, des lignes pures, sans ajout, bien profilées, qui favorisaient la pénétration dans l'eau ouverte par une étrave bien droite. Les baux étaient de belle section, les planches du bordage avaient de l'épaisseur, toute l'architecture du vaisseau était renforcée par la forte carlingue posée sur la quille et qui recevait l'emplanture du mât. Le pont était surmonté de quelques constructions rudimentaires qui annonçaient les châteaux-gaillards de l'avenir, si utiles dans le combat naval[23]. Quand le florentin Villani décrit son introduction en Méditerranée, il en attribue l'invention aux Basques,

21 HOCQUET (1978), I, p. 513–4.

22 BALARD (1978), p. 536, notait l'incertitude du vocabulaire technique et relevait une « navis sive galeota » (1276), une « navis sive cocha » (1312), les propriétaires eux-mêmes ignorant s'ils vendaient un « linh ou taride ou panfil » (1293) ou s'ils avaient acquis un « linh ou une taride à deux mâts » (1370). On pourrait trouver d'autres exemples. Inversement, il faut aussi se montrer prudent avec la chronologie de la diffusion ou de l'abandon d'un type : que la coque disparaisse plus tôt à Barcelone, avant même qu'elle ne soit massivement adoptée à Venise, n'est pas nécessairement une vue d'historien [HOCQUET (1978–79), II, p. 105–6]. L'évolution n'est ni linéaire ni simultanée ni commune à l'espace envisagé.

23 ELLMERS (6 - 1976) ; CHRISTENSEN (6 - 1989) rappelle que le *cog* hanséate était un vaisseau de médiocre capacité, portant en moyenne de 40 à 45 *last* seulement.

aux Bayonnais pour la précision, ce qui ne devrait pas surprendre[24]. Un navire vient toujours du dernier port dans lequel il a fait escale, même dans les statistiques douanières plus récentes. Les basques étaient toutefois bien placés pour servir d'intermédiaires. Les chantiers méditerranéens qui se mirent à construire ce type de vaisseau en reprirent quelques caractéristiques, mais pas le bordage à clins qui, semble-t-il, ne réussit pas à s'imposer. On appela alors en Méditerranée *cocca, coca,* un vaisseau de haut-bord, à un seul mât portant voile carrée dont on pouvait augmenter la surface à l'aide de bonnettes, dirigé, et ce fut plus décisif, à l'aide du gouvernail d'étambot. Curieusement, il arrivait qu'on en rencontrât à 3 timons, un à l'étambot, moderne, et deux latéraux, anciens, latins[25]. Ces éléments composites lui donnaient une silhouette originale que personne ne pouvait confondre. Le nombre des ponts, comme de juste, n'était nullement caractéristique, un, deux ou trois avaient pour effet d'élever la hauteur du bâtiment sur l'eau et, pour l'utilité du commerce, d'augmenter sensiblement la capacité de chargement et de transport.

Soulever la question : qui le premier eut le mérite de faire flotter ce navire venu du nord sur les eaux de la « grande bleue » ? n'a guère de sens quand on sait combien l'historien est tributaire de la conservation des sources, et ne fait que conforter des positions d'un autre âge. Les génois précédèrent les vénitiens ? Avaient-ils été devancés par les catalans, voire par Marseille ? Le Statut de Marseille de 1253 signalait sa présence : (...) *pro nave qualibet et hysneca vel coca.* De même le savant roi de Castille Alphonse X les énumérait dans ses *Partidas* (1256–1263) : *Et otros* menores *que son desta manera e dicentes nombres porque sean conozcudos, asi como carracones, et buzos, et taridas, et cocas, et lenos, et haloques, et barcas*.

A l'époque la Castille était maritime par sa façade cantabrique, basque notamment. Les chroniqueurs des Croisades avaient déjà signalé l'activité guerrière de ces petits bateaux dès la fin du XIIe siècle sur les côtes de Syrie ou d'Egypte[26]. Villani, excellent analyste, observait : génois, vénitiens et catalans se mirent à naviguer sur des coques, ils abandonnèrent les gros tonnages car le nouveau navire leur offrait meilleure sécurité et moindre dépense, ce qui fut cause d'une grande mutation des marines méditerranéennes. C'est faire un mauvais procès à la coque que de dénoncer ce qui devint « sa médiocre capacité », puisque cette raison avait présidé à son choix. Inversement, il convient de ne pas se laisser abuser par des textes qui décrivent complaisamment tous les éléments qui font la puissance de

24 Del Treppo (6 - 1972), p. 448, Giovanni Villani : « in questo medesimo tempo (1304) certi di Baiona in Guascogna con loro navi, le quali chiamano cocche, passarono per lo stretto di Sibilia, e vennero in questo nostro mare corseggiando, e feciono danno assai; e d'allora innanzi i Genovesi e'Veneziani e'Catalani usaro di navicare con le cocche, e lasciarono il navicare delle navi grosse per più sicuro navicare, e che sono di meno spesa; e questo fu in queste nostre marine grande mutazione di navilio ».

25 Del Treppo (6 - 1972), p. 452.

26 Carbonell Relat(6 - 1986).

ce vaisseau, telle cette coque à trois ponts, le *Sent Climent,* que les autorités de Barcelone armèrent contre les Génois en 1331, avec un équipage de 400 à 500 hommes. L'énumération minutieuse de tout *l'apparatus et exarcie* impressionne d'autant plus le lecteur qu'elle comportait entre autres *cosas cuyos nombres no se entendien,* comme l'avouait son éditeur[27].

La nef

La prospérité de la coque fut de brève durée, le navire légua quelques-uns des éléments qui faisaient sa supériorité à d'autres bâtiments plus conformes à la tradition méditerranéenne. Le principal bénéficiaire de ce legs fut la nef, la *nao,* mais, entre la fin du XIIIᵉ et le milieu du XVᵉ siècle, ce navire connut de telles mutations qu'il en abandonna ses éléments originels : à la nef à gréement et timons latins succéda un nouveau vaisseau à gréement carré et gouvernail axial. Ce qui subsistait de plus durable, c'était le fractionnement de la voilure sur plusieurs mâts et la grande capacité de chargement[28].

Le tableau 4 illustre les continuités et les ruptures observées sur les routes méditerranéennes. *Naus* et galères poursuivent leur carrière, les coques sont devenues une rareté, de nouveaux types apparaissent régulièrement, les *baleners* à partir des années 1425, les caravelles vers les années 1445, enfin les *barze* et galions à la fin du siècle[29].

Tab. 4 Navires catalans sur la route du Levant au XVᵉ siècle

	1290–1404	*1405–1414*	*1415–1424*	*1425–1434*	*1435–1444*	*1445–144*	*1455–1464*	*1465–1504*	*total*
nau	21	51	47	44	4	23	9	12	211
galée	9	4	11	3	24	10	9	4	74
coque	1	1							2
balener				4	5	3	15	9	36
caravelle						2	12	3	17
barze								9	9

Tous les vingt ou trente ans, les hommes ont créé, adapté ou adopté un nouveau type de bateau, le plus souvent ils ont procédé par développement d'éléments déjà existant sur le navire ancien. Les voiliers se répartissaient entre deux grandes familles, ceux à gréement carré, les autres à voilure latine, sans compter le progrès qui permettait de juxtaposer les deux types de voile sur les cinq mâts du navire, grâce à quoi on naviguait par tous les vents. Cependant dans ces navires à voilure

27 Capmany y Monpalau (6 - 1961–1963), vol. II, doc. 128.
28 Hocquet (6 - 1978–79), vol. II, p. 109–18.
29 Del Treppo (6 - 1972), p. 456.

mixte, les voiles carrées l'emportaient. Elles signalaient l'arrivée des plus gros porteurs, nefs, barges, galions et marcilianes. Au xve siècle on naviguait en toutes saisons sur toutes les lignes de la Méditerranée. La mauvaise saison ne provoquait plus de temps mort, alors que l'hivernage subsistait encore au xiiie siècle. Les départs du port de Barcelone avaient lieu toute l'année, les variantes saisonnières tenaient davantage aux exigences du marché, quand il fallait, par la navigation automnale, fournir les entrepôts urbains avec le grain des dernières récoltes, ou reconstituer, grâce aux voyages printaniers, les stocks amoindris par la consommation hivernale. La navigation proche paraît plus dépendante des saisons, comme en témoignent les pics saisonniers d'été et de printemps sur les lignes de Sicile, Sardaigne, Provence et Languedoc.

Tab. 5 Marine catalane et saisons de la navigation au xve siècle

saison	*Rhodes*	*Alexandrie Levant*	*Sardaigne*	*Naples Sicile*	*Midi France*	*Barbarie*	*total*
hiver	17	51	59	89	41	27	284
printemps	28	55	130	141	67	23	444
été	32	50	88	192	44	18	424
automne	18	34	75	131	43	11	312
total	95	190	352	553	195	79	1 464

Le trafic est dans ces circonstances confié à du petit tonnage, barques, *legni,* lauts, saettes, chargés de maintenir les greniers pleins durant les mois difficiles[30]. Le ravitaillement des grandes villes ne consentait plus l'interruption hivernale de la navigation, mais plus que par les gros chargements venant de Sicile, celui-ci était confié au petit tonnage qui, avec une régularité exemplaire, fournissait le grain franco-provençal. La distribution saisonnière était plus régulière encore dès qu'il s'agissait des longues traversées vers le lointain Levant, vers la Romanie, Rhodes et Alexandrie. Le véritable ralentissement de la navigation, qui n'était nullement conséquence d'un facteur météorologique, se marquait en septembre qui réalisait seulement 87 contrats (en août 142, en octobre 123). La pause de la navigation s'opérait à un moment où les circonstances météorologiques étaient des plus favorables. Elle n'était pas due à des facteurs relevant de la technique nautique, niais aux lois propres au marché des capitaux[31].

30 *Ibidem*, p. 405–14. Départs pour Rhodes et Alexandrie de 1417 à 1445, pour les autres destinations, 1436–1493. Nous avons fait choix des saisons météorologiques (hiver : décembre à février) plutôt que des trimestres civils (hiver : janvier à mars) ce qui entraîne des écarts avec les chiffres retenus par Del Treppo.

31 *Ibidem*, p. 414–5 : tout se passait « comme si la fin août marquait une sorte d'épuisement de la première phase du *boom* annuel des investissements, qui commençait en mai avec la laine et continuait par le riz et les fromages *(le grane)* ce qui s'accompagnait d'une activité fébrile et

Le facteur essentiel du changement observé tous les trente ou quarante ans dans la composition des flottes par modification des types de navires utilisés tient à la recherche d'une meilleure productivité du transport maritime. Celle- ci, sous l'influence de développements techniques qui ont grandement amélioré les qualités nautiques des vaisseaux, n'a connu aucune pause.

Lors de la rédaction des *Statuts maritimes* du doge Tiepolo en 1229, la nef de 200 milliaires embarquait encore un équipage de 20 marins et à une nef de 1 000 milliaires il fallait 100 hommes. Un marin manœuvrait donc près de 5 tonnes de chargement. Deux siècles plus tard, vers 1400, la coque de 500 *botti* embarquait 27 marins, celle de 600 en prenait de 33 à 37 et celle de 700 en moyenne 43. Venise a adopté tardivement ce vaisseau, elle lui est restée plus longtemps fidèle, une attitude qui valide l'opinion braudélienne du conservatisme vénitien. Ces coques étaient destinées par leurs armateurs aux voyages lointains de Tana, Beyrouth ou Alexandrie. Selon leur jauge, procédé de calcul du tonnage qui a triomphé à Venise depuis des décennies, elles embarquaient un homme pour 16,5 à 18,5 *botti.* Dans le premier cas, un homme manœuvrait 18,5 *botti,* dans le second, 16,5 seulement. Malgré l'instabilité de la relation volume/masse ou botte/milliaire, on peut calculer le gain de productivité, multiplié par 3,5 entre 1229 et 1400. D'un marin manœuvrant sur mer une masse de 5 tonnes, on était passé en moins de deux siècles à la manœuvre de 17,5 tonneaux. Un tel progrès avait été réalisé par l'adoption du gouvernail moderne et de la voile carrée sur vergue, dont on augmentait ou diminuait la surface grâce aux bonnettes et aux garcettes de ris. Pourtant la *cocca* était restée longtemps un petit vaisseau, chargeant 4 à 5 fois moins que la nef latine ; il fallut les difficultés démographiques qui, dans la seconde moitié du XIVe siècle, suivirent la Peste Noire et la perte de la Dalmatie et de ses nombreux marins, et pesèrent gravement sur l'effectif des gens de mer, pour que ce vaisseau connût enfin une réelle diffusion. L'expansion fut brève. On expérimenta vite la faiblesse manœuvrière du vaisseau entravé par son unique voile carrée, bonne aux seules allures portantes. Le progrès qui suivit fut la création de la nef à gréement complet, mixte et dispersé sur plusieurs mâts, bientôt fractionné en plusieurs voiles sur chaque mât. Ces innovations accrurent les capacités nautiques de ces vaisseaux à la fin du XVe siècle, malgré une légère régression de la productivité du travail humain sur mer. Il fallait plus d'hommes pour manœuvrer un gréement devenu fort complexe. Désormais ces navires, mettant à profit toute

d'un renchérissement de l'argent. Avec la pause de septembre les marchands reprenaient souffle pour les opérations d'octobre, surtout l'achat du safran. *Le Manuale di mercatura* de Saminiato de'Ricci notait la position dominante sur la place de Barcelone des marchands italiens, toujours attentifs à identifier sur les diverses places les moments de *carestia* et de *larghezza* de l'argent afin de spéculer sur le cours des changes et d'effectuer avec le plus grand profit leurs opérations d'arbitrage ».

la rose des vents, circulaient par tous les temps et signèrent la disparition de la galée marchande. Celle-ci avait longtemps dû sa supériorité, et sa survie, à sa grande souplesse d'utilisation, grâce au moteur humain, à une débauche d'efforts physiques et à une présence massive de rameurs.

Le chargement des navires

De 1346 à 1414, grâce à l'étude conduite par Ciro Manca dans les riches séries *Real Patrimonio* aux Archives de la Couronne d'Aragon, on sait que 2 699 bâtiments ont chargé du sel aux salins sardes de Cagliari[32]. S'il n'était pas interdit à la galée de prendre du sel, visiblement ce n'était pas le navire le plus indiqué pour ce pondéreux. Le taux de participation de 0,19% dispense d'insister. La *nau* ne négligeait pas ce genre de marchandise. Elles étaient 200, presque 4 par an. La taride était déjà passée de mode. Un nouveau venu, le panfile, faisait une entrée remarquée (10,3 %). C'est le vaisseau des distances moyennes, en Sardaigne le bateau des majorquins qui en possédaient 157, sur un total de 234 panfiles étrangers ayant accosté dans le port sarde. Surtout la seconde moitié du XIVe siècle fut l'âge de la *cocca*, de sa plus grande prospérité. Ce navire constitue un quart de l'effectif ayant fréquenté les salins sardes. Les vaisseaux les plus nombreux étaient toutefois des *legni* et surtout des barques, ces vaisseaux du petit cabotage qui ne quittaient pas les eaux insulaires (*tab.* 6).

Tab. 6 fréquence des navires et chargement moyen à Cagliari

Type de navire	*nombre*	*pourcentage*	*chargement*	*indice*
nau	200	7,35	793	1 093
cocca	688	25,3	364	502
taride	9	0,33		
panfilo	278	10,3	330	455
legno	439	16,14	259	357
barca	992	36,48	72,5	100
laut	97	3,56		
saette	6	0,22		
galée	5	0,18		
autres	5	0,18		
total	2719	100		

32 MANCA (6 – 1966), p. 278.

Tab. 7 Répartition des flottes en Méditerranée occidentale selon le tonnage des navires (1383–1411).

tonnage/nation	100	101/400	401/700	701/1000	1001/2000	total
Gênes/Ligurie	5	35	37	49	19	145
Venise		11	35	10		56
Toscane	1	18	6	1		26
Sicile	2	6	4	1		13
Catalogne	6	64	46	10	3	129
Basques		24	3			27
Languedoc/Provence	3	15	5	1		24
total	17	173	136	72	22	420

Ces divers types de navires avaient des capacités de chargement variables. La *nau* prenait en moyenne un chargement 11 fois supérieur à la barque. La coque seulement 5 fois. *Legni,* panfiles et coques avaient des capacités proches, la coque embarquait en général 1,40 fois le chargement du *ligno*[33]. Autre approche du problème[34], les génois ont la réputation d'avoir privilégié le gros tonnage, et même le très gros tonnage, justifié par les nécessités du transport massif d'un produit minéral, l'alun de Phocée, vers les ateliers drapant du nord de l'Europe[35]. Il semble assuré que, parmi les puissances méditerranéennes, voire européennes, ils ont possédé les plus gros navires. Melis a retenu 437 navires au tonnage connu (la « botte » ici utilisée n'est pas autrement identifiée : est-elle florentine ?) sur un total de 2 920 identifiés, son information confirme l'opinion traditionnelle. Il serait imprudent de vouloir faire dire à ces chiffres plus qu'ils ne peuvent. Contentons-nous de souligner la prépondérance de trois marines, Gênes, Venise, les ports catalans et aragonais, et une première intrusion des basques en Méditerranée[36].

33 *Ibid.*, p. 283.

34 Melis (6 - 1964), p. 97. De ces 437 navires, nous en avons conservé 420 seulement, en éliminant ceux dont le faible nombre ou l'origine étrangère (ex. les vaisseaux anglais) ôtait de sa signification à notre propos. Ne soyons pas dupe de ces chiffres : Melis enquêtait dans les archives Datini, sur les *fondachi* ouverts par le marchand de Prato à Gênes, Barcelone, Valence et Majorque, et, semble-t-il, sur les ports de Gênes, Porto Pisano, Barcelone, Valence, Palma de Majorque et Bruges, dans la mesure où ce dernier était en relation avec la Méditerranée (p. 93–94 et n. 25–27). Il s'agit donc de la seule Méditerranée occidentale et il convient alors de s'émerveiller, non de la faiblesse du tonnage vénitien, mais au contraire de sa présence massive dans les eaux aragonaises. La prépondérance génoise et catalane tient à ce que l'observatoire (Prato et les ports tyrrhéniens) avait pour vecteur maritime les flottes des ports du Ponant méditerranéen.

35 Heers (6 - 1958), p. 107–18. Cf. aussi Balard (6 - 1978), p. 556.

36 Sur ces marines étrangères en Méditerranée à la fin du Moyen Âge, Hocquet (6 - 1978–79), II, p. 604–5 ; Heers (6 - 1955), p. 292–324 ; Adao da Fonseca (6 - 1978) témoigne de l'intensité des relations commerciales maritimes du Portugal avec les ports méditerranéens du triangle Barcelone-Majorque-Valence (p. 11), les marins des petits ports de la région de Porto exportaient du poisson en Méditerranée, en 1405, comme en 1456. Déjà dans la première moitié du xve siècle, on chiffrait à 1 000 *doblas* d'or, après sa prise par les corsaires, la perte d'un bateau portugais, chargé

Hormis quelques exceptions, toutes génoises, les catégories de chargement les plus nombreuses figurent entre 100 et 1000 *botti*[37]. Cependant même les génois avaient recours à toutes les catégories de tonnage simultanément (*tab.* 8), depuis les modestes barques qui prenaient 120 *quartini* de sel jusqu'aux puissantes naves qui en embarquaient plus d'un millier.

Tab. 8 Type et chargement moyen des navires génois aux salins de Cagliari (seconde moitié du XIVe siècle)

type de navire	*nombre*	*chargement moyen* (quartini)
nau	33	1 074
taride	4	1 024
panfile	12	593
cocca	43	512
galée	4	454
legno	30	257
barque	21	120

A Gênes la coque aussi avait une capacité deux fois inférieure à celle de la nef, qui avait, semble-t-il, la préférence des armateurs. Elle est même classée sous les panfiles, dont on ne se serait pas attendu à ce qu'ils aient de telles capacités. Outre la fidélité à la taride, on reste surpris par l'utilisation de la galée et sa capacité de chargement. Les Génois sont pratiquement seuls à utiliser la galée au transport du sel, expédient probable de temps de crise quand il faut parer au plus pressé. L'étude des transports maritimes imposerait celle des itinéraires, à tout le moins des lignes de navigation, ports de départ et destinations, leur géographie et leurs transformations. Or cette étude s'avère difficile, les sources ne prêtent guère leur concours. A Valence, soulignait J. Guiral, les comptes des péages portuaires mentionnent toujours la seule dernière escale effectuée par le navire : une

de sardines et congres, naviguant de Lisbonne à Alicante. Des navires portugais exportaient aussi du grain vers les ports italiens, mais en juin 1433 ce furent 6 navires portugais chargés de grain pour le Portugal qui furent séquestrés à Barcelone (p. 14). En 1459 il y avait à Porto Pisano un navire portugais chargé de grain et de fromage de Sicile. Le marché du grain était international : un chargement de froment de Sicile, d'abord expédié à Valence et Barcelone, fut revendu à Candie et à Rhodes où les conditions du marché étaient plus favorables [Guiral-Hadziiossif (6 - 1986), p. 271] ; le tarif des « aides » à Valence recensait les fournisseurs de la ville, en 1412–1414, blés castillans, blés de Flandre, de Bretagne, de Provence, de Sicile, Naples et Pouilles (*Ibid.*, p. 250).

37 Balard (6 - 1978), p. 566, affinant les *tab.*x de Melis, a montré combien il est aventureux de se fonder sur le chargement débarqué à terre - en l'occurrence les reçus délivrés par les offices gouvernementaux aux importateurs de céréales - pour restituer le port d'un navire. Les chiffres correspondent souvent à des chargements partiels, embarqués sur des unités qui ont fait l'objet d'autres contrats de nolisement (*ibidem*, p. 562, n. 111). Comme il est dangereux de surcharger un navire, la masse du chargement donne seulement une idée du port minimal.

embarcation inscrite venant d'Ibiza peut arriver en fait de Barbarie, d'Italie, des îles, d'Outremer, du Levant. Le résultat est patent, ces statistiques minorent la part du commerce international, lointain, au bénéfice du commerce de proximité. En 1488, sur 559 navires répertoriés, 91,5 % étaient inscrits comme venant du royaume de Valence, Catalogne, Castille, Majorque et Sardaigne, 8,5 % seulement arrivaient « de l'étranger effectif, France, Italie (Gênes), Portugal, Flandres, Barbarie et Madère[38], mais il s'agit alors des seuls vaisseaux venus « en droiture ». A Cagliari, c'est la destination des chargements de sel qui n'est jamais précisée, non plus que les nolis[39]. L'historien imprudent pourrait induire de la nationalité du marchand-exportateur la destination du sel, ce qui exclurait l'existence d'un commerce de *tramping,* de port à port, pourtant pratiqué sur une large échelle, y compris par les vénitiens[40] qu'on présente souvent prisonniers du carcan de la navigation d'Etat.

Il reste une autre question : ces bateaux, comptés à Cagliari ou ailleurs, étaient-ils des transports spécialisés dans une marchandise, en l'occurrence le sel, mais ailleurs et à d'autres moments c'était le blé, ou l'huile et le vin, ou le bétail de boucherie sur pied, les fromages, sans oublier les précieuses épices ou les fruits, ou au contraire des navires chargeant tout ce qu'ils trouvaient au hasard d'escales bienvenues pour compléter un chargement ? Le sel avait la réputation de constituer des chargements entiers, ce qui autoriserait, avec les précautions d'usage, la conversion des cargaisons de sel en tonnage des bateaux. Précautions indispensables, on ne peut pas mesurer un volume (le tonnage) avec des unités de poids, les *quartini,* et la *portata* en l'espèce désigne le « port en lourd utile » ou *cargo deadweight* et non pas le tonnage. Tangheroni considère prudemment le volume des chargements de céréales embarqués dans les ports sardes : « Il ne faut pas penser que ce volume des chargements correspond automatiquement au port effectif de l'embarcation, car on ne peut pas exclure l'embarquement d'autres marchandises, malgré la spécialisation poussée de ce type de trafic. Cette considération vaut surtout pour les chargements mineurs, Il faut se méfier des navires de passage qui prennent un complément de cargaison (une taride de passage embarque 72 *starelli)* alors que d'autres, au passage, prennent quelquefois des cargaisons impressionnantes : en oct. 1365, la *nave* de Pere Ruvira sur le trajet Sicile-Barcelone embarquait près de 1 900 salmes (3 733 *starelli* de froment, 6 375 d'orge). Tangheroni oppose alors les embarcations d'un port médiocre (barques et *legni)* dont, presque toujours, la cargaison était proche de la portée *maxima,* et celle des

38 Guiral-Hadziiossif (6 - 1986), p. 15.

39 Manca (6 - 1966), p. 118 et 122, n. 36.

40 On trouvera des exemples de ce commerce maritime vénitien de port à port en Méditerranée occidentale dans Capmany y Monpalau (6 - 1961–1963) qui rapporte l'arrivée, le jeudi 24 mars 1463, dans le port de Barcelone, d'une nef vénitienne de 1 500 *botas* qui déchargea 15 000 *quarteras* de froment [18 000 *fanegas* précise-t-il (*Ibidem* p. 657]. Elle venait de Flandre et arrivait d'Angleterre en 14 jours « lo que fue gran meravilla » (vol. II-2, 927). Pour une vue générale, Corrao (6 - 1981), p. 131–66.

coques et nefs, qui repartaient fréquemment, ou chargées partiellement, avec d'autres marchandises[41].

Même le sel ne constituait pas des chargements entiers[42]. La plupart des vaisseaux en prenaient de faibles quantités, non pas à cause de leur modeste tonnage, mais parce que les marchandises de la cargaison occupaient presque toute la place (*tab.* 9). Les 400 *quartini,* port habituel de la barque, constituaient aussi le chargement de 70 *à* 72 % des coques et panfiles, tandis que 63 % des nefs chargeaient moins de 800 *quartini.* Les panfiles et plus encore les *legni* avaient quelque peine à charger plus de 800 *quartini.* La conversion du *quartino* en quintal métrique, aide à préciser la réalité de ces cargaisons de sel. Le *quartino* de sel pesait au XIVe siècle 1,295 quintal et 100 *quartini* pesaient même poids que 13 à 13 1/3 muids de Venise[43] soit près de 13 tonnes métriques. Une nef qui embarquait moins de 400 *quartini* chargeait moins de 50 tonnes de sel, celle qui emportait plus de 1 600 *quartini* avait en cale plus de 200 tonnes, ce qui n'était pas considérable.

Tab. 9 Distribution des chargements (en %) selon les types de navires utilisés au transport du sel

Chargement en quartini	nau	cocca	*panfile*	legno	*barque*
1 - 400	29,5	70,2	70,3	84,96	100
401 - 800	33,5	25	25,9	14,8	
801 - 1 200	19	3,74	2,87	0,22	
1 201 - 1 600	8,5	0,59			
> 1 601	9	0,29			

Le sel était-il de bon rapport pour l'armateur ou le recevait-il comme une malédiction pour se plier à la volonté souveraine de l'Etat ? Melis invoquait Pegolotti qui signalait que le sel était vendu à Iviza au *mundino,* compté pour 15 *quartiere* de Majorque et pesant 32 cantars barbaresques. Le prix d'achat quasi invariable du *mondin* aux propriétaires était communément de 15 *sous piccoli* de Majorque. Le roi prélevait une traite, *ad valorem,* égale au prix, soit 15 sous.

41 TANGHERONI (6 - 1981), p. 167–84, examine les types d'embarcation et dresse des *tab.*x de distribution de fréquence des bâtiments affectés au transport maritime des grains. GUIRAL-HADZIIOSSIF (6 - 1986) informe sur la distribution des types de navires utilisés dans le port valencien en 1404, 1459, 1488, 1491 et 1494 (p. 44). On note la progression constante de la *nau,* le bon maintien du *laut,* l'apparition et, le succès rapide de la caravelle, après 1459. Le petit tonnage représente souvent les deux tiers, jamais moins de la moitié de la flotte.

42 MANCA (6 - 1966), p. 284–5.

43 « Quartino 1 de salle de Sardegna pessa lib. CCLXX a lo pesso de Venesia a grosso » (selon un document vénitien du XIIIe s. [BAUTIER (6 - 1959), p. 186 n. 2], soit 129,5 kg. *Zibaldone da Canal* [STUSSI (2 - 1967)], p. 72, indique: « C de sal de Castel de Castro torna in Venexia moçia X1IJ in XIIJ 1/3 », soit 2.065 lb. gr. au muid.

Il fallait compter une dépense à l'achat de 30 sous. A quoi il convient d'ajouter la dépense de transport aux navires, 1 s. 6 d. soit 10 % du prix du sel. Mis sous vergue *(caricato e spedicato e spacciato a nave)* le *mondin* a coûté au départ d'Ibiza 1 lb 11 s 6 d[44]. Durant les années 1320- 1340, époque où se placent les informations de Pegolotti, le sel d'Ibiza fut constamment reçu à Venise à un prix compris entre 6 lb 10 s et 8 lb *ad grossos* le muid de Venise[45]. Une telle situation comportant une double opération de change, interne et externe, et une conversion de mesure, est de celles qu'affrontait quotidiennement tout marchand que ses affaires conduisaient à opérer au-delà de l'étroit marché local. Un muid de Venise était payé au transporteur de 130 à 160 sous *ad grossos* ou encore de 2,5 ducats à 3,07 ducats. Le *mondin* de sel est une unité de poids bien connue, qui dépassait 1.5 muid de Venise: 100 *mondini* font en effet de 152 à 153 muids[46].' Le *mondin* qui coûtait remis sous vergue 1,5 ducat de Venise (1 d. 12 gr.) était payé rendu à Venise de 3,75 (3 d. 18 gr.) à 4,5 ducats (4 d. 12 gr.) et le nolis, selon les années, représentait 150 à 200 % du prix du sel sous vergues, ou de 60 à 66% du prix payé à Venise.

Encore ce prix, inférieur à 3 ducats le muid rendu à Venise, est-il observé à une époque où les nolis du sel demeuraient relativement faibles. A partir de 1355, ils passèrent à 7 ou 8 ducats d'or le muid, mais une fraction seulement de cette hausse est imputable à la hausse des prix à la production et à la traite. On connaît l'évolution des coûts pour la seule saline royale de Cagliari où les prix de vente aux marchands, stables jusqu'en 1350, passèrent brutalement de 6 livres d'alphonsins à 15 lb en 1359, puis rapidement en 1373 à 20 livres, en 1375 à 22 lb 10 s, et en 1380 à 25 lb. Les prix avaient quadruplé en 20 ans à peine, par alourdissement de la fiscalité royale sur le sel[47]. Les vénitiens avaient alors cessé de fréquenter Cagliari, mais ils demeuraient fidèles à l'autre grand salin aragonais, Ibiza, où l'évolution des coûts obéit aux mêmes nécessités financières de la royauté. Quand le muid de Venise coûtait au marchand 1 ducat à Ibiza et lui était payé de 2,5 à 3 ducats à Venise dans les années 1330, ce même muid était acheté 4 ducats si les prix marchands avaient suivi la même évolution que la traite royale (quadruplement) ou 3 ducats seulement si la hausse était surtout entraînée par l'impôt (quadruplement du seul impôt). Mais un prix de cession à Venise de 7 à 8 ducats d'or dégageait un nolis de 3 à 4 ducats qui avait doublé depuis la première moitié du XIVe siècle. Un tel taux des nolis sur

44 EVANS (2 - 1936), p. 224 (Gênes) et p. 231–2 (Ibiza).

45 HOCQUET (6 - 1978–79), II, tab. 5, p. 366. La *lira a grossi* était utilisée en ces années par l'Etat dans ses comptes pour maintenir la valeur initiale de change entre gros et *piccolo* : 10 ducats = 26 *libbre ad grossos* [LANE (6 - 1959) p. 75–76]. On ne possède pas de cours des changes entre le ducat et la monnaie de compte de Majorque, mais le florin, qui s'échangeait au pair avec le ducat, coûtait, dans les années 1320–1328, 21 sous de Majorque [SPUFFORD (6 - 1986), p. 153].

46 HOCQUET (6 - 1975), le mondin d'Ibiza (p. 56–60): 100 *mondini* = 154 muids.

47 MANCA (6 - 1966), p. 86. Les changes sont sujets à fluctuations, dans des limites bien tracées : le florin oscille en effet de 19 sous à 25 sous entre 1350 et 1391, mais à cette dernière date il retrouve le cours des années 1324–1333, 26 à 24 sous d'alphonsins [SPUFFORD (1986), p. 154].

une marchandise aussi pauvre – voyez son prix à la production – était destiné à subventionner toute la navigation, à abaisser le taux des nolis sur les autres composantes de la cargaison, à encourager la construction navale[48]. Ce choix économique, manifeste à Venise, ne lui épargna pas la crise. Les nolis du sel étaient une subvention déguisée et une aide fiscale. Mais dès la fin des années 1420 les villes, les Etats, choisirent de verser directement des primes à la construction navale. A Venise et à Gênes comme dans les ports ibériques, l'aide à la navigation était liée à la politique annonaire des cités qui, pour en garantir le bon déroulement, pratiquaient une politique de subvention à la construction navale et une course au gros tonnage armé. Il fallait en effet pourchasser les corsaires, tenir tête à l'ennemi, protéger les lignes de navigation par où étaient acheminés les ravitaillements. Il fallait aussi mettre en œuvre des politiques mercantilistes et protectionnistes qui allaient, certes, dans le sens de l'affirmation de la souveraineté de nouveaux Etats monarchiques mais visaient aussi à sauvegarder la prospérité de républiques marchandes, édifiée sur un monopole du transport maritime et menacée à échéance proche : à la fin du XVe siècle, la Méditerranée n'est plus un lac réservé aux marines méditerranéennes, les Nordiques y avaient fait une apparition massive[49].

48 Hocquet (6 - 1983), p. 1–18.

49 Le 22 mai 1428, la ville de Valence accordait son aide à tout entrepreneur de navire, à deux conditions, qu'il fût habitant et citoyen de la ville et qu'il s'engageât à construire un navire de 400 « bottes » et plus, capable d'entrer au service de la politique d'approvisionnement en grains du Royaume. L'aide était de 20 sous par botte, en 3 termes : la *nau* de Johan Ferrer achevée à Blanes en déc. 1433, qui atteignait 750 bottes reçut 15 000 sous. Elle fut réquisitionnée, pour aller attaquer une nef génoise, contre une prime supplémentaire de 1 000 florins. En 1437, cette politique d'aide était reconduite. On avait en vue « reformament e reparacio de la mercaderia » grâce à la construction de galées sur le modèle vénitien ou catalan. « En ajuda de una galea grossa de port de CCCCL botes », on donna 1 000 livres, soit 44 s. 44/100 par botte [Guiral-Hadziiossif (6 - 1986) p. 142–52]. Alphonse le Magnanime, à qui la conquête militaire du royaume de Naples, avait achevé de donner un vaste empire maritime, voulait pour sa part réserver aux seuls navires catalans le transport des marchandises nationales. En déc. 1449 il décida d'en interdire le transport sur d'autres navires et commença immédiatement un programme de constructions pour combler les vides créés par la mise à l'écart des navires étrangers. Il s'orienta vers des tonnages élevés, 10 *naus* de plus de 1 000 *botti,* auxquelles il entendait aussi confier la navigation des marchandises étrangères destinées à ses Etats. C'était un défi aux marines italiennes, qui allait au-devant des désirs des autorités de Barcelone, mais contraria les milieux marchands de Valence et Ibiza qui firent observer au roi que le pays manquait de navires, ce qui allait provoquer le renchérissement des nolis et une baisse brutale des exportations. La demande accrue de navires éleva bien les coûts de construction, de 4 à 6 livres barcelonaises la botte en 1454, mais les nouveaux navires étaient plus grands (de 1 000 à 1 500 botti). La valeur moyenne de la nau catalane passa de 2 300 livres dans les années 1428–1452, à 3 800 lb. après 1454, pour retomber à moins de 1 200 lb. durant la période 1462–1491 [Del Treppo (6 - 1972) p. 533–40]. Le 10 sept. 1495, c'était au tour des Rois Catholiques d'envisager le versement de primes à la construction navale pour disposer enfin de navires de gros tonnage : une prime de 100 000 maravedis était promise à ceux qui feraient des navires de 1 000 *toneles* et plus, à proportion si le navire jaugeait plus de 1 000 tonneaux ; à ceux qui feraient des navires de 800 tonneaux, 80 000 maravedis ; pour 600 tonneaux, 60 000 maravedis.

DENRÉES ALIMENTAIRES ET MARINE MARCHANDE

Extrait de
« Le transport des denrées alimentaires en Méditerranée à la fin du Moyen Age », p. 99–135
in : Kl. FRIEDLAND et al., *Maritime Food Transport,* Böhlau Verlag 1994, 583 p.

(17e congrès International des Sciences Historiques, Madrid 1990, Commission Internationale d'Histoire Maritime)

5

SYNCRÉTISME ET CRÉATION DE NOUVELLES MESURES EN ASIE DU SUD-EST À LA FIN DU 20E SIÈCLE

Le point de vue de l'historien des sociétés occidentales d'après l'an mil, de sociétés préindustrielles caractérisées par une économie à dominante agraire où de 80 à 90 % des populations vivaient directement du travail de la terre, par un artisanat actif et diversifié et par un secteur marchand dynamique, par des services réduits et par un État qui n'a cessé de se renforcer dans un cadre monarchique, ou princier, ou urbain, en réduisant progressivement le morcellement féodal et en rassemblant dans un cadre territorial élargi des populations appelées à devenir des nations aux XVIIIe et XIXe siècles, ce point de vue a été sollicité par les responsables de l'étude « des poids et mesures en Asie du sud-est », titre peut-être provisoire. En fait la demande s'adressait à l'historien métrologue et au médiéviste. La représentation de l'Asie du sud-est est assez confuse pour quelqu'un qui n'y est jamais allé, qui n'en pratique aucune langue, qui se demande même de quoi est constitué cet ensemble quand nos médias occidentaux ont tendance à y incorporer la Corée et Taiwan à côté de Singapour et de la Malaisie, mais pas le Japon car l'*empire du soleil levant* est sans conteste en Extrême Orient, la Corée aussi du reste et à une latitude plus septentrionale. Mais le Japon a accédé à la modernité, à l'industrialisation, à la fin du siècle dernier, tandis que le dernier quart du XXe siècle a vu éclore les fameux dragons et la bulle spéculative dont l'explosion au printemps 1998 est en train de soulever la rue et d'emporter des régimes politiques autoritaires réputés forts. Formé à la géographie, imprégné d'esprit classificatoire sinon cartésien, je classerais volontiers cette vaste zone au sud du tropique du Cancer, la faisant commencer au Nord à Canton et Hong-Kong, j'en exclurais la péninsule indienne et son rebord himalayen septentrional car il s'agit du sud, et il me reste alors l'ensemble des péninsules indochinoises et des archipels qui les prolongent à l'est, les Philippines, et au sud, l'Indonésie. Avec la Nouvelle-Guinée commence l'Océanie. Dans ce monde tropical humide ou équatorial, maritime, forestier, montagneux, qui fut caractérisé jusqu'au début des années 1970 par une économie rurale et une nombreuse paysannerie tirant sa subsistance de la riziculture, travaillant la rizière avec un buffle et une araire, trouvant dans la pêche un important apport de protéines animales, car la place est trop comptée pour

DOI: 10.4324/9781003322733-7

nourrir des troupeaux de bêtes de boucherie, dont l'histoire fut dominée par les combats de la seconde guerre mondiale contre l'envahisseur japonais puis par les guerres de libération nationale contre les colonisateurs hollandais, anglais ou français relayés par les États-Unis (Vietnam), l'Européen voyait alors coexister deux mondes, deux images, celle du train tiré par la locomotive à vapeur sur une voie ferrée étroite ouverte à travers la forêt à l'initiative de la puissance coloniale et celle du pousse-pousse indigène se frayant avec aisance un chemin à travers la foule des grandes métropoles. Dans les ports se côtoyaient pêle-mêle des navires minéraliers battant pavillon anglais et les jonques au savant et étrange gréement.

Existait-il un État et quelle était sa force ? il y avait eu une administration coloniale, c'est certain, mais Bao Dai a-t-il jamais dirigé un État ? Le seul pays demeuré indépendant dans la région était l'empire du Siam, le pays des Thaï, si démesurément allongé depuis les hauts plateaux du Laos et de la Birmanie du nord jusqu'à la longue et étroite péninsule malaise. Dans des paysages si divers, aux communications difficiles, aux peuples variés, aux langues multiples je suppose, comment l'empereur du Siam faisait-il sentir son autorité ? La Chine pourrait offrir une réponse car dans l'empire du Milieu nul ne s'interroge sur la légitimité des décisions impériales appliquées à chacune des provinces. Mais il se trouve que la Chine aussi avait réussi tant bien que mal à échapper à la domination coloniale au prix du dépeçage de ses côtes et de ses ports maritimes passés sous contrôle étranger. La Chine dont l'histoire est rythmée par la succession des dynasties dispose depuis trois millénaires d'un État centralisé et le plus souvent unifié, mais l'Asie du sud-est semble échapper à ce schéma au profit d'un pouvoir de nature princière exercé par des rajahs, des satrapes ou des sultans dans un cadre territorial plus ou moins étriqué, quelquefois limité à l'horizon d'une vallée. Le morcellement territorial et la faiblesse ou l'absence de pouvoir central auraient facilité la conquête coloniale qui fut précoce, et d'abord portugaise, puis hollandaise.

Fallait-il une si longue introduction avant d'aborder la question des poids et mesures de cette vaste zone vue par un historien « européocentriste »[1] ? Cette histoire en Europe est dominée par deux considérations, d'une part les poids et mesures sont un attribut régalien comme la monnaie et la justice ou la police, d'autre part l'affaiblissement du pouvoir central et le développement de multiples pouvoirs locaux sur les ruines de l'empire romain et de son émule, l'empire carolingien, ont conduit à la prolifération des poids et mesures, chaque détenteur d'une parcelle du pouvoir voulant manifester son autorité par la création de poids et mesures particuliers dont l'usage était obligatoire pour les populations vivant dans sa juridiction territoriale. Ce ne serait pas l'absence de pouvoir, mais la multiplication des pouvoirs à l'époque féodale, ou si l'on préfère l'éparpillement des pouvoirs, leur dilution, qui aurait provoqué la dissémination des poids et mesures, leur prolifération. Le corollaire de cette dispersion géographique était la variation dans

1 Toute l'information est extraite du livre collectif de Le Roux, Sellato et Ivanoff (2004–2008) éds, qui avaient souhaité la contribution d'un historien « métrologue ». La pagination est continue dans les 2 volumes pourvus d'index et d'une riche iconographie.

le temps, dispersion et variation contribuaient ensemble à la création de nouvelles unités et le pouvoir, même quand il se prétendit « absolu », était bien incapable de lutter contre ce désordre.

Les auteurs des contributions ici rassemblées examinent le plus souvent la situation des années 90 soit dans le cadre de l'état national d'aujourd'hui, en Thaïlande, au Vietnam ou à Madagascar, soit à l'échelle d'un groupe humain de taille réduite, communauté de la montagne ou de la forêt, population rurale d'une vallée ou peuple maritime rassemblé sur un espace côtier étroit adossé à la forêt. L'intérêt s'est par conséquent porté sur des mesures paysannes traditionnelles, anthropomorphes, sur des systèmes de numération simples, sur les emprunts aux grandes cultures voisines, indienne ou chinoise, sur les contaminations provoquées par l'adoption officielle du système métrique décimal ou par le contact avec les mesures britanniques. Beaucoup s'interrogent sur la fonction du pouvoir en tant que conservateur des poids et mesures ou diffuseur d'unités nouvelles et sur l'adoption spontanée de récipients uniformes fabriqués par les multinationales du pétrole ou du lait concentré. Dans l'ensemble le travail s'appuie sur les méthodes d'observation et d'enquête orale « de terrain » qui donnent à connaître ces mesures paysannes, tandis que l'historien obligé de privilégier les sources écrites laissées par des acteurs disparus accède en matière de métrologie à la connaissance des poids et mesures normatifs utilisés par les marchands, les notaires, les administrateurs et les agents du fisc. Les mesures « paysannes » apparaissent dans des contrats notariés, même si l'on soupçonne que l'arpent ou l'acre du notaire qui mesure une superficie font implicitement référence à la séterée ou à la boisselée du paysan habitué à ensemencer son champ.

Historien, je n'ai paradoxalement guère de compétences pour examiner la mesure du temps, les différents calendriers, la division du jour, il y faudrait une trop longue étude et beaucoup de talent pour rendre toute la poésie qui affleure de nombreux textes, au demeurant mes connaissances linguistiques sont trop pauvres pour dominer cette foisonnante matière. Mais historien des choses matérielles, des *realia*, j'ai été sensible à l'apport de la contribution de Glenn Smith sur l'affectation du budget-temps (*time allocation*, TA) de la population d'un village de quatre hameaux dans l'est de l'île de Madura[2] : comment les gens, plus précisément les différents groupes, hommes/femmes, jeunes/adultes, mariés/célibataires organisent leur temps et quelles activités pratiquent-ils ? Six tableaux récapitulent les observations, certains pourraient être traduits en graphiques. L'intérêt *cultural-behavioural* est manifeste : les femmes adultes assument l'entière charge de la préparation des repas, les maris n'apportent aucune aide à la cuisine. Quel comportement familial et social est induit par ce non-partage de la responsabilité de nourrir la famille ? Le divorce, pourtant fréquent dans cette population, est difficile pour ces hommes, peu d'hommes peuvent longtemps vivre seuls, et notamment rester célibataires. Comme il s'agit d'une communauté paysanne, les tâches

2 Glenn Smith, I, p. 199–210, « Measuring time allocation among madurese peasant ».

productives sont également classées par type d'activité : eau, maïs, riz, tabac, bétail, labour, semailles, repiquage, moisson, etc. L'auteur se fonde sur les déclarations des sondés et sur ses propres observations et il relève des divergences, en particulier aux dires des voisins sur le temps passé à l'école par les enfants qui sont en fait occupés à des tâches productives aux champs. Toutes ces mesures pourraient être reportées sur une échelle.

Mesures traditionnelles

Le concept de mesure n'est pas dépourvu d'ambiguïté. Incontestablement les contenants servent à dénombrer et pas seulement à enfermer et protéger, en ce sens ils sont une façon de mesurer et ils ont valeur sociale, valeur d'usage, chacun sait bien qu'il y a plus de liquide dans un tonneau que dans une bouteille, j'ai choisi à dessein ce mot et non pas « litre » qui est ambigu, mais tonneau et bouteille n'ont aucune valeur métrologique, ils sont variables et vous pouvez avoir des bouteilles ou flacons de 15 ml, 15 cl, 25, 33, 50, 75 cl ou 2 l et 5 l. Autrement dit, il est vain de chercher une mesure-étalon dans des contenants : la mesure-étalon du litre dans notre système métrique décimal est le décimètre cube. Mais personne ne voit 0,73 dm^3 de Gevrey-Chambertin dans la bouteille que l'on va déboucher pour la communion du petit, ce qui n'ôte rien à la valeur sociale et hautement symbolique du vin. Et l'hôte a pu acheter un « carton » de 12 "bouteilles", le viticulteur ne s'est pas trompé sur la quantité à livrer, même sans référence à une quelconque mesure-étalon.

Un usage complexe de la mesure

Parmi les mesures anciennes qui ne sont plus connues que de très rares vieillards en Birmanie, « tout semble avoir servi d'étalon pour mesurer, peser, évaluer l'univers (...) de l'infiniment petit, la poussière distinguée dans un rayon de soleil, à l'infiniment grand, le mont Mérou, en passant par l'infiniment rapide, un clignement des yeux »[3].

Jean Baffie utilise deux sources dont il ne précise pas la datation, les *inscriptions de Sukhothai* et le *Code des trois sceaux* pour examiner les poids et mesures en Thaïlande, *chang, tuang, wat,* littéralement mesurer un poids, une capacité et une longueur[4]. Les mesures qu'il passe en revue étaient-elles communes à tout le royaume ? un système ancien (et décimal) de poids était « utilisé surtout dans le nord du pays », il existait deux systèmes, l'un au nord, l'autre au centre, le *chang* et le *hap*, « les deux poids les plus utilisés, connaissaient diverses valeurs », « le système des mesures de capacité est un des plus complexes, puisqu'on compte au moins trois systèmes et que les mesures varient notablement », dans un même

3 Guy Lubeigt, « Mesures de longueur et de superficie : le poids des systèmes en Birmanie », p. 651–672.

4 Jean Baffie, « Poids et mesures en Thaïlande : tradition et changement », p. 563–591.

village le paysan dans sa rizière et le meunier au moulin n'utilisaient pas les mêmes mesures, « tout cela a l'avantage du meunier bien entendu ». Contenant et contenu sont nettement distingués, ainsi l'on appelle *sat* « la quantité de riz contenue dans un *krabung*, un panier de bambou tressé profond d'une coudée (*sok*) et large d'une coudée à l'ouverture ». Peut-on suggérer que dans ce cas le *krabung* serait une mesure géométrique d'un *sok*. Le *kawian* désigne, comme l'ancien *carro* médiéval ou le *Wagen* ou le *last*, à la fois la charrette (à grandes roues) tirée par des buffles et sa capacité. La réalité métrologique était complexité, elle juxtaposait des situations locales diverses fort éloignées d'un état unifié des poids et mesures. C'est là une constatation qui peut être appliquée à l'ensemble des paysanneries de l'Asie du sud-est[5].

L'utilisation de mesures empiriques ne signifie pas une absence de maîtrise de la réalité, bien au contraire. Elle engendre même de savantes démarches qui, par exemple, conduisent à retenir la surface et le temps comme référents pour la mesure de la répartition de l'eau dans les systèmes d'irrigation au Népal. Comment l'unité de temps peut-elle être utilisée et sa valeur modifiée pour répondre aux contraintes sociales et techniques propres à l'irrigation ? Un répartiteur placé dans le canal d'amenée divise l'eau en trois parts égales qui s'écoulent simultanément dans trois canaux secondaires. Les irrigations dans le village d'Aslewacaur s'organisent selon un cycle divisé en quatre périodes de 12 heures, par tour d'eau. Au sein d'un tour d'eau, les horaires d'irrigation sont définis pour chaque ayant droit. Un riziculteur dérive alors toute l'eau du canal secondaire dans ses rizières. Il ne pourra de nouveau irriguer que 48 heures plus tard, durée du cycle. Le temps d'irrigation de chacun est mesuré à l'aide d'une horloge à eau. Les droits d'eau individuels ont été définis proportionnellement à la surface à irriguer : la durée de remplissage de la clepsydre est de 24 minutes comptée un *ghadi,* 30 *ghadi* se remplissent donc en 12 heures. La durée du *ghadi* définit le temps d'irrigation attribué comme droit d'eau pour irriguer un *hal*, qui correspond à la surface de terre non irriguée labourée en un jour par un attelage de boeufs ou *hal*. (d'où unité de temps pour unité de surface, 1 *ghadi* pour 1 *hal*). Dans ce système, chaque quartier devrait correspondre à 30 *hal* puisque 12 heures correspondent à 30 *ghadi*. Mais pour 1 *ghadi* de droit d'eau défini par l'équivalence, les riziculteurs appliquent deux *ghadi* de durée d'irrigation. Un *hal* donne donc accès à 3 *ghadi* au total (un de droit d'eau et deux de durée d'irrigation). Les 12 tours d'eau de 30 *ghadi* représentent 360 *ghadi* d'irrigation plus 180 *ghadi* de tour d'eau, pour irriguer une surface théorique de 180 *hal*. Cette savante comptabilité permet avec un débit de 40 à 50 litres par seconde d'apporter à la rizière une lame d'eau de 5 à 8 cm de hauteur. L'équivalence temps d'irrigation/surface irriguée peut être ramenée à une équivalence volume d'eau délivré (ou débit)/surface irriguée[6].

5 Jean Baffie, cité.

6 Olivia Aubriot, Corneille Jest et Jean-Louis Sabatier, « Quelles unités de mesure pour partager l'eau d'irrigation ? exemple dans les moyennes montagnes du centre du Népal », p. 717–733.

Les mesures anthropomorphes

Les Iban de Sarawak dans l'île de Bornéo ignorent les poids et mesures standardisés, les objets sont lourds ou légers, grands ou petits, épais ou minces, ou "plus lourds" etc., ils peuvent être quantifiés à l'aide de "peu" ou "beaucoup". Les Aoheng du Kalimantan oriental (Bornéo indonésien) ne font pas usage du comparatif, ils ignoraient le mesurage des masses mais ils avaient introduit une corrélation entre masse et vitesse, le mot « léger » qu'il se référât au portage ou au transport avait aussi la signification de « rapide ». Les volumes ne sont jamais exprimés en termes d'unités portées au cube ni en combinaison de dimensions (longueur × largeur × hauteur) selon Sellato qui relève que les unités traditionnelles ne forment pas un système. « Elles servent des fonctions indépendantes, chacune est utilisée pour mesurer un matériau spécifique ou un type d'objet ou une catégorie, elle répond à un propos particulier » et naturellement il n'y a pas convertibilité entre elles[7]. C'était là une caractéristique commune à de nombreux systèmes pré-métriques dans le monde avant l'intervention des scientifiques pour rationaliser et tenter d'unifier.

Cependant pour la construction de leur habitation, de ponts ou de barques, les Iban usent de mesures empruntées à leur corps (Sutlive). Tout récipient peut servir de capacité, le bambou en fournit une dizaine, mais les paniers, les boites et les sacs ne sont pas moins nombreux, les coffres à riz au nombre d'une quinzaine portant des noms différents sont classés selon leur diamètre intérieur, l'importance du riz dans la subsistance et pour la société justifie la précision mise à la fabrication de ces divers instruments dont les diamètres, calculés d'après des mesures anthropomorphes, engendrent un système hiérarchisé de volumes. La taille du coffre de bois signale l'aisance de la famille, ce bien se transmet de génération en génération et il revient à la femme la plus âgée de le remplir du riz de la dernière récolte le soir de la pleine lune[8].

A Madagascar, il existait, au début du XIXe siècle semble-t-il, un système de mesures de longueur anthropomorphes fondé sur le doigt, la paume, un empan de 10 doigts (du pouce à l'index écartés) un autre de 12 doigts (à l'auriculaire) appelé *zehy*, enfin une brasse de 8 *zehy*. La façon de mesurer venait également compliquer un système complexe puisque chaque produit avait sa mesure (*fa*), on distinguait *fa-bary* pour le riz, *fa-tsira* pour le sel, *fa-rano* pour l'eau[9].

Autre notation qui a son importance car elle éclaire l'usage des mesures anthropomorphes : pour l'évidage des monoxyles, les charpentiers mesurent « avec des baguettes étalonnées à l'aide de la paume » qui servent de référence, tandis que les lanières de rotin utilisées pour l'assemblage et pour la voilure sont mesurées avec des coudées. La voile moken, carrée, mesure 7 coudées main ouverte, dimension « établie sur des rotins pré-mesurés ». Ivanoff ajoute : « ces étalons de référence

7 Bernard SELLATO, « Measuring and Counting among the Aoheng of Bornéo », p. 237–258.
8 Vinson H. SUTLIVE, « Weights and Measurements among the Iban of Sarawak », p. 267–294.
9 Jean-Claude HÉBERT, « Les mesures à Madagascar », p. 389–423.

évitent les approximations ». Autrement dit, ces mesures empruntées au corps humain ont été depuis longtemps normalisées, chaque individu n'est pas la mesure de toutes choses, la mesure est commune à une communauté, fût-elle étroite.

Sophie Clément-Charpentier a noté de fréquentes différences dans quatre listes de poids et mesures laotiens compilées entre la fin du XIXe siècle et les années 70[10]. La *Revue indochinoise* de 1900 soulignait que la brasse mesurait de 1,70 m à 2 m, il aurait suffi d'ajouter « selon les villages » ou « selon les régions » pour que tout devînt clair. Pour en avoir le cœur net, Sophie Clément a relevé les mesures employées par les Lao dont elle donne des équivalences approximatives dans le système métrique et qui correspondent à une moyenne, ce qui pourrait suggérer qu'elle a réellement mesuré des poings ou des empans d'un échantillon homogène de population (par exemple des adultes mâles de 25 à 35 ans) puis calculé une moyenne arithmétique arrondie pour correspondre à une fraction décimale du mètre. Une telle méthode, fort risquée, inciterait à imaginer que le mètre est aussi une mesure anthropomorphe puisqu'il est devenu le multiple exact de l'empan (0,20 m), de la coudée (0,40 m), du bras (0,60 m) et de la demi-brasse (0,80 m) dans une progression 2, 4, 6, 8, 10, la brasse mesurant 1,60 m. La méthode sous-entend que chacun, avec ses membres, est la mesure de toute chose, alors que le métrologue occidental n'a pas connaissance que l'on ait procédé de cette façon pour définir des mesures, fussent-elles anthropomorphes. Il ne faut pas se laisser abuser par les emprunts du vocabulaire aux différentes parties du corps humain, le pied ou le pouce étaient des mesures géométriques établies par le calcul, et non pas des mesures personnelles. On me pardonnera d'insister sur ce point : toute collectivité, même réduite, a besoin de mesures communes et uniques qui constituent la norme reconnue par tous les membres de la communauté. Il est vrai que l'auteur a observé que pour la construction de sa maison traditionnelle le propriétaire utilisait sa propre coudée, c'est-à-dire la longueur de son avant-bras depuis le coude jusqu'à l'extrémité du majeur et qu'elle cite fort opportunément cette fine remarque de Marcel Granet : *Les choses ne se mesurent pas. Elles ont leurs propres mesures. Elles sont leurs mesures.* Sans doute la maison était-elle de bois coupé sur place et n'employait-elle aucun matériau industriel préfabriqué, pas même la brique ou la tuile.

Même dans les États fortement centralisés comme l'empire chinois, les mesures étaient cependant loin d'être fixes, la valeur du *xich* (pied) a beaucoup varié d'une époque à l'autre et souvent d'une région à l'autre. La plus forte variation se situe sous les Song, de 27 à 32,93 cm, et à la fin de la dynastie Ming on distinguait le *xich* du tailleur (34,02 cm), du menuisier (32,07 cm) et le *xich* agraire (32,66 cm). Dans le Vietnam unifié par Gia Long (1802–1819) l'empereur affirma que « l'unification des poids et mesures est une mesure politique essentielle » mais c'était un vœu pieux car le Nord et le Sud utilisaient deux pieds différents. Comme dans de nombreux systèmes métrologiques qui voulaient fonder leur cohérence

10 Sophie Clément-Charpentier, « Les mesures au Laos », p. 515–532.

sur l'unité de longueur du grain qui fournissait aussi l'unité de masse au système monétaire, on chercha une correspondance entre le pied et la monnaie. Les auteurs affirment ainsi que le pied de la capitale (Hanoi) a une longueur équivalente à l'alignement de 17 sapèques Gia Long (ou 22 fois son diamètre) ou de 18 sapèques Minh Mang. Mais les sapèques de ces deux règnes avaient des diamètres variables (19,5 à 26 mm)[11].

Le riz, la rizière et les mesures de surface

Les mesures de surface dans l'île de Java, parce que la terre est un bien immeuble non circulant, s'enracinaient dans les traditions locales, elles reposaient sur des unités de longueur empruntées au corps humain, l'arpentage se développa dans les anciens États en liaison avec la fiscalité foncière et les mutations de propriété. L'unité la plus commune pour mesurer les champs était la « brasse », malgré les différences régionales ou locales les mesures de surface étaient souvent la mesure (locale) de longueur portée au carré, ce qui témoigne du caractère géométrique et scientifique des mesures, certains pour mesurer un champ se servaient soit de la quantité de semences requise, comme nous disions une « séterée » ou une « boisselée », soit du temps de travail, et nous avions notre « journal » ou la bien nommée « hommée »[12].

Hébert rappelle que la langue des Mérinas manque de terme pour désigner une surface importante et que l'on mesure alors en termes de travail et de rendement, notamment de rendement fiscal, soit « en indiquant le nombre de femmes nécessaire au repiquage de la rizière », soit par référence au montant de la taxe annuelle payée par le cultivateur au seigneur. C'est encore le riz et la rizière qui dans le Cambodge traditionnel servaient à préciser les divisions de la journée et de l'année : ainsi « le moment de piler le riz » désignait l'aube et le crépuscule, « aller à la rizière » à 8 heures, « le soleil est à son plein de lumière » ou « le soleil attrape les sillons » vers 15 h, « le moment de manger le riz » à 10 h et à 18 h 30[13].

L'incertitude du vocabulaire lorsqu'il y a confusion entre mesure et poids, capacité et masse, rend l'analyse quelquefois hasardée. Chez les Brou du Vietnam, « parmi les mesures de volume, l'unité de base est le *lông*. Ce mot, d'origine vietnamienne, signifiait à l'origine 100 grammes. Malgré son nom vietnamien, cette mesure de 100 g a été introduite par les Français ». En fait il s'agirait d'une boite de conserve que l'on remplirait d'une poignée de riz, aux trois-quarts, ou rasée, ou tassée, ce qui fournirait une ration individuelle (variable) pour un repas.[14]

11 Nguyen Tung, « D'une colonisation à l'autre : deux poids et deux mesures au Vietnam », p. 441–457.

12 Jan Wisseman Christie, « Weight and Values in the Javanese States of the Ninth to the Thirteenth Centuries AD », p. 89–96.

13 Marie A. Martin, « Évaluer l'or et le riz dans le Cambodge traditionnel », p. 503–514.

14 D'après L. Bernot, 100 l de *padi* pèsent 57,304 kg et 100 l de riz, 74,745 kg ; d'après R. Dumont, 50,200 kg de *padi* qui donnent moins de 28,700 kg de riz ; selon Anglatette, 1 l de *padi* pèse de

Le *lông* est à la base du système : 30 *lông* forment 1 *ayang*, 2 *ayang* 1 *thong*, 2 *thong* 1 *achoiq*, selon un système numérique simple où le *thong* mesure la semence et la surface de la rizière et l'*achoiq* le riz récolté, l'*achoiq* étant le harnais de bambou tressé qui sert à porter les charges sur le dos. « Mais les choses ne sont tout de même pas si simples » avertit l'auteur qui ajoute qu'il existe plusieurs sortes d'*achoiq*[15]. On en avait l'intuition puisque ces objets de vannerie sont faits à la main par le chef de famille, l'objet standardisé est caractéristique de la production industrielle de masse, d'autre part selon sa force, le porteur charge plus ou moins sa hotte. Par contre les casseroles de bronze achetées au marché aux commerçants vietnamiens et qui proviennent de manufactures de Hué ou de Hanoi ont une « capacité précisément déterminée », destinées à la cuisson du riz, leur gamme autorise de faire bouillir × lông de riz, selon la taille de la famille.

Robinne fait remarquer, après L. Bernot, que le panier utilisé dans les villages de la vallée de l'Irraouaddy est de 3 *zale* plus petit que le panier gouvernemental de 9 gallons, plus au nord, il est de 8 à 9 *zale* plus petit, dans l'ouest de 10 à 11 *zale* plus petit[16]. Ces différences de capacité entraînent trois observations : la mesure d'usage, le panier, qui n'a aucune fixité est affectée de variations régionales et même locales que permet d'apprécier la mesure-étalon ; c'est toute la différence qu'il y a entre un simple panier et un *zale*.

En Birmanie, après la crue annuelle du fleuve Irraouaddi qui a effacé les limites des finages, emporté les terres alluviales, créé de nouvelles îles de sable, les chefs de village procèdent à la redistribution périodique des terres. On utilise une brasse (*lain*) pour les terres cultivables et la coudée pour les terrains à bâtir. Les parcelles forment des lanières dont la largeur, autrefois 10 brasses, aujourd'hui 11 *taun*, diminue sous la pression démographique accrue et l'étendue variable des îles. La largeur se mesure au bord du fleuve, pour la longueur, les chefs utilisent des cordes de 45 *taun* (20,57 m), la parcelle longue de 35 à 40 cordes constitue un *kain*. Ce mot désigne aussi les champs en culture sèche. Selon un témoignage, la superficie de ce *kain* serait un carré de 160 *taun*, soit 5 350 m² ou l'équivalent d'un acre. Un attelage bovin peut labourer en moyenne 2 *lai* par jour, pour sa subsistance, une famille de cinq personnes devrait disposer de 30 *lai*, soit de 15 à 16 ha, mais la pression démographique a réduit la taille des parcelles (0,5 à 4 ha). L'auteur note que « la simple mesure de la superficie pose problème car les unités de mesure utilisées peuvent varier d'une région et d'une période historique à une autre. Lorsque plusieurs unités de mesures différentes sont utilisées en même

5 à 600 g, 1 l de riz de 790 à 850 g (cités par Pierre LE ROUX dans son ample et belle introduction). Sur les rations de riz, ROBINNE (p. 691) avance que la nouvelle mesure adoptée partout, la boite de lait condensé de 397 g tient en réalité 283 g de riz et qu'un adulte mange l'équivalent de deux mesures de boite de lait condensé à chaque repas. Au Vietnam, 15 kg de riz suffisent à nourrir un homme pendant un mois.

15 Gabor VARGYAS, « Empan, brasse, hotte et unité de travail. Notes ethnographiques sur quelques unités de mesure chez les Brou du Vietnam », p. 485–501.

16 François ROBINNE, « Notes complémentaires sur les catégories métrologiques en Birmanie », p. 687–706.

temps, la situation est encore plus compliquée. Les Britanniques ont cherché à remédier à ce problème en introduisant leur propre système de mesures (...) sans que les villageois aient abandonné leurs mesures traditionnelles ». Cette constatation rend vaines toutes les conversions, l'accord se fait cependant sur l'existence de deux *pay*, deux unités de superficie de 25 *tâ*² (*tâ* et *taun* désignent l'un et l'autre la coudée), le *pay* royal et le *pay* ordinaire de moitié inférieur. Ces deux unités pourraient trouver leur origine dans une tradition (rapportée en 1774) : 7 *taun* sont l'équivalent d'un *tâ*, mais pour calculer les superficies il faut prendre 12 *taun* pour avoir l'équivalent d'un *tâ*. En fait, le *tâ* n'a pas de définition métrique, un *tâ* se définit par lui-même (« un *tâ* est un *tâ* »), et quand on veut lui donner une équivalence métrique, le désaccord éclate, l'un dit 0,3 ha, l'autre calcule 0,5, ou 0,64, ou 0,7, un dernier écrit "entre 0,7 et 4 ha". Une dernière difficulté intervient dans ces calculs de conversion : les paysans ignorent les fractions décimales et ne conservent que les entiers, le reste est négligé, (à moins que le reste apparaisse sous la forme d'une fraction non décimale, ainsi le *seit* qui vaut ¼ du *tâ*²)[17]. La précision des mesures dépend étroitement de la richesse des terres.

L'unité de surface en pays jawi est le *rai* de 20 brasses de côté, mais les Jawi utilisent des mesures différentes pour les rizières ou les essarts en forêt. La notion de parcelle est fondée non sur la surface réelle, plutôt sur le mode de production. Ainsi, l'addition d'une parcelle de 10 *rai* d'hévéas avec 3 *rai* de fruits intercalés entre les rangées d'arbres donne le résultat de 13 *rai*, alors que la géométrie se contenterait d'indiquer 10 *rai* (Pierre Le Roux)[18].

Au Vietnam, « c'est dans les documents officiels traitant des diverses impositions et contributions que nous trouvons les références aux mesures agraires ». L'arpentage a été entrepris de façon systématique à partir de 1836. Les unités officielles de surface sont, dans ce qui deviendra à l'époque coloniale la Cochinchine, *mau, sào, thuoc* et *tac* agraires : 1 *mau* est un carré de 150 pieds (*thuoc* qui est aussi une mesure de longueur) de côté, divisé en 10 rectangles de 150 × 15 pieds, = 10 *sào*, le *sào* est divisé en 15 rectangles de 150 × 1 pied (= le *xich* agraire). Ce qui donne la rizière-ficelle de jadis, dont les dimensions variaient en fonction du pied utilisé. En 1092 le roi avait fixé l'impôt foncier à 3 *thang* par *mâu* de rizière. En 1656 le roi fit distribuer aux provinces le *thang* officiel en cuivre, fondu d'après l'ancien modèle du règne de Hông_Dúc (1470–1497), chaque *thang* valant 10 *cap* (système décimal). Pendant la guerre, le futur empereur Gia Long utilisa vers 1800 dans un but d'économie deux sortes de *phuong*, que l'auteur rend par « boisseau », le grand, et le moyen pour la distribution du riz aux troupes, après sa victoire, il ne conserva que le grand, mais en 1822 un grenier de Cochinchine conservait un *thung* de cuivre portant l'inscription : « fondu la dixième année du règne de Vinh Thinh », soit en 1715. L'empereur Gia Long le fit remplacer par

17 Lubeigt, cité.
18 Pierre Le Roux, « Mesure et démesure chez les Jawi (de Thaïlande) », p. 133–183.

un nouveau *thung* selon le principe que chaque dynastie devait avoir ses propres poids et mesures dont la règlementation relevait du politique[19].

Les systèmes de numération

Dans les États javanais entre IXe et XIIIe siècle, la richesse du vocabulaire reflétait l'existence de multiples et sous-multiples entrant dans des systèmes régis par des nombres bien plus que la dispersion extrême des mesures. Ainsi 1 *tampah* était constitué de 2 *blah* ou 4 *suku*, les sous-multiples, mais il fallait 10 *tampah* pour composer 1 *lamwit,* le multiple[20]. En Thaïlande, le système monétaire fondé sur le *bath* était à l'origine un système pondéral où 100 *bath* d'étain s'échangeaient contre 100 *bath* d'argent, et ce système n'était pas décimal mais binaire, les sous-multiples valaient 1/4, 1/8, 1/16, 1/32, 1/64, 1/128[21] selon une progression bien connue. La capacité des coffres à riz des Iban de Bornéo évaluée approximativement en boisseaux (*pasu*) croît rapidement : en gros 2, 6, 15, 30, 40, 45, 48, 50, 60, 70, jusqu'à 110 *pasu*[22].

A Madagascar, chez les Merina au centre de l'île, au début du XIXe siècle, un roi éclairé fit souffler l'esprit des Lumières sur la grande île en choisissant pour brasse-étalon une longueur de 7 empans de 12 doigts = 84 doigts, choix judicieux d'une unité qui offrait une grande divisibilité, 2, 3, 4, 6, 7 et 12, 14, 28, et 42 produisaient tous des entiers[23] grâce à la combinaison des deux diviseurs 7 et 12. Le roi montra sa sagesse car, déclara-t-il, il était inutile de se disputer pour des « bagatelles » en légiférant sur la largeur du pouce et l'empan pouce/index, puisque son système abandonnait ces deux mesures.

En Birmanie, d'étroites correspondances entre les différentes sortes de grains (1 grain de riz ou de sorgho = 4 graines de sésame = 12 graines de moutarde) fondent la progression numérique.

riz	*sorgho*	loo	*sésame*	sat	*moutarde*
1	1	2	4	8	12

Les produits agricoles sont mesurés ou pesés avec précision. Chacune des unités du système des mesures de capacité contient un nombre de grains donné et l'on note une progression binaire familière[24].

19 NGUYEN Tung, « Deux poids et deux mesures au Vietnam », II, 441–457, ce pays a subi une occupation chinoise et la colonisation française, mais il a donné des noms vietnamiens aux mesures qu'il a empruntées et transformées.

20 Jan Wisseman CHRISTIE, « Weights and values in the Javanese States. . .», p. 89–96.

21 Jean BAFFIE, « Poids et mesures en Thaïlande. . . », p. 563–591.

22 Vinson H. SUTLIVE, « Weights and Measurements among the Iban of Sarawak », p. 267–294.

23 Jean-Claude HÉBERT, « Les Mesures à Madagascar », p. 389–424.

24 Guy LUBEIGT, « . . .Le poids des systèmes en Birmanie », p. 651–672.

Tab. 1 La capacité des mesures en Birmanie

ta-pôn	1										
to		1									
tin	50 ou 80	4	1								
khwé			2	1							
seit				2							
sa-ywet					1						
pyi					2	1					
kônsa						5	1				
let-kut							2	1			
let-hpet								2	1		
let-sôt									3	1	
let-sôn (= épi)										2	1
grains de paddy											200

Les 200 grains de l'épi en font 400 pour le *let-sôt* et ainsi de suite jusqu'à 1 536 000 si on pratique la mesure avec le *to*. Le système est fondé sur des rapports numériques simples, sur les multiplicateurs 2, 3 et 5. Le chargement du *ta-pôn* à 50 *tin* équivaut à une charge de 1 042 kg pour un attelage de deux buffles, une capacité qui varie pourtant en fonction de l'état de la piste (Lubeigt).F. Robinne restitue le système numérique des rapports entre unités de longueur en Birmanie tel que nous pouvons le figurer par le calcul:

Tab. 2 Les mesures de longueur en Birmanie

cheveu	*sésame*	*orge*	*doigt*	*phalange*	*poing*	*empan*	*coudée*			
1/5760	1/576	1/96	1/48	1/24	1/3	½	1	4	7	14

Le système juxtapose les diviseurs de 2 et 12 pour la coudée tenue pour l'unité de mesure de longueur et les multiplicateurs de 7 et du nombre parfait 28. Au Népal où la numération décimale est bien marquée, les Newars comptent en touchant les phalanges des doigts d'une main avec l'extrémité du pouce, puis, pour les deux dernières phalanges, avec le bout de l'index ou du majeur[25]. Le total obtenu est de 14 unités (= 28/2).

Les anciens systèmes de numération survivent à l'adoption du système métrique, ainsi, comme l'avance Toffin, chez les Newars du Népal où les fractions non décimales 1/2, 1/4, 1/16, 1/64 divisent la nouvelle unité de superficie de 500 m² (1/20 ha = 1 *ropani*)[26].

25 François Robinne, « . . . Les catégories métrologiques en Birmanie », p. 687–706.
26 Gérard Toffin, « Compter, mesurer et peser chez les Néwar du Népal », p. 707–716.

Le texte d'Ivanoff introduit des considérations très fines sur le chiffre « sept" et « les nombres d'or (...) reconnus par les Moken comme des références idéales techniquement et symboliquement ». Peuple de marins, les Moken qui connaissent le va-et-vient des marées qui rythme les heures du jour ou l'alternance des vents qui soufflent selon les saisons, sont passés maîtres dans l'art de la construction navale. La longueur idéale du bateau est de 7 brasses et une coudée, soit 7 + 1 (ce qui ne fait pas 8, l'auteur ne signale pas le rapport entre le *tegum* et le *depa',* mais probablement 7 1/6 ou 7 1/4) car « un chiffre rond n'est pas bon. La somme de deux nombres premiers (associés à deux unités différentes) donne un nombre d'or »[27]. Voici un autre exemple où intervient ce même chiffre par approximation : les îles importent leur riz de Thaïlande en sacs de jute de 100 kg, les *guni*, qui, à peine déchargés, sont partagés entre les familles moken. On remplit les *kethum*, en principe 7 de ces récipients, mais le septième n'est jamais plein. Peut-être se trouve-t-on alors devant un cas de figure inverse, tel que 7 -1/4 ou 7 -1/6, nouvelle image de la perfection, Ivanoff suggère plus prosaïquement qu'il s'agirait d'inciter à ouvrir un autre sac pour parfaire le remplissage, mais dans sa conclusion il indique que « le Moken s'intéresse plus au partage du contenu qu'à sa mesure exacte, qui de toute façon sera partagée (au moins idéalement) de manière égale ». Enfin je retiendrai de cette belle contribution un autre élément métrologique fondamental qui oppose les mesures du commerce et du transport et les mesures domestiques, soit les couples *guni/kethum* et *kopi/kanèt.*

Chez les Kayan du Myanmar, « l'escalier menant du sol au plancher de la maison doit impérativement être composé d'un nombre impair de marches, soit 3, 5, 7 ou plus selon la hauteur des pilotis et la pente du terrain, 7 étant considéré comme le nombre idéal »[28]. En Birmanie le chiffre “sept” est le seul avec le “zéro” à se composer de deux syllabes (zéro, sanscrit : *shûnyan*, arabe : *sifr*, latin : *cifra*). La numération est cependant réalisée sur la base 10, comme en Chine, et pour les nombres de 11 à 19, on procède par combinaisons additives du type 10 + 1, 10 + 2, pour les dizaines on procède par combinaisons multiplicatives (vingt = 2 * 10)[29], comme dans la plupart des langues européennes, même si l'origine latine cache cette combinaison. On accède aux maisons des particuliers *lao* (ce qui exclut les palais et les pagodes) construites sur pilotis en matériaux végétaux par des marches d'escalier ou d'échelle de nombre toujours impair. Il en est de même du nombre de travées entre lesquelles se répartit la maison dans le sens longitudinal, l'impair a valeur bénéfique, « l'impair reste, le pair s'en va »[30].

27 Fallait-il appeler nombre d'or le résultat de cette addition ? Jacques Ivanoff, p. 295–318, « Sept, impair et manque, ou de l'inexactitude idéale des poids et mesures Moken ».

28 Jean-Marc Rastorfer, « Poids et mesures chez les Kayan du Myanmar », p. 673–686. Myanmar est le nom officiel de la Birmanie.

29 Robinne, cité

30 Sophie Clément-Charpentier, cité

Pouvoir et classes sociales

Dans les états javanais, pays de rizières qui entretenaient d'actives relations commerciales et culturelles avec l'Inde et la Chine, le pouvoir était morcelé entre IXe et XIIIe siècle, les documents de nature financière émanés de l'État qui prélevait l'impôt utilisaient en matière de mesure des termes apparemment standardisés et d'un usage répandu à l'intérieur de chacun de ces états. Quelques textes font référence à ces mesures standards établies par le palais et invoquées lors de procès, c'est-à-dire dans des manifestations caractéristiques du pouvoir d'État ou régalien, la police des poids et mesures et la justice. Autre notation qui renvoie à des éléments bien connus de l'historien des sociétés traditionnelles de l'Occident, l'emprunt de caractère culturel et plus encore commercial qui facilite les échanges entre clients et fournisseurs et contribue à créer un système de mesures propre au commerce international[31].

A Madagascar, il arrivait au roi de prendre l'initiative d'unifier les anciens systèmes de mesure mais cette politique vouée à l'échec aboutissait à édifier un système hybride, artificiel et analogue qui venait s'ajouter aux autres et compliquer encore la situation. Les réformes royales ne touchaient pas « au caractère approximatif (des poids et mesures) dépourvu de tout aspect quantifié en formules arithmétiques ». Chez les Mérinas au centre de l'île, la brasse était la mesure fondamentale qui indiquait les dimensions de la rizière et sa surface, jadis elle était « fonction de la taille moyenne de l'individu », ce qui fait difficulté : par quelle opération statistique et arithmétique avait-on déterminé cette moyenne ? Dans l'incertitude, le roi aurait décrété qu'à l'avenir la seule brasse légale serait la sienne (« il n'y a d'autre brasse que celle du roi »), calculée à 7 empans seulement ou à 7 pieds. Reste alors un problème : comment la nouvelle brasse royale a-t-elle été diffusée dans le royaume ? le roi fit déposer la nouvelle mesure sur chacune des douze collines de l'Imerina et, quand il eut dominé le pays betsileo, il y envoya 35 émissaires pour y porter les balances, la *vata* (mesure à riz) et la brasse-étalon dans chaque canton (Hébert).

Nathalie Lancret traite aussi de mesures domestiques, mais il ne s'agit plus des mesures qui régissent l'économie familiale autour du foyer, simplement de la construction de la maison (*domus*) traditionnelle. Sa source sont les traités d'architecture balinais « écrits en langue littéraire, le *kawi*, et compris des seuls lettrés ». Le renseignement est précieux, l'exposé, passionnant, sur les rapports entre métrologie et classe sociale. L'auteure confirme que pour la construction de la maison et de ses différents éléments « la palette des unités de mesure est très riche ; elle compte environ trente modules courants, directement ou non établis sur le corps humain et exclusivement étalonnés sur les mensurations du propriétaire »[32]. On retrouve aussi la notion de mesure ajoutée, ainsi compléter le *depa* (brasse) à l'aide d'un *astha* (coudée), et celle de mesure dérivée, la section

31 CHRISTIE, cité

32 Nathalie LANCRET, « La mesure balinaise dans l'espace domestique », p. 185–198.

des poteaux de structure calculée en *guli* (longueur de la première phalange de l'index) crée une nouvelle unité de mesure appelée *rai*, mais la hauteur est alors calculée en *sirang*, une mesure qui « correspond à la diagonale du carré formé par la section du poteau, soit un *rai* multiplié par 1,414 ». Ces traités d'architecture étaient des ouvrages savants qui avaient recours à la V¯ (racine carrée). Selon son statut social, ou sa fonction, brahmane, sanctuaire, aristocrate, homme du commun, le maître d'ouvrage (propriétaire) utilisait telle série de base, ainsi pour le mur d'enceinte de l'enclos, l'aristocrate ajoutait 1 *ashta* à un nombre donné de *depa*, par exemple $xn + 1$, mais le religieux avait droit à 3 *ashta*, soit $xn + 3$. Pour l'homme du commun, on retranchait 1 *ashta*, soit $xn - 1$. Il faut consulter les superbes tableaux rassemblant les données métrico-sociales qui gouvernaient la hiérarchie de la société balinaise, aujourd'hui avertit l'auteur, « cette personnalisation du système est un des obstacles à son application dans les programmes (de construction) de logements ».

Emprunts et ruptures

Les métaux précieux et la monnaie

Les poids ont d'abord servi à la pesée des métaux précieux et les métaux d'un poids donné ont été adoptés comme unités monétaires dans les anciens royaumes de Java, tout comme l'obole ou le talent dans le monde gréco-romain ou la livre au Moyen Âge (Christie). Le *kati*, la plus grande de ces unités, servit à la pesée de quantité d'autres biens et devint une unité de masse du grand commerce international dans l'Asie maritime du sud-est avant l'arrivée des Européens. Dans un *kati* il entrait 20 *tahil*, un mot « qui forme la racine du verbe "peser" et qui entre dans la composition de verbes et de substantifs relatifs au paiement des taxes », il est également utilisé « dans un sens abstrait en référence au paiement de l'intérêt des dettes » où l'on peut voir un signe du bas prix de l'argent, 5 % si le capital prêté s'élevait à un *kati* (20 × 38 g = 760 g). Le mot a subsisté jusqu'à nos jours sous la forme de « tael », auquel beaucoup veulent voir une autre origine. Quand il était d'or, ce poids était appelé *suwarna* et servait à mesurer la valeur d'une vache ou d'un buffle. Aucune de ces unités n'était une monnaie effectivement frappée, c'étaient de simples unités de compte en relation avec le monnayage réel qui jouaient un rôle analogue à celui dévolu en Europe à la même époque au sou et à la livre par rapport au denier.

Dans les sultanats du nord de Sumatra entre XIVe et XVIe siècles, le *tahil* était divisé en 16 *drãmas*, selon une source portugaise, mais la "drachme" antique a aussi donné naissance au *dirham* arabe, les marchands arabes étant particulièrement actifs dans la zone des détroits au Moyen Âge, cependant le mot *derham* existait également en malais, sous la forme *di-na-er* attestée au XVe siècle (J. M. dos Santos Alves). Les Lao avaient aussi adopté le *tael*, avec la même valeur approchée, 37,5 g, selon la *Revue indochinoise* (1900) citée par Sophie Clément-Charpentier. Les métaux précieux au Cambodge ont gardé leurs propres poids, le *damloeung*, mot khmer du *taël*, que le français rend par « once » (37,5 g), dont les sous-multiples sont décimaux et ont gardé leur nom chinois. Au Vietnam l'unité monétaire principale était le *luong* (*tael* d'or) qui pesait 37,5 g et circulait sous la forme de minces feuilles d'or, il se divisait en 10 *chi*[33].

A l'origine des poids, plusieurs auteurs signalent l'importance des graines de différentes plantes dans le système de pesée, comme en Europe où l'on utilisait le grain de froment, d'orge ou de millet. Dans l'aire culturelle du Sud-est asiatique, une graine a joué un grand rôle, celle d'*abrus precatorius* (ou réglisse d'Amérique), appelée *läl rattï* en népalais (*läl* = rouge), *rattï* en Inde (du sanscrit *raktika* = rouge). Au Penjab il équivaut à 5 grains de riz *basmati* (Toffin), mais chez les Jawi, le *mas* correspond au poids du haricot *masha* utilisé comme équivalent de 8 grains d'*Abrus precatorius,* appelé *saga* en malais (Le Roux). Voilà donc une plante dont la graine a donné l'unité-étalon à des systèmes pondéraux fort éloignés dans l'espace mais aussi dans le temps, puisqu'à Java au Moyen Âge, l'unité monétaire de base était le *masa*, pesant le poids d'un haricot (également appelé *masa*) et égal à 1/16 du *tahil,* soit à 2,4 g environ (Christie).

Le *tael* appartient au « vocabulaire métissé international du commerce pour désigner une once d'argent »[34]. En Chine, l'unité de compte de l'argent était le *leang*, l'once de 37 g environ, subdivisé selon le système décimal : 10 *qian*, 10 *fen*, 10 *li*, 10 *hao*. La division décimale était appliquée aux métaux précieux, mais pas aux marchandises qui utilisaient la livre *jin* de 16 *leang*. Sous les Qing, quatre *leang* différents avaient cours : le *leang* du trésor (37,30 g) était admis pour le paiement des taxes intérieures dans tout l'empire et était reconnu par tous les ministères, le *leang* des douanes (37,68 g), le *leang* de Canton (37,58 g) et celui des transports de grain par eau (36,64 g).

La fonction du commerce

Au Tibet, aux XVIIe-XVIIIe siècles, on pratiquait l'échange en nature. Les mesures répondaient à des systèmes par 12 et 20 ou 4/8/16/32, mais pour les métaux précieux on utilisait comme en Chine le système décimal (Boulnois). Les Dolpo-pa qui vivent à 4000 m d'altitude au nord-ouest du Népal servaient d'intermédiaires entre les populations d'éleveurs du plateau tibétain riche de sel et les riziculteurs des vallées de l'Himalaya. Eux-mêmes cultivaient l'orge irriguée, seule céréale qui poussait à cette altitude, et constituaient un maillon essentiel dans un réseau d'échanges appelé *rje-bo* (le troc, sans intervention de monnaie), dont l'élément primordial était l'échange sel-orge. L'orge, cultivée grâce à un savant système d'irrigation, ne permet pas de vivre toute l'année et les habitants se ivrent à un ingénieux système d'échange qui lie les pasteurs nomades du Tibet riche de sel et

33 Nguyen Huy et Louis-Jacques Dorais, « Des poids et des mesures dans les campagnes du Vietnam », p. 459–462.

34 Lucette Boulnois, « Taux de fin, monnayage et souveraineté : une rencontre entre les conceptions tibétaine et chinoise à la fin du xviiie siècle », p. 745–763.

les agriculteurs des moyennes vallée du sud qui cultivent le riz, d'autres céréales et les épices. Les Dolpo-pa gardaient la quantité de sel obtenu des caravaniers tibétains dont ils avaient besoin et cédaient le reste aux agriculteurs des vallées. L'orge des Dolpo a été échangé durant les quatre dernières décennies à raison d'une mesure d'orge pour deux mesures de sel (= 1 *do-bre*). Mais le sel est à son tour échangé à raison d'une mesure de sel pour 4 mesures de grain, pour le riz un pour un. La charge permet d'évaluer l'échange de quantités plus importantes : une charge (*khal*) de yak se compose de deux sacs, chaque sac contient 74 mesures de grain ou 40 mesures de sel. Une charge de chèvre ou de mouton est de 24 mesures réparties en 2 sacs[35].Dans l'exemple choisi par l'A., 4 yaks portent 280 mesures d'orge, soit 70 mesures par animal, après échange, les 7 yaks reviennent avec 310 mesures de sel. Chaque maison possède en fait 3 types de *bre* : le *bre* du salaire pour payer les journaliers (c'est le plus petit), celui pour vendre et celui avec anneau qui sert au paiement de l'impôt.

Dans la littérature malaise des XVIe-XIXe siècles écrite en caractères arabes, le *jawi*, pour des populations maritimes islamisées, D. Perret a trouvé une réponse à plusieurs des questions posées ici même[36]. Chaque entité politique (*negeri*) avait ses propres mesures, bien qu'elle fût intégrée à un espace marchand dilaté de la Chine au Moyen-Orient. Il serait vain de vouloir procéder à des conversions en d'autres mesures locales, mais il était important de disposer de mesures uniques, unifiées, dans un même *negeri*, et la mission politique première du sultan qui dirigeait le petit royaume était de préserver cette unité, sans quoi le *negeri* serait détruit par le feu. Le système était d'autant plus légitime que ses fondateurs pouvaient se réclamer de l'usage des capitales religieuses du Prophète, Médine et La Mecque. Ces mesures bonnes et justes, antiques, garantissaient la loyauté des échanges, elles attiraient les marchands étrangers et contribuaient à la prospérité des populations et à la bonne rentrée des taxes. Un grand officier, le chef du port, était chargé du contrôle des poids et mesures avec l'aide de tout un personnel de surveillance. Les détenteurs d'instruments de mesure devaient les soumettre périodiquement à l'inspection, s'ils étaient faux, le contrevenant était frappé à la tête avec la mesure coupable. Ces cités royales marchandes étaient, dans un environnement forestier, des sites fortifiés (*kota*) dont l'enceinte était constituée d'un fossé et d'un talus de terre surmonté d'une palissade de bois et de bambous. Le tableau n'est pas sans rappeler - ôtez le bambou - la représentation que l'on peut avoir de nombreuses bourgades européennes aux XIe et XIIe siècles, un site rapidement fortifié pour offrir un abri à une population sédentaire qui accueillait des

35 Corneille JUST, « Le Sel et le grain. Règles et instruments de l'échange en milieu tibétain (Tibet de l'ouest) », p. 765–775. L'A. précise que « dans toute cérémonie de la vie sociale, dans tour rituel religieux de l'aire culturelle tibétaine, on pose sur la table ou l'autel un récipient empli de sel ou d'orge » (p. 765). Ce récipient (*bre* en tibétain) est « une mesure qui définit la quantité nécessaire pour la semence, la nourriture, l'échange et l'offrande aux divinités » ? Dans les échanges, le *bre* équivalait dans les années 1970 à 1,13 litres.

36 Daniel PERRET, « Poids et mesures dans la littérature traditionnelle malaise », p. 77–88.

marchands forains avec leurs marchandises. Les renseignements métriques sont également très semblables à ceux que l'on parvient à glaner dans nos documents médiévaux. Deux exemples :« A Kedah, les embarcations d'une capacité de 40 *koyan* transportant du sel sont contraintes de céder un tiers de leur cargaison au prix réduit de 6 *mas* le *koyan*. Un bateau venant de Kalinga avec une cargaison de sel doit donner au *panglimabatangan* un demi-*depa* de sel représentant un poids d'environ un *bidor* (lingot d'étain du poids de 3 livres) »[37]. Vous trouvez ces textes bien abscons, ils sont le lot quotidien du médiéviste qui travaille sur des documents latins. La seule difficulté du texte est que le *depa* est plutôt tenu pour une mesure de longueur, placez le sel dans un bambou creux mesurant un *depa* de long entre deux noeuds, vous obtenez un *depa* de sel comme vous diriez : « mettez-moi un mètre de sel » à l'épicier interloqué.

Le Roux fait quelques observations d'une grande justesse, il introduit notamment la dichotomie commercialisation-autarcie pour souligner que « c'est seulement au sein d'une économie de marché, dans un but lucratif, donc dans le cas d'une vente, qu'importe l'exactitude de la pesée »[38]. Les Jawi utilisent aussi les unités de volume thaï lorsqu'ils commercent avec des marchands thaïs ou sino-thaïs et font correspondre leurs propres unités à celles-ci. Les plus grosses unités servent à exprimer la production, les plus petites la consommation familiale. Dans l'ancien Vietnam les échanges commerciaux commençaient toujours par une comparaison entre l'instrument de mesure du vendeur et celui de l'acheteur. Le premier était toujours *non* (jeune, tendre), inférieur à l'étalon ou plutôt à l'autre instrument, le second *già* (vieux) supérieur au premier. C'est seulement après s'être mis d'accord sur le choix de l'instrument que l'on discutait le prix. Nguyen Tung rappelle deux préceptes qui font écho aux remarques de Le Roux : « c'est par consentement mutuel qu'on vend ou achète », et « s'il s'agit de manger on peut donner, s'il s'agit de commercer, il faut comparer ».

Deux autres éléments me paraissent appartenir aux structures métrologiques les mieux enracinées : d'abord le fait que les balances, à deux plateaux ou romaine, soient appelées « mesure » chez les Kayan de Birmanie (Rastorfer) témoigne d'une maîtrise du concept de mesure car la balance n'a pas d'autre fonction que de mesurer les masses pour les exprimer en termes de poids ; ensuite l'usage de rader (ou raser) la mesure sur bords quand le créancier prête du grain mais de la restituer comble quand le débiteur rembourse son emprunt était une pratique très diffuse dans l'Occident chrétien où on l'explique par la nécessité de tourner les interdits de l'Eglise sur le prêt à intérêt, mais où plus généralement il s'agissait d'une adaptation à une économie agraire encore peu monétarisée où le prêt alimentaire

37 Perret, p. 86, p. 84, rapporte une curieuse coutume : si un bateau s'est éloigné du rivage à l'insu de son propriétaire, sa récupération par un tiers est récompensée, à Kedah, les bateaux transportant du sel cédaient aux autorités locales un tiers de leur cargaison à prix réduit. La capacité de ce bâtiment est généralement évaluée à 20 *kojan*, une mesure de capacité malaise égale à 40 *pikul*, le *pikul* équivaut à 133 1/3 livres *avoirdupois* de 453,6 g.

38 Pierre Le Roux, « De l'hétéroclite à la norme », p. 17–73.

était très fréquent et l'usure proscrite (et réservée aux Juifs). Les Newars mesurent le grain au volume : les mesures portent le nom des récipients et les marchands utilisent une baguette de bambou comme radoire, mais pour le riz en flocons et les farines on emploie des mesures combles[39].

Le concept de mesure recouvre différentes significations et il n'est pas nécessaire de recourir au mètre et à ses unités dérivées pour connaître une quantité donnée, tant de paniers de riz récoltés lors de la moisson sont une indication suffisamment précieuse pour la famille paysanne qui veut se mettre à l'abri du besoin, tandis que le négociant exportateur opérant sur un port a besoin de connaître un tonnage exprimé en tonnes qui peuvent être d'un millier de kilogrammes ou, plus sûrement, des *long tons* britanniques. On voit ici combien notre monde dominé par la statistique n'a pas réussi à mettre fin à l'incertitude métrologique, la notion même de mesure-étalon demeure ambiguë : mesurer consiste encore aujourd'hui à déterminer la valeur d'une grandeur par un ensemble d'opérations.

Contaminations et création de nouvelles mesures

En Birmanie, on peut observer l'adoption « de tous les systèmes que les aléas de l'Histoire ont mis à la portée (des Birmans) » et qui ont édifié différentes strates depuis les mesures traditionnelles empiriques, connues des seuls villageois qui les utilisent encore, d'anciennes mesures indiennes, des traces de mesure d'origine chinoise, jusqu'aux mesures anglaises apparues avec la colonisation et connues de ceux qui ont été scolarisés capables aujourd'hui de compter seulement en *feet* et en *miles* (Lubeigt). L'adoption de mesures empruntées soulève quelques difficultés : les Britanniques ont fait de la mesure-étalon de longueur (*taun*, la coudée) une unité égale à 18 pouces, mais pour obtenir ce résultat, les Birmans ont dû « ajouter un, deux, trois et jusqu'à quatre doigts pour atteindre ce chiffre ». Les anciennes mesures sont utilisées par les villageois dans toutes leurs transactions, sauf quand ils ont pour interlocuteur le pouvoir d'État et les fonctionnaires du cadastre qui n'emploient que les mesures anglaises. Les Birmans ont aussi l'esprit fécond pour créer de nouvelles mesures : ayant remarqué que les distances qui séparent deux poteaux électriques pour l'éclairage urbain étaient semblables, ils utilisent le poteau électrique comme unité de longueur : « à deux poteaux, etc ».

La contamination des systèmes traditionnels par des contenants issus des échanges avec les grandes compagnies multinationales est notée par la plupart des auteurs. Ivanoff les recense chez les Moken, un peuple maritime de l'archipel des Surin sur la frontière entre Birmanie et Thaïlande : le *kopi* ou boite de lait condensé, le *kanèt*, le *kethum*, une touque pour le transport du kérosène, le *patik* ou plastique, le *gélèn* ou gallon. En Nouvelle-Guinée, les Iatmul ont également adopté la canette de bière, « unité de mesure reconnue par tous »[40]. « La notion de

39 Toffin, cité.

40 Christian Coiffier, « Compter les têtes, compter les ancêtres chez les Iatmul de Nouvelle-Guinée », p. 371–388.

kilogramme (...) suppose l'existence d'un instrument inconnu traditionnellement, la balance à fléau, qui convertit le poids en mesure linéaire »[41], les mesures de volume ou de capacité occupent une place importante du fait qu'elles mesurent la nourriture, le grain, le riz, elles ne sont pas « naturelles », c'est-à-dire empruntées au corps humain, elles sont construites, fabriquées localement ou empruntées aux sociétés industrielles, la boite de lait condensé de 0,3 litre est utilisée par les Palawan aux Philippines pour mesurer le riz décortiqué, elle est pratique en raison de son uniformité, certes, et c'est là la moindre qualité d'une mesure, mais ne constituerait-elle pas aussi la ration de riz de la famille palawan ! Dans l'île de Mindanao aussi, la mesure du volume était exclusive car il n'existait pas de balance. « Chaque lieu avait sa mesure qui servait de référence », mais aujourd'hui ce sont les récipients de kérosène en métal (jerricanes, appelés *can*) qui sont partout utilisés et qui présentent un avantage : s'ils contiennent deux gallons, ils sont équivalents à la mesure traditionnelle de la *ganta* (9 litres). Leur adoption n'a pas exigé un gros effort d'adaptation[42]. Hébert confirme ce que je pressentais : à Madagascar, l'introduction du lait condensé en boite de fer a créé un nouveau contenant appelé *kapaoka*, qui contient environ 300 g de riz blanc : « on compte toujours en *kapaoka* la quantité de riz nécessaire au repas ». L'arrivée des blancs avait déjà provoqué une prise de conscience : sur les marchés on distingua en effet « plein à la manière des étrangers blancs », c'est-à-dire à mesure comble, ou « rempli à la malgache », soit « à ras bord », ras.

Les poids utilisés par les Iban n'obéissaient à aucun standard, les marchands chinois ont introduit la balance, les Anglais légué la livre et la tonne. Sutlive conclut :« l'analyse des mesures des Iban n'est rien d'autre que l'identification des catégories avec lesquelles ils structurent le monde. Ce dont ils avaient besoin pour calculer et mesurer, ils l'ont créé et employé. Confrontés aux inventions d'autres peuples, ils ont emprunté sélectivement et incorporés ces éléments à leur culture ». Dans le contexte actuel de l'exploitation et du commerce du bois pour lesquels on utilise le mètre cube (*kubik*) pour évaluer le volume du bois et des planches attendus de l'arbre à abattre, sous l'influence par conséquent de la « culture planétaire », les Aoheng qui « éprouvent de la difficulté à maîtriser les conversions et équivalences entre vieux et nouveaux systèmes et davantage encore entre les différents

41 Charles MacDonald, « La Notion de mesure chez les Palawan des Philippines », p. 319–334.

42 Ghislaine Loyré de Hauteclocque, « Mesure-t-on la vie ? Poids et mesures chez les Maguindanaon de l'île de Mindanao aux Philippines », p. 335–348. L'A. souligne aussi (p. 345) L'équilibre des échanges car les populations de la montagne n'ont pas les mêmes productions que celles des plaines, les ethnies montagnardes venaient avec du tabac, du manioc, des patates et du riz d'altitude et repartaient avec du sel, du poisson, des tissus, des objets manufacturés. Le sel, dit Albert Marie Maurice, « Les poids et mesures chez les montagnards des hauts plateaux du centre Vietnam », est un produit précieux et de conservation délicate. Il est mesuré à l'aide d'une écuelle, en fait une petite courge coupée en deux utilisée comme louche. Quarante écuelles font une petite jarre (*ge*), 6 à 7 *ge* font une marmite de 7 empans (diamètre à l'ouverture) ou un buffle de 2 ans, mais il faut 4 à 6 marmites pour acheter un esclave. Les esclaves alimentaient le trafic il y a un siècle (p. 465 et 468).

systèmes modernes », sont capables de compter dans le système décimal, tout en ignorant le zéro (Sellato). Rien d'étonnant à cela si l'on songe à l'appréhension qui étreint nos compatriotes à l'idée du passage à l'*euro* et à l'absence de repères avec l'ancien franc qui continue de prévaloir chez beaucoup. Le m^3 est utilisé sur les chantiers forestiers par des contremaîtres et quelques ouvriers salariés spécialisés, les unités traditionnelles appartiennent à une autre sphère d'activités, paysanne, de cueillette ou domestique, et elles n'entrent dans aucun système. Le nouveau système n'a pas été introduit pour faciliter les conversions, mais les Aoheng ont emprunté aux marchands étrangers deux unités, le *kati* et le *pikun*, le *kat*i valait officiellement 617 g, mais il était tenu pour l'équivalent du kilo et le kilogramme a fini par le remplacer, le *pikun* pesait 62,5 kg, soit 100 *kati'* par approximation, et il semble qu'aujourd'hui son poids ait été porté à 100 kg. Autrement dit les Aoheng sont parfaitement capables de réaliser un synchrétisme entre des mesures issues de différents systèmes, local, chinois ou français.

Dans les pays de l'ancienne Indochine de colonisation française, après avoir rappelé l'importance décisive du troc dans l'économie paysanne fondée sur l'échange riz/*prâbok* et l'apparition tardive de la monnaie, l'unité de mesure du commerce de détail était le *niel*, soit le contenu de riz décortiqué d'une noix de coco évidée, 600 g, le multiple était le *picul* de 100 *niel*, dont la moitié formait le *cong,* soit 30 kg. Ces équivalents-poids ont été évalués par les Français. Mais il existait un second système aux noms chinois – les Chinois contrôlaient tout le commerce – fondé sur le *tau*, un panier de 20 litres, et son double, le *thang* égal à 2 *tau*, de même que quantité de paniers de bambou tressés par les femmes, aux formes semi-sphériques (les *ciel*, de capacité diverse) ou à base quadrangulaire devenant circulaire au sommet (les *kanhceu*, dont les plus gros, de 20 à 40 litres, servaient pour le transport au fléau). On pourrait continuer l'énumération avec les sacs et la charretée, une mesure nouvelle est apparue dans les années 60, la boite de lait concentré sucré Nestlé dont les Khmers rouges ont fait l'unité de mesure pour le riz décortiqué (250 g). Le troc n'a jamais disparu et le régime khmer rouge, croyant revenir au régime primitif d'organisation sociale, abolit la monnaie et renforça encore le troc fondé sur l'échange du riz contre les produits manufacturés chinois, notamment les armes[43].

Au Laos l'impact de la colonisation française a été sensible, mais on sait aussi combien il est difficile d'obtenir d'un peuple qu'il abandonne ses modes de compter, de peser et de mesurer, en France il fallut plus d'un siècle, la généralisation de l'enseignement primaire obligatoire dont les exercices d'arithmétique s'appuyaient sur les unités métriques décimales, et la force de la loi et de la fiscalité républicaines pour que le système métrique entrât enfin dans les mœurs. Au Laos on tenta de concilier en ajustant les anciennes mesures avec leur nom conservé au mètre, et l'on voit là rapidement la difficulté qu'il y a à concilier 100 avec

43 M. A. Martin, « Evaluer l'or et le riz », cité, p. 503–514

un système binaire de division, puisque dès la troisième division il faut introduire une virgule décimale : 100, 50, 25, 12,5, la quatrième donnant 6,25[44].

Il existe aujourd'hui un syncrétisme culturel qui fait coexister trois systèmes de mesure, local, régional et international. Les Jawi ont adopté la brasse thaï, mais celle-ci équivaut maintenant à plus de 2 *yards* et à 200 cm. Le kilo qui sert à désigner les volumes (dm^3), les poids (kg) et les distances (km) est surtout utilisé à l'exportation du latex frais. Le *chupo*, ½ coque de coco évidée, correspond à la fois au *gabo*, coupe des mains jointes, et au litre ou au *quart* anglais. Au village, l'imam conserve le *chupo*-étalon. Les Jawi appellent aujourd'hui *chupo* les boites de conserve d'un litre. Quatre *chupo* font 1 *gaté* ou *gallon*, mesure sans contenant qui sert à payer l'impôt religieux. Les mesures anthropomorphes varient, la brasse qui fait entre 150 et 180 cm a été « géométrisée » et se trouve usuellement entendue de manière abstraite comme unité de 180 à 200 cm. Pour mesurer un mètre (*mè'*) on prend la longueur de l'épaule gauche à l'extrémité de la main droite, bras tendu (Le Roux), à défaut de disposer partout de la copie de l'étalon, on a donc créé une nouvelle unité anthropomorphe.

Les emprunts ont quelquefois été imposé par les dominations politiques. Au Vietnam le système de poids et mesure hérité des Chinois a évolué de manière autonome pendant 900 ans (932, fin de la colonisation chinoise, 1862–1884, conquête française), puis il a coexisté avec celui imposé par les autorités françaises. Le système métrique a fini par l'emporter au lendemain de l'indépendance, mais son adoption ne fut pas accompagnée dans un premier temps de l'adoption des mots, trop longs et difficiles à prononcer : on donna les noms anciens aux nouvelles mesures (*xich* pour mètre) jusqu'à ce que le développement de l'instruction généralise les noms français[45].

Emprunts et contaminations peuvent engendrer des confusions et des difficultés. L'échelle des grandeurs dégagée par Rastorfer soulève ainsi quelques réserves, car il me paraît difficile d'assimiler le *cin*, dont le volume est approximativement de 14 litres, à la charge d'un buffle, 10 *cin* sont la charge d'une charrette, 100 *cin* le contenu d'un grenier[46]. A moins de supposer le buffle du pays kayan particulièrement famélique, on peut au minimum décupler sa capacité de travail et lui confier le transport d'une charge de 140 litres. La confusion pourrait venir d'un glissement de sens récent du mot *tin* : aujourd'hui 1 *cin* = 3 *tin*, *tin* désignant le bidon métallique d'huile ou de pétrole d'un gallon américain, dont la capacité est de 4,54 litres. Mais le *tin* traditionnel des Birmans était un panier tressé de bambou doublé de jonc posé sur un fond de bronze et qui portait 36 kg. Je ne serais pas surpris

44 Ce système officiel et artificiel, s'il n'est pas employé sur les chantiers de construction, a les honneurs du CNRS (Marc Reinhorn, *Dictionnaire Laotien-Français*, éd. du CNRS 1970).

45 Nguyen Tung, cité.

46 Rastorfer, cité, p. 678, écrit « une charge de buffle, environ 1 cin = 3 tin », « le cin est un panier allongé de près d'1,2 m de haut et dont la base carrée mesure environ 7 cm tandis que l'ouverture circulaire présente un diamètre double. Son volume est approximativement de 14 litres, ou 3 tin d'un gallon ». Le cin est une mesure pour de grandes quantités de grain, conclut-il.

qu'un tel panier contînt 50 à 52 litres de riz paddy et que le buffle pût en prendre trois sur le dos et les flancs.

Conclusion

Ces mesures traditionnelles étaient avant tout fonctionnelles, adaptées aux besoins et au travail de l'homme. L'architecte et le charpentier travaillaient avec le *pied*, le tailleur avec la *coudée*, l'arpenteur avec la *perche*. Le buffle transportait une charge et la charrette réunissait plusieurs charges, 4 ou 5, pour épargner le travail de plusieurs buffles que l'on occuperait dans la rizière. Les populations en adoptant les produits standardisés de la société industrielle n'ont pas pour autant modifié la perspective et les boites vides ont au contraire compliqué encore une situation métrologique passablement complexe, puisque ces boites n'entrent pas dans les anciens systèmes de numération qui établissaient des rapports arithmétiques simples entre les différentes mesures de même nature, ainsi pour les longueurs, ou pour les surfaces, ou pour les volumes. Les mesures anglaises ont suivi les progrès anciens de l'impérialisme britannique. Le système métrique décimal, même adopté officiellement, semble cantonné à deux usages, le commerce international et l'intervention de l'État, sans préjuger des usages qui ont pu s'établir en ville. Les sociétés paysannes se heurtent aux difficultés de la conversion et du calcul quand elles essaient de concilier avec le mètre leurs mesures anciennes, uniques à l'échelle d'une communauté, d'un village. Le résultat le plus flagrant de la coexistence de plusieurs systèmes me paraît aboutir à une « anthropisation » du mètre.

Cahiers de Métrologie, 18–19 (2000–2001), 5–28. Cette étude a été conduite à la demande des éditeurs scientifiques de l'ouvrage collectif *Poids et mesures en Asie du Sud-Est. Weights and Measures in Southeast Asia. Metrological Systems and Societies*, sous la direction de Pierre Le Roux, Bernard Sellato et Jacques Ivanoff, Ecole française d'Extrême-Orient, 2 vol., Paris 2004 et 2008, 826 p.

Part II

L'OCCIDENT

6

LE MUID CAROLINGIEN

L'article publié dans les Annales en 1985 sur les poids et mesures utilisés à Corbie et les rations de nourriture des moines bénédictins aux temps carolingiens[1] a suscité diverses réactions, dont deux articles et une longue note dans la thèse de Georges Cornet[2], outre les compléments et révisions que j'introduis en janvier 1986 dans un travail publié seulement en 1989[3]. Jean-Pierre Devroey apporta au débat une première contribution[4] et Pierre Portet publiait à son tour une note critique en 1991[5]. Le débat n'est donc pas clos[6] et, d'un débat fécond, il faut se féliciter car il oblige chacun à approfondir la réflexion et la méthodologie pour affiner les résultats et aboutir à une connaissance plus précise d'un problème historiographique qui engage toute l'histoire économique et sociale de l'Occident médiéval, et pas seulement la métrologie historique. Le problème du muid carolingien est en effet au cœur de la question du prélèvement féodal ultérieur et des redevances acquittées par les paysans ou encore des rapports commerciaux qui se renouent en Occident dès avant l'an mil. Eclaircir les deux problèmes de la capacité et du poids de cette mesure n'est donc pas une petite affaire susceptible d'intéresser les seuls historiens assez extravagants pour porter de l'intérêt aux poids et mesures carolingiens.

1 Hocquet (6 - 1985B).

2 Comet (6 - 1987), après une étude attentive d'essais de pain effectués en 1418 préfère conserver le muid de 68 litres et celui de 52 litres avant la réforme et adopte la position de « scepticisme hypercritique »de Guy Fourquin qui demandait à propos des anciennes mesures : « à quoi bon ? ».

3 Hocquet (6 - 1992A).

4 Devroey (6 - 1987).

5 Portet (6 - 1991C).

6 Rouche considérait « d'ores et déjà le débat comme clos » dans la réponse que la revue *Annales H. E. C.* (1985–3, p. 691) l'avait invité sur ma demande à rédiger. Il reprenait toutes les conclusions d'articles précédents dans « Le banquet des moines au Moyen Age » publié par *L'Histoire,* n° spécial, *La cuisine et la table, 5000 ans de gastronomie,* 85–1986, 71–73.

DOI: 10.4324/9781003322733-9

Les apports de la critique

Selon Devroey, qui se livre à un examen critique de toutes les sources disponibles et les publie en appendice[7], il faut réhabiliter Benjamin Guérard[8] que j'aurais surtout utilisé dans le travail d'un disciple, A. Longnon, car il fallait partir de l'hypothèse d'un muid de 68 litres, hypothèse déjà présente chez Guérard. Guérard utilise pour sa démonstration le texte de l'abbé de Corbie, Adalhard, et un essai de pain rapporté par De la Mare dans son *Traité de police*. De la Mare avait observé que 353 livres de grain (de froment) produisaient 273 livres 4 onces de pain, par conséquent « il faut retrancher 5/22 du grain pour avoir le pain, c'est-à-dire que le poids du pain égale les 17/22 du poids du grain, ou que le poids du grain est égal au poids du pain multiplié par 22/17[9]. Guérard adapte ces données au *modius* de farine d'Adalhard qui « représente un *modius* 1/11 de grain (et qui) suffisait pour faire 30 pains, et chaque pain pesait 3 livres 1/2 (tel était du moins le poids du pain des pauvres), poids de Charlemagne, c'est-à-dire, d'après nos tables, 1 428 grammes ; donc on fabriquait avec un *modius* de farine ou avec un *modius* 1/11 de grain, 43 kilogrammes de pain (plus exactement 42,840 kg) : ce qui fait 39 kg 4/10 par *modius* de grain, et comme 39 kg 4/10 de pain représentent le même poids en grain, multiplié par 22/17, il s'ensuit que le modius de grain devait peser 51 kilogrammes, et contenir 68 litres. Il y avait 12 de ces *modius* dans un *corbus*, et 2 *corbus* d'épeautre produisaient 10 *modius* de farine »[10].

On remarquera que la méthode de Guérard est exactement celle que j'avais suivie : partir du poids du pain et des essais de pain pour reconstituer le processus technique inverse qui va du pain à la farine puis au grain et calculer la capacité du muid carolingien. Mais Guérard adoptait comme termes de comparaison des farines de froment du début du XVIIIe siècle et étendait ses conclusions à l'épeautre des temps carolingiens. Il est étonnant dans ces conditions que beaucoup d'historiens, après avoir mis en doute de manière explicite le bien-fondé des choix de Guérard, retiennent cependant ses conversions (68 litres) quand il s'agit de passer au calcul pour avoir une idée des rendements carolingiens ou des rations alimentaires. Ultérieurement, dans les anciens systèmes de mesure, il est très rare de trouver des minots d'une capacité supérieure à 52 litres et ce volume constitue une sorte de mesure-butoir car il correspond à la force de travail de l'homme et, manié au long d'une journée, il ménage ses forces. Il est ce que nous appelons la « mesure manuelle », faite à la main de l'homme. Devroey, pourtant, corrige les

7 Spiegler (6 - 1985).

8 Toute l'enquête part de Guérard, en fait, et nul n'a eu le mérite, après lui, de colliger les sources. On trouve en effet dans Guerard (1 - 1844), *Polyptique de l'abbé Irminon,* t. I, 2e partie, 965–8, un calcul des rations fondé sur la règle de Chrodegang, le concile d'Aix, ou établi pour les moines de Saint-Denis, de Saint- Germain des Prés, de Corbie et l'abbaye de N. D. de Soissons. On ne peut écrire : « *** has pioneered an enquiry which has brought new life to both the sources and the problem » (Devroey (6 - 1987), p. 69).

9 Guerard (1 - 1844), p. 961, n. 8

10 *Ibidem*, p. 961. Les notes qui accompagnent le texte ont été reproduites entre parenthèses.

chiffres de Guérard et adopte une échelle de valeurs possibles pour le muid carolingien comprise entre 30 et 40 kg, ou de 40 à 55 litres, ce qui est un peu moins que les 52 à 69 litres, dit-il, avancés par Guérard, « mais ne permet pas de trancher entre les *portions gloutonnes* de Rouche et les *maigres pitances* de Hocquet »[11]. Pour son calcul, Devroey a utilisé le précieux tarif du prix du pain établi par le synode de Francfort (794), qu'il commente à l'aide d'une hypothèse de travail, l'hypothèse dite « poids pour poids », selon laquelle de × poids de grain, on obtient × poids de pain, soit un poids égal de pain cuit. « Le pieux seigneur notre roi, avec le consentement du saint synode, a décidé que nul, ecclésiastique ou laïc, ne vende l'annone plus chère, en temps d'abondance comme en temps de cherté, que le muid public et établi récemment, le muid d'avoine 1 denier, le muid d'orge 2 deniers, le muid de seigle 3 deniers, le muid de froment 4 deniers. Si cependant il veut vendre du pain, pour un denier il doit donner 12 pains de froment ayant chacun 2 livres, ou 15 pains de seigle de même poids, 20 pains d'orge de même poids, 25 pains d'avoine de même poids. Mais de l'annone publique du roi, si elle est vendue, (il faut donner) pour l'avoine 2 muids pour 1 denier, pour l'orge 1 denier, pour le seigle 2 deniers, pour le muid de froment 3 deniers »[12]. Ce texte est du plus haut intérêt, il montre comment le palais intervient pour réguler les marchés et stabiliser les prix qui afficheraient une tendance marquée à la hausse. En cas de cherté, les greniers impériaux déversent sur les marchés des céréales à moindre prix, la moitié pour l'avoine et l'orge, un tiers moins cher pour le seigle, un quart pour le froment. Devroey met ces chiffres en tableau sur la base de la solution poids pour poids[13]:

11 Devroey (6 - 1987), p. 86. Mes rations n'étaient pas maigres (la place du porc fait justice de cette affirmation), bien au contraire : « ces moines mangeaient journellement un pain de 4 livres, de bonne qualité, un ou deux potages, - bouillon ou potée - de verdure dans lequel avaient longuement bouilli des morceaux de cochon, les jours de jeune du poisson s'il y en avait, mais les grande fêtes étaient dignement célébrées avec de la volaille, de l'oie ou du simple poulet, les œufs étaient souvent présents sur la table, le vin était servi abondamment à la première occasion, rarement moins de deux coupes journalières ». Ce n'est pas là un régime amaigrissant de lutte contre l'obésité et aucun nutritionniste ne recommanderait aujourd'hui de manger autant. Le lard de la soupe n'était pas donné aux cochons.

12 Nous avons utilisé le texte plus complet édité par Witthöft (6 - 1984), p. 12.

13 Devroey, en procédant ainsi, marque un net recul par rapport aux positions méthodologiques des fondateurs de l'historiographie du haut Moyen Age dans la première moitié du XIXe siècle (cf supra les précautions de Guérard qui part de l'observation), ce qui lui permettra de réduire les chiffres obtenus par Guérard à un niveau qui lui paraît plus acceptable. Mais cette méthode téléologique le conduit à adopter « un large spectre de valeurs du muid comprises entre 30 et 40 kg et de 40 à 55 litres ce qui est sensiblement moins que l'échelle de 52 à 68 litres avancée par Guérard » [Devroey (6 - 1987), 86]. Or, dans l'article des Annales [Hocquet (6 1985B) p. 675], j'avais abouti sur la base de pains de 30 sous et de 4 livres à des valeurs comprises entre 39,75 litres et 52,93 litres. La question est alors de savoir pourquoi, à partir de telle prémisses, Devroey refuse de prendre parti.

Tab. 1 Tarification des prix au synode de Francfort

Céréale	*prix du muid*	*pain de 2 livres pour 1 denier*	*livres de pain pour le prix d'un muid de froment*
avoine	1	25	96
orge	2	20	48
seigle	3	15	32
blé	4	12	24

La dernière colonne de ce tableau indique en livres la quantité de pain que le consommateur pourrait acheter avec 4 deniers, prix du muid de froment. Pour tirer de ce tableau une donnée quelconque sur le poids et le volume du muid de grain, outre l'hypothèse « poids pour poids », il faudrait faire intervenir également une absence de changement de prix entre les unités de poids du grain et du pain, c'est-à-dire faire abstraction du travail du meunier, des transporteurs et du boulanger. L'édit et le tableau offrent cependant matière à réflexion, ils indiquent le poids du pain (2 livres) et le rendement en pain du denier carolingien. A ce point, il est bon de se demander quels sont la consistance et le poids de la livre.

Selon le chercheur belge, « en 792, Charlemagne modifia le système des poids et mesures en usage dans le royaume franc, afin de l'unifier. La réforme, ajoute-t-il, est mieux connue en matière monétaire. A la livre romaine de 12 onces, l'empereur substitua une livre de 15 onces (approximativement 409 g), soit un accroissement de poids de 25 %, et cette livre pouvait être divisée en 240 deniers »[14]. La réforme des mesures aurait été plus simple, car en 802 un capitulaire destiné aux *missi* rappela que « là où il était donné trois muids, il n'en serait plus donné que deux », une phrase dans laquelle beaucoup ont vu le *modium publicum et noviter statutum*, dont il a été parlé plus haut, et qui augmentait la capacité

14 Devroey (6 - 1987), p. 73–74 et n. 21. L'auteur adopte le poids communément admis de 327,7 g pour la livre romaine, mais signale que Lafaurie et les numismates suisses ont plaidé pour une livre réduite à 322,22 g. Il faut être prudent avec les sous-multiples de la livre et sans doute éviter de parler de livres de 12 ou 15 onces lorsque l'on croit déceler des variations de poids du denier. Une livre de 327 g ou de 409 g peut toujours être constituée de 12 onces, car le poids de l'once en carats ou en grains est sujet à variation. Le seul élément stable (si l'on ose dire) du système pondéral est le grain, mais la combinaison numérique des multiples du grain, en particulier les carats, est très variable. Voir à ce sujet Hocquet (6 - 1993), il est également inutile de passer à une livre dite de « 15 onces » pour la diviser en 240 deniers, on peut faire la même opération avec une livre romaine de 12 onces. De même Devroey (*ibidem*, p. 74) invoque l'autorité de Grierson (6 - 1965), I, 50 1–36, selon qui la création de la livre de 15 onces aurait été accompagnée par une livre de 16 onces, plus apte à la division par 2 et 4 pour faciliter les transactions commerciales. Les éléments de divisibilité d'une unité de poids sont fondamentaux, mais comme les prix et les poids ne sont pas établis en onces (sauf pour les métaux précieux), mais en sous et en deniers qui combinent avec la livre les nombres 20 et 12, 15 devient aussi aisément divisible que 16. C'est là une supériorité des systèmes anciens, non décimaux, par rapport au système décimal, qui est d'une grande pauvreté pour tout ce qui touche à la divisibilité. Cf Hocquet (1991).

du muid d'un tiers[15], Pierre Portet refuse ce débat et renvoie indistinctement les trois auteurs à leurs études : « les recherches les plus récentes souffrent aussi des gros inconvénients de ce type d'extrapolation » car chaque auteur (auparavant) se servait d'une livre différente, fixait arbitrairement le poids spécifique du blé à 0,75 pour des espèces de céréales qui nous sont inconnues. L'emploi de ces deux seuls facteurs, conclut-il, suffit à disqualifier l'équivalence finale[16]. Certes ! Portet fait aussi quelques remarques absolument fondamentales, ainsi, à propos de la phrase « et qui antea dedit tres modios modo det duo », il demande très justement si, au lieu de penser à un accroissement de la capacité du muid, on ne serait pas mieux inspiré d'y voir une baisse des redevances[17], ou, ajouterai-je, un témoignage de la hausse des prix et de tendances inflationnistes dans l'empire carolingien[18]. C'est là un point à prendre en considération. La deuxième remarque de Portet n'est pas moins pertinente. Elle intervient à propos des méthodes de contrôle de la justesse des mesures grâce à l'analyse de deux textes : l'évêque de Mantoue s'était plaint que les exactions soient acquittées à l'aide d'un grand muid « donné pour 45 livres », les *missi* lui accordèrent un muid devant peser 30 livres[19]; le concile d'Aix-la-Chapelle évalua « la mesure de la nourriture et de la boisson à raison de leur poids »[20]. J'ai maintes et maintes fois attiré l'attention non seulement sur ce procédé de vérification, mais aussi sur le fait que très souvent les mesures étaient pesées, je n'insiste pas. Enfin, à propos de la livre de 30 sous, Portet restitue dans son intégralité un texte de Mabillon : « triginta solidos antequam coquatur », une

15 Signalons encore un autre point controversé sur lequel Devroey apporte une explication lumineuse, le rêve d'Ildefons avec ses contaminations bibliques et évangéliques (p. 78, n. 38). Cependant, je ne partagerai pas son autre remarque selon laquelle « Witthöft et moi n'aurions pas été surpris par l'étrangeté d'un système où le muid était divisé en 17 setiers » [Devroey (6 - 1987), p. 79, n. 38]. Guérard, dans son analyse des variantes régionales du muid (p. 962) signalait : « enfin le *modius* légal d'Aquitaine, de 845, se divisait en 17 setiers de 12 livres et la livre était supposée peser 300 deniers d'argent de 30 grains chacun, qui font 9 600 grains (*sic*, il eût fallu que le denier comportât 32 grains pour aboutir à cette somme de 9 600). Devroey fait état de quantités de sel introduites dans la pâte sous l'Ancien Régime (p. 83 n. 31) mais les prix du sel gabellé dissuadaient les boulangers de saler le pain, au grand étonnement des voyageurs anglais qui trouvaient fade le pain parisien. Charlemagne n'eut pas la malheureuse initiative de créer la gabelle du sel.

16 Portet (6 - 1991C), p. 20.

17 *Ibidem*, p. 19.

18 Déjà en 797 Charlemagne avait fixé des prix maxima pour les céréales et la comparaison avec les prix de 806 est très éclairante : nous indiquons successivement pour les années 797 puis 806 le prix du muid d'orge 2 puis 3 deniers, de seigle : 3 puis 4 deniers, de froment : 4 puis 6 deniers (cf Spiegler (6 - 1985), 250, citant J. Dhondt, *Das frühe Mittelalter* (Fisher Weltgeschichte, Bd. 10), p. 10. On remarquera que le rapport 2/3 ou 4/6 est l'inverse du rapport 3/2 indiqué souvent comme changement de capacité du muid. En fait payer la moitié plus cher en argent ou recevoir un tiers en moins en mesure est strictement équivalent. Le capitulaire des *Missi* et le synode de Francfort auraient eu même objectif, essayer de stabiliser des prix en hausse rapide, l'un en jouant sur la quantité de marchandises reçues par l'acheteur, l'autre en intervenant sur l'argent versé au vendeur.

19 Ce muid de 30 livres figure déjà dans l'édit du roi lombard Liutprand qui fixe le taux des péages dans les ports du Po par lesquels transite le sel de Comacchio (Bellini (6 - 1962), doc. 1, p. 591–8.

20 Portet (6 - 1991C), p. 11.

interpolation, « avant la cuisson », qui indique, précise-t-il, un procédé de calcul automatique. Le jeune historien fonde beaucoup d'espoirs sur des trouvailles archéologiques[21], sur une meilleure exploitation des sources, en amont (sources romaines et mérovingiennes) et en aval (sources médiévales), car il pense que la méthode "généalogique" ou, si l'on préfère, l'analyse récurrente, peut apporter beaucoup « à la connaissance des systèmes métrologiques carolingiens, spécialement de ceux qui différent de la norme impériale »[22]. Visiblement, de même que je ne connaissais pas le travail de Devroey lorsque j'affinais mes analyses en 1986 (les titres de mes paragraphes ne laissent aucun doute : « retour à Corbie » ou « cherchez l'erreur »), de même Portet ignorait, quand il rédigeait son article, mes recherches ultérieures parues seulement en 1989. Il y a là un déphasage dommageable à la recherche historique, dont les éditeurs de revue ou d'actes de colloques, souvent aussi les auteurs, portent en partie la responsabilité, outre le fait que l'accès à l'information reste difficile. Réjouissons-nous d'avoir à disposition, grâce au débat, de nouveaux matériaux pour la réflexion et le progrès de la connaissance historique et rouvrons ce débat, sans avoir la prétention de le refermer au terme des pages qui suivent. N'ayons pas d'autre intention que d'encourager la féconde discussion. Il serait du reste insensé d'interdire aux chercheurs toute recherche ultérieure, ce qui serait la négation de la recherche. Je sais gré, infiniment, à mes collègues de la richesse de leurs observations et je vais tenter d'en tirer mon profit, sans répéter mes précédents travaux mais en rappelant le texte fondateur d'Adalhard avant de livrer des conclusions nouvelles sur le système métrique carolingien.

L'arithmétique d'Adalhard, abbé de Corbie

« Raison ou nombre de l'annone et du pain, comment, d'où et en quelle quantité elle doit venir chaque année au monastère ou comment le panetier doit distribuer celui-là.

Nous voulons chaque année 750 *corbes* d'épeautre bien vanné et émondé, chaque *corbe* ayant 12 muids bien tassés et ras, au muid récemment institué par l'empereur. Que cet épeautre vienne des *villae* que le prévôt a spécialement dans son ministère, et, s'il le faut, de toutes, après qu'il en aura délibéré avec l'abbé. Nous avons ordonné ce nombre de 750 *corbes* afin d'avoir à disposition 2 *corbes* chacun des jours de l'année qui sont au nombre de 365. Nous ajoutons en fait 20 *corbes* car il vaut mieux disposer d'un supplément que manquer. Comme le grain est tantôt meilleur, tantôt de plus basse qualité et qu'il rend plus ou moins de farine, nous espérons, en procédant à cette estimation moyenne obtenir de ces

21 Comme Portet, je souhaite que les archéologues trouvent un jour un étalon de bronze ou de pierre, mais il est peu probable qu'il y soit gravé « modius Karoli ». Les procédés modernes d'analyse pourront assurément dater cette trouvaille, en calculer la capacité précise, mais le débat restera ouvert sur la nature de la mesure, son usage, sa généralisation.

22 Portet (6 - 1991C), p. 24.

deux *corbes* d'épeautre toujours dix « muids » de farine. Si chaque « muid » donne 30 pains, dix muids procureront 300 pains.

En effet, nous sommes certains d'être en tout temps au moins 300 (au monastère) et, de temps en temps, davantage, avec ceux qui résident en permanence et ceux qui arrivent, il vaut mieux compter 350, plus ou moins. Pourtant nous allons considérer que nous pouvons être 400, ainsi quand nous sommes moins de 400, il reste un supplément que nous pouvons distribuer généreusement quand nous sommes plus de 400. Mais c'est très rare et le plus souvent, nous sommes beaucoup moins que 400.

Nous ajoutons par conséquent que des moulins il vienne chaque jour un supplément de 4 muids pour en faire 120 pains. Ainsi, nous obtiendrons un total de 420 pains.

Voilà ! nous parvenons déjà rarement à un effectif de 400, mais chaque jour 20 personnes de plus est encore beaucoup plus rare. Cependant, comme toute notre subsistance doit être assurée par nos ministres (*ministériaux*) et que nous préférons disposer d'un excédent plutôt que de manquer, nous ajouterons encore que des moulins vienne un autre muid, afin que, chaque jour, de ces 15 muids soient faits 450 pains. Ce volume journalier demandé aux moulins fait au total dans l'année 5 475 muids. Ajoutons encore 25 muids et nous atteindrons 5 500, desquels 3 650 viennent de l'épeautre et 1 850 des moulins.

Car, comme nous l'avons déjà dit, nous voulons avoir plus que manquer et c'est pourquoi nous avons d'abord fait venir 20 *corbes*, puis, en plus des 400 pains quotidiens de provendiers, nous avons encore fait ajouter 25 muids, alors que, comme il a été dit plus haut, nous sommes d'habitude le plus souvent moins de 400 et à certains moments plus de 400. Or, comme au moulin, il y a des bœufs, des porcs, des volailles, des chiens et même quelquefois des chevaux à la dépaissance, il vaut mieux encore ajouter 150 muids des moulins, et au total arriver à 2 000 muids. Que ceci soit ainsi ordonné et exécuté pour l'instant, jusqu'au moment où nous pourrons considérer de la même façon qu'il est nécessaire soit d'ajouter quelque chose, soit de retrancher[23] ».

L'abbé de Saint Pierre de Corbie, pour assurer la subsistance de son monastère, calcule (il s'agit d'une « raison » et l'on sait toute la force de ce mot) les besoins d'une année à raison de 2 *corbes* d'épeautre venus chaque jour des *villae* et de 300 pains. Envisageant un effectif potentiel de 420 personnes, il juge utile de disposer de 120 pains supplémentaires confectionnés à l'aide d'épeautre venu des *villae*, qu'il arrondit bientôt à un total de 450 pains. Arrondissant encore ses prévisions, il parvient à un total de 5 500 muids dont les deux tiers sont fournis par l'épeautre des *villae* et un tiers par les moulins. Pour nourrir le bétail autour du moulin, il ajoute encore 150 muids et aboutit à un nouveau total de 5 650 muids.

Quelle était l'alimentation des moines carolingiens et de leurs serviteurs et hôtes n'est plus ici qu'un problème secondaire (et résolu) dont la solution passe

23 D'après Semmler, p. 375, in Hallinger (1 - 1963).

par la métrologie et une réflexion sur les céréales panifiables employées au temps de Louis le Pieux : qu'est-ce que l'épeautre ? quelle est sa farine ? comment faisait-on du pain ? qu'est-ce qu'un muid ?

L'épeautre

Triticum spelta apparaît en latin dans l'*Édit du maximum* de Dioclétien, sous la forme *spelta* qui provient d'une forme germanique (spelza) pour indiquer une variété de froment. C'était une céréale d'hiver surtout, cultivée dans le cadre de l'assolement. Son rachis fragile se brise en épillets dont il faut débarrasser le grain par *erussage*, par séparation du grain de la paille des petits épis éclatés[24]. Son grain plus petit et plus brun que les froments ordinaires est enfermé dans une double bourre (céréale vêtue). Possédant deux grains dans chaque gousse, l'épi est plat et uni, les grains jetés de deux côtés s'enroulent autour de la tige. La balle adhère fortement au grain. Mesuré avec sa bourre, ce grain est d'une grande légèreté, moins pesant que l'avoine[25]. L'édit de Dioclétien établissait ainsi les prix en deniers du *modius castrensis* des diverses céréales

Tab. 2 le prix des grains au temps de Dioclétien

froment	...
orge	100
seigle	60
avoine	30
scandula sive spelta	30
speltae mundae	100

Cette précieuse tarification donne la mesure de l'écart qui existe entre *spelta (sive scandula)* très proche de l'avoine, et *spelta munda,* débarrassée de sa balle. Le poids spécifique de l'épeautre est en effet réduit, 35 à 40 kg/hl contre 75 à 80 pour le froment, mais à grains nus, il atteint 68 à 72, un peu inférieur au froment. L'épeautre vêtu donne en poids 70 % de grain nu et 30 % de bourre. La bourre protège le grain des insectes, charançons et vers, si bien que cette céréale supporte une longue conservation (on en a retrouvé dans les sites de stockage des camps romains du *limes* rhénan)[26]. Adalhard, pour les besoins de base du monastère, nous dit faire venir l'épeautre des *villae.* À Annappes, les stocks des années précédentes

24 Sigaut p. 38 et Ledent qui examine les caractéristiques de l'épeautre : rachis fragile et glumes tenaces, p. 7, in Devroey (6 - 1989) et Van Mol.

25 Hocquet (6 - 1989C), p. 221–5, avec les références bibliographiques en notes.

26 Devroey (6 - 1990).

étaient constitués de vieil épeautre *(spelta vetus)* et d'orge mondé, les autres céréales avaient toutes été consommées.

L'épeautre, paille, balle et grain constitue un excellent fourrage, surtout pour les chevaux et les bovins, et l'abbé en fait venir pour leur nourriture. Outre la balle, l'enveloppe d'une grande légèreté attachant le grain à l'épi, dont on débarrasse difficilement le grain par décorticage avant la mouture, il faut aussi tenir compte du tégument, de l'épiderme recouvrant le grain et qui donne le son à la mouture. Le pourcentage de son varie selon les céréales, de 12 à 16 % pour le froment à 24/25 % pour l'épeautre. L'épeautre qui livre aujourd'hui 25 % de son a un taux d'extraction de farine plus faible que les autres céréales. Au XVIIe siècle, on obtenait un taux d'extraction de 68 %. Des *Backproben* (essais de pain) effectuées à Bâle ou Augsbourg au XIVe siècle, on observe des rendements plus faibles encore:

Tab. 3 Les variations du rendement de l'épeautre au moulin

	setiers	*litres*	*poids en kg*	*ps*
Viernzel de grain vêtu	16	273,3	116,2	0,425
grain débourré ou *Kernen*	7	119,56	81,52	0,681
farine	11	187,89	71,44	0,38
farine blutée	9	153,72	58,56	0,38

Le taux d'extraction de la farine (boulange) représentait 87,6 % du grain égrugé et 61,4 % du grain vêtu, la farine blutée respectivement 71,8 % et 50,4 %[27]. Nous avons suivi, comme pour cet essai de pain, le processus technique mis en œuvre afin de mesurer toutes les opérations de transformation du grain brut en grain décortiqué puis en diverses qualités de farine donnant des pains différents. Nous nous sommes tenus au plus près de la chaine opératoire, à ses étapes successives. L'épeautre a de bonnes aptitudes boulangères. Aujourd'hui pour faire un pain à la farine d'épeautre (il s'agit d'une variété récente d'épeautre dite *rouquin*, améliorée) il faut utiliser 1 000 g de farine, 500 g d'eau, 30 g de levure et 17 g de sel, pétrir 40 minutes et laisser fermenter 25 minutes. Les auteurs omettent de signaler combien pèse ce pain au défournement puis rassis[28]. À Bâle ou à Augsbourg, les essais de pain affichent des résultats médiocres. En effet, en 1369 et en 1540, à Bâle, le poids du pain était inférieur non seulement au poids de la pâte mais même au poids de la farine[29].

27 HOCQUET (6 - 1989C), p. 224–5.
28 JACQMAIN (6 - 1989) et Ancion, p. 23, in Devroey et Van Mol.
29 DIRLMEIER (6 - 1978).

Tab. 4 Essais de pain d'épeautre à Bâte en 1369

produit	*poids en livres*
épeautre du marché	243
farine	157,7
poids de pâte	182,12
poids de pain	143,4

La farine perd 35 % de poids par rapport au grain, le pain ne représente plus que 59 % du poids du grain, 91 % du poids de la farine et 78,7 % de celui de la pâte. L'historien allemand qui a examiné de près tous les essais de pain de Bâle observe aussi que la production de pain, toutes qualités confondues, est sujette à variations, et, affectant d'un indice 100 l'essai de 1540, il obtient 95,5 en 1439, 122,5 en 1466, et 96,5 en 1508–1512. Adalhard l'annonçait : « Comme le grain est tantôt meilleur, tantôt de plus basse qualité et qu'il rend plus ou moins de farine... ».

La « raison » d'adhalard : les résultats acquis

Les rendements, l'efficacité des moulins à extraire la farine du grain, n'étaient pas aussi brillants qu'à Bâle au XIVe siècle.

Tab. 5 Le rendement de l'épeautre à Corbie

1 corbe d'épeautre =	12 muids ras et tassés au nouveau muid impérial
	5 muids de farine
	150 pains

On est très loin en termes de volume des rendements du XIVe siècle, ce qui pourrait avoir une double signification : le Moyen Âge a connu un fort accroissement de la productivité du travail et il n'a pas cessé de perfectionner les moulins. Mais dans son inventaire des besoins du monastère, Adalhard dont l'arithmétique est irréprochable, avait commis un oubli ce qu'un document presque contemporain permet de rectifier. L'inventaire du fisc d'Annappes décrit les réserves : « nous avons trouvé à Annappes du vieil épeautre de l'année passée 90 *corbes*[30] qui peuvent donner 450 *pensae* de farine ». Le rapport métrologique est fondamental:

30 J'avais naguère écrit que le « corbe » était une unité de compte, abstraite [Hocquet, (6 - 1985B), n. 66]. Or Spiegler (6 - 1985), p. 239) cite un chapitre du Capitulaire *de Villis*, « volumus, ut unusquique iudex in suo ministerio mensuram modiorum, sextariorum - et situlas per sextaria octo - et corborum eo tenore habeant, sicut et in palatio habemus », auquel la transcription de Devroey (1987), p. 89 m'a permis de restituer « eo tenore ». Spiegler avait omis ce fragment et concluait : « Sie waren keine Eichnormale für das Imperium », alors que tout le texte dit le contraire (« ils ont

Tab. 6 la farine pesée ou mesurée ?

Adalhard	1 corbe d'épeautre	5 muids de farine
L'inventaire	1 corbe d'épeautre	5 *pensae* de farine

Ce rapport est le même, mais l'abbé avait par inadvertance confondu un poids et une mesure. La *pensa* pèse assez constamment 75 livres. Ce rapport ne signifie pas que les hommes du Moyen Âge gaspillaient 62,84 % de leurs récoltes. En effet l'agriculture européenne présente l'originalité de joindre la culture à l'élevage. Adalhard sait qu'autour du moulin on élève des bœufs, des porcs, des volailles, des chiens et même des chevaux et tous ces animaux peuvent être nourris ou d'épeautre avec sa balle (fourrage) ou de pâtées d'un son d'autant plus nourrissant qu'il y adhère encore beaucoup de farine.

D'autre part, Adalhard qui demande aux greniers de ses *villae* de l'épeautre vanné et émondé ne commet pas, je crois, d'erreur. Il sait que, pour conserver longuement l'épeautre, il faut le garder dans sa balle protectrice et il fonde par conséquent ses calculs sur l'épeautre vêtu. Mais objectera-t-on, qu'est-ce que l'épeautre émondé *(spelta bene ventilata atque mundata)* ? Adalhard demande, semble-t-il, de l'épeautre battu (grain débarrassé de la paille des épillets) et vanné, mais non décortiqué. Lors des opérations de broyage à la meule et de blutage qui procuraient successivement les deux espèces de farine, la blanche puis la marron, la proportion des deux farines, le son résiduel étant exclu, était d'environ 2/3- 1/3[31]. D'une *pensa* de farine de 75 livres, 50 livres servaient à faire du beau pain blanc et 25 du pain « de mixture ». On avait en fait 50 livres provenant d'une extraction de 50,39 % et 25 livres procurées par un taux de 61,48 %, soit un taux moyen de:

$$(50{,}39 * 2) / 3 + (61{,}48 * 1) / 3 = 54{,}08\ \%$$

En retenant ce taux moyen de 54,08 %, nous ne cachons pas que l'adoption de taux observés au XIVe siècle est une source de faiblesse pour les calculs qui vont suivre, mais au moins sont-ils médiévaux et portent-ils sur l'épeautre, et non sur

cette teneur que nous avons aussi en notre palais »). Si le *corbe* de 12 muids existe déjà au temps de Charlemagne, il constitue un multiple, le système ne s'arrête pas au muid, ce qui est gros de développements futurs où l'ancien muid deviendra un petit muid ou minot et le *corbe* abandonnera la place dans les sources au nouveau muid de 12 minots. Je serai beaucoup plus réservé sur la nature du *bracius* cité par Guérard (1 - 1844), p. 961, n. 10) et Devroey (6 - 1987), p. 84, n. 67) le *bracius* de blé contenait 12 *modius*, et celui d'épeautre 30 *modius*, d'où Devroey conclut que les différences de densité des céréales avaient donné naissance à une unité spécifique. C'est confondre la mesure (ici le muid) et la chose mesurée (*bracius*). Il vaut mieux voir dans le *bracius* le « brassin » des brasseries, la cuve où la bière est brassée. L'épeautre servait aussi à faire la bière. Sur la confusion mesure / chose mesurée, Hocquet (6 - 1990A), p. 59–77.

31 Sur le processus de blutage, Hocquet (6 - 1989C), p. 234.

le froment au XVIIIe siècle. Ils font malheureusement l'impasse sur deux éléments qui ont eu leur importance : le progrès agricole avec l'amélioration des céréales et des rendements et les gains de productivité apportés aux moulins, la grande machine du Moyen Âge. On peut également penser que l'épeautre récolté sur les plateaux picards limoneux au IXe siècle a d'aussi bonnes qualités agronomiques que l'épeautre utilisée à Bâle et récoltée sur des plateaux calcaires ou couverts d'argiles glaciaires au XIVe siècle. Bref, il est évidemment difficile d'introduire un quelconque coefficient correcteur et nous allons devoir calculer la capacité du « muid impérial nouvellement institué » par Louis le Pieux, par référence à la livre de 12 onces ou 0,32655 kg[32] (et à ce taux d'extraction).

Tab. 7 la capacité du muid à Corbie

		Poids en livres	*Poids en kilos*
1 *pensa* de farine		75	24,49 kg
5 *pensae*		375	122,45 kg
taux d'extraction	54,08%		
poids du grain			
1 *corbe*		693	226,43 kg
1 muid de grain	= 1 corbe / 12	57,75	18,87 kg
ps de l'épeautre	0,425		
capacité du muid			44,40 litres

Tous à l'abbaye ne mangeaient pas du pain blanc. Celui-ci était bon pour les moines, mais pour les pauvres et les malades de l'hôpital, les boulangers cuisaient du pain *de mixture,* une farine mêlée de son *(Mischbrot).* L'abbé respectueux des normes rappelées au concile d'Aix-la-Chapelle (817) cuisait un pain dont la livre pesait 30 sous de 12 deniers. Or le denier de Louis le Pieux, selon les recherches des numismates[33], avait un poids modal théorique de 1,701 g. Ce pain de 360 deniers pesait par conséquent 612,36 g.

32 Les historiens considèrent que la livre romaine, restée en usage sous les Carolingiens, n'a pas subi de modifications. Je n'ai pas changé le poids de la livre et j'ai conservé celui qui avait servi à mes calculs en 1986. Le *tab.* est donc un rappel des résultats obtenus alors. L'adoption du poids généralement admis (327,7 g, soit 0,3 % plus pesant) n'aurait guère modifié les données. On aurait cependant abouti à une capacité du muid de 44,54 litres.

33 WITTHÖFT (6 - 1984), p. 16, a indiqué dans un *tab.* « les poids modaux des différents types de denier de la monarchie carolingienne » d'après les recherches de MORRISON (6 - 1967). Les deniers de Louis le Pieux pesaient de 1,64 g à 1,74 g. WITTHÖFT adopte le poids de 1,701 g pour le *denarius novus* signalé par le synode de Francfort. SPIEGLER (6 - 1985) précise que des poids du denier échelonnés entre 1,0915 g et 1,7054 g sont bien attestés comme sous-multiples de la livre romaine (p. 254) et les sources écrites font expressément référence à des livres dans lesquelles on taille 25 sous (300 deniers), 22 sous (264 deniers) ou 16 sous (192 deniers) Seuls ces derniers ont alors le

Nouvelles vérifications

Le poids du pain n'est pas encore intervenu dans le raisonnement, il est disponible pour vérifier la validité des résultats. Adalhard entendait en effet recevoir chaque jour des moulins 15 *pensae* de farine blutée[34] pour faire 450 pains, dont 1/10, la dîme, ou 45 pains, étaient des pains *de mixtura* de 3,5 livres destinés à l'hôpital des pauvres[35]. A Bâle, la pâte pesait 24,42 % de plus que la farine d'épeautre, soit pour 1 125 livres de farine, un poids de pâte de 1 400 livres, dont on tirait 450 pains pesant en moyenne 3,10 livres, poids moyen. Les boulangers de l'abbaye préparaient 400 pains blancs des moines, 5 pains des vassaux et 45 pains de 3,5 livres pesés avant cuisson, comme le rappelait judicieusement Portet. On peut affiner, ôter les pains de 3 livres et demie et calculer le poids moyen des autres : la pâte des gros pains pesait 157,5 livres, celle des pains blancs 1 242,5 livres, soit un rapport de 1 à 7,9 fort éloigné du taux 2/3-1/3 observé plus haut, ce qui indique que le pain des prébendiers était aussi un pain de qualité contenant peu de son. À la cuisson, ces pains se réduisaient à 78,7 % de la pâte et pesaient par conséquent, les uns 2,41 livres, les autres 2,75 livres, soit respectivement 0,786 kg et 0,898 kg. Dans les deux cas, on s'écartait des prescriptions du concile d'Aix.

Volume du grain, poids de la farine et nombre de pains cuits chaque jour illustrent la validité des calculs d'Adalhard : le nouveau muid contenait 44,4 litres d'épeautre, il pesait 18,87 kg et 16,87 kg de farine, il pouvait donner quotidiennement 30 pains de 800 à 900 g. Voilà pour l'analyse empirique.

Conclusion : définition du muid carolingien

Il faut demeurer prudent, mais pourquoi garder sa fidélité au muid de Guérard quand on sait comment il a obtenu un tel résultat (68 litres) : d'une part en étudiant le texte d'Adalhard, d'autre part en lui appliquant des coefficients établis pour le froment par De la Mare au début du XVIIIe siècle. A présent, au même texte sont appliqués des taux mesurés pour l'épeautre à la fin du Moyen Âge certes, mais qui tiennent compte de toutes les observations que l'on peut faire sur cette céréale. Ensuite la valeur que nous avons établie concorde avec la capacité du minot de Paris et, plus généralement, avec la capacité de tous les minots, « mesure manuelle » que l'on peut retrouver dans les villes d'Europe occidentale jusqu'à l'instauration du système décimal qui lui substitua, en termes de travail (et non d'unités métriques, d'unités de mesure, car elles n'ont pas d'existence légale

poids de 1,7054 g (p. 248–49 et 254). Voir aussi les précieux diagrammes de PORTET (6 - 1991C), p. 22–3, sur le poids des deniers carolingiens.

34 Nous avons adopté dans nos calculs un taux moyen de rendement de 54,08 %.

35 Adalhard, qui indique un seul poids du pain (3,5 livres), avertit aussi « quod panis ille qui datur non ad unam mensuram omnibus, sed quibusdam maior, quibusdam vero minor datur. Et ob hoc necesse est, ut de singulis mensuris panum consideret, quanti de maioribus, mediocribus vel minoribus de uno modio fieri possunt ; et speramus, quod hoc facto ei cuncta aperte patebunt (SEMMLER (1 - 1963), p. 378). Il y a le pain des frères et le pain des hôtes (*ibidem*, 377).

comme mesures dans un système décimal fondé sur 1, 10 et 100) le demi-hectolitre et le demi-quintal, plus volumineux pour l'un, plus pesant pour l'autre, ce qui marque un gain de productivité sensible au temps de la révolution industrielle.

Resterait à déterminer ce qu'est le « nouveau muid nouvellement ins-titué », et là je souhaiterais livrer une ultime remarque : de tout ce qui précède, et des travaux de Devroey, Portet et Spiegler qui ont rassemblé des textes connus, il apparaît que les souverains carolingiens ont mené une véritable guerre d'usure contre la prolifération des poids et mesures dans leur empire et tenté, avec peu de succès semble-t-il, d'imposer une norme acceptée par tous. Laquelle ? j'y verrais bien, à l'invitation de Pierre Portet, une norme qui aligne la mesure sur l'unité de poids, sur la livre, mais l'ennui c'est qu'il n'existe aucune relation stable entre masse et mesure, sauf dans le système décimal avec l'eau, dont on ne sait pas si cette eau est choisie à la température de la glace fondante (0°) ou à son maximum de densité (4°)[36]. Alors que choisir ? sinon un grain, et probablement le grain le plus répandu au cœur des domaines impériaux « centraux » de l'époque carolingienne, non le froment, mais l'épeautre. Si l'empereur a voulu créer un système cohérent de poids et mesures, j'émets l'hypothèse qu'il a choisi un muid de 60 livres romaines d'épeautre égal à 3 muids romains dont on sait depuis Pline que celui-ci contenait 20 livres de blé ; ce muid offrait l'avantage de nombreux facteurs de divisibilité pour la création des sous-multiples et la fabrication du pain : 60 (proche de notre valeur de 57,75 livres à Corbie, la différence atteint 3,75 %) est en effet divisible par 2, 3, 4, 5, 6, 10, 12, 15, 20 et 30. Il n'est pas besoin d'insister sur l'importance des systèmes sexagésimaux depuis Babylone jusqu'à la division du temps de nos jours. Mais si la mesure gardait constamment même capacité, son poids variait en fonction de chacune des marchandises qu'elle aidait à estimer.

Il y avait une autre façon d'établir la mesure de capacité qui est le cube de l'unité de longueur : comme la mesure est plus souvent ronde que cubique et plus haute que large, il faut calculer le volume d'un cylindre et adopter des mesures de longueur cohérentes, soit le pied pour la base et l'aune pour la hauteur. Or si on accepte par hypothèse que le pied a servi à mesurer la base (ou l'ouverture), et la coudée, la hauteur, le pied carolingien (ou pied de Drusus) établi en 789 avec la valeur d'un « pes monetalis et sescunciam », soit le pied romain de 16 *digiti* porté à 18 *digiti* ou 33,27 cm (1 pied romain de 29,574 cm + 3,697 cm), la coudée qu'Elisabeth Pfeiffer[37] appelle « égypto-gréco-romaine » de 51,95 cm et qui est avec le pied de 16 doigts dans le rapport quasi-magique de 4 + 3 = 7 où la coudée mesure 7/4 du pied, ce volume mesurerait très exactement 45,16 litres

$$(33{,}27 : 2)^2 \times 3{,}1416 \times 51{,}95 = 45{,}16 \text{ litres}$$

36 Cette incertitude a conduit à l'abandon du litre au profit du dm^3, fondé sur l'unité de longueur. Le mètre donne ainsi toutes les mesures usuelles.

37 Rappelons les deux travaux fondamentaux de Pfeiffer (5 - 1986) et (5 - 1990).

Tout le système carolingien était une éclatante renaissance des mesures romaines, le poids était la livre romaine, les mesures volumétriques étaient fondées sur les unités de longueur de Rome, les systèmes de numération étaient repris de Rome. Et si je procède à une ultime vérification pour démontrer qu'un tel muid d'un pied de diamètre et une coudée de hauteur pouvait contenir 60 livres romaines d'épeautre, j'aboutis à un poids spécifique de l'épeautre de 0,435, qui s'écarte de 1 centième de la valeur retenue dans le tableau 8. Les mesures sont essentiellement de l'ordre du nombre et des mathématiques, à moins de croire que brassin, navée, panier, chargement, cuve, réservoir, hotte et autres besaces, sont aussi des mesures. Tous sont cependant susceptibles d'être mesurés, à l'aide du muid, ou pesés, avec la livre. Voici les mesures, fondées l'une et l'autre sur le grain, ce qui n'a rien de surprenant dans des économies agraires dont l'alimentation faisait tant de place aux céréales. Il m'aura aussi fallu trois articles pour m'approcher toujours davantage de la vérité historique et mettre en relation ce qui fait pourtant l'unicité et la rationalité des systèmes de poids et mesures, la médiation des nombres entre les unités de longueur, de surface (dont il n'a pas été question ici), de volume, enfin entre les poids et les mesures.

Cahiers de Métrologie, 10 (1992), 43–60.

7

LES POIDS ET MESURES AU MEXIQUE

En Amérique Latine, les populations indiennes mesuraient et comptaient les biens, les terres, les marchandises, les jours et les mois selon de savants systèmes que l'historiographie a commencé à décrypter. Après la conquête espagnole, les conquérants ont importé les poids et mesures de leur pays, la Castille, qui, elle-même, en avait emprunté une bonne part aux occupants arabo-berbères. En Mésoamérique, au Mexique en particulier, il en est résulté un syncrétisme nouveau qui a fusionné les différents systèmes, les Indiens adoptant les mesures des conquérants qui, à leur tour, attribuaient les noms indiens aux nouvelles mesures.

Les mesures indiennes

« Los aztecas tenían una fuerte tendencia a medir y contar »[1] (Harvey et Williams). Le système arithmétique (compter) reposait sur trois nombres majeurs : 20, 400 et 8 000. Le nombre 20 se disait « un compte » (*cempoalli* en langue náhuatl), 20^2 = 400 ou « une chevelure » (*cen-tzontl*) et 20^3 = 8 000 « un sac » (*cen-xiquipilli*). Le système était vigésimal. Les pictogrammes représentant ces trois nombres utilisaient respectivement les glyphes « bannière » (*pantli*, 20), plume ou « cheveu » stylisé (*tzontl* 400) et « sac de copal ou d'encens » (*xiquipilli* 8 000). Pour les quantités inférieures à 20, les populations des hauts plateaux utilisaient un petit cercle blanc pour le nombre 1 et cinq de ces cercles unis par un trait inférieur pour le nombre 5. Les nombres entiers entre ces positions (20, 400, 8 000) étaient des quantités qui s'additionnaient ou se multipliaient. Ainsi 49 est représenté comme « 2 comptes et 9 » et 500 comme « une chevelure et 5 comptes ». Le système de numération était « de position de ligne et point, il employait seulement quatre symboles de tracé facile : la ligne verticale, cinq cercles liés par une ligne, le point et le glyphe de maïs, avec position indicative de la valeur du symbole ou pour représenter la fonction de zéro ». Les mayas et les zapotèques employaient le point pour 1, une barre pour 5 et quatre barres pour 20 et ils créèrent un signe pour zéro. Avec ces trois signes ils représentaient toute quantité.

1 Harvey et Williams (6 - 1981).

DOI: 10.4324/9781003322733-10

Les calendriers donnaient la mesure du temps et enregistraient les jours, les semaines, les mois, les années et les siècles (en fait les générations) à partir de l'observation astronomique des phénomènes solaires, lunaires et vénusiens. Le cycle supérieur (siècle) ou cycle de Vénus était de 52 ans et il combinait deux calendriers, un de 260 jours et un de 365 jours. Le premier était le calendrier rituel formé de 13 périodes de 20 jours chacune, l'autre était un calendrier solaire formé de 18 périodes de 20 jours, plus une courte période de 5 jours. La période de 20 jours constituait un mois. La combinaison des deux calendriers permettait de répéter la même date au terme de 52 ans ou un « siècle ». Ce système maya enregistrait le temps avec une grande exactitude.

Les mesures de longueur étaient calquées sur le corps humain, la plus usitée ou unité de longueur était la « brasse » (*cenmaitl*, littéralement une « main »), la distance entre les doigts des deux bras écartés à l'horizontale. Elle servait à mesurer champs, maisons, rues, canaux avant enregistrement dans des cadastres et sur des cartes dressés à des fins fiscales ou économiques. Les autres mesures étaient des sous-multiples. Il existait aussi une brasse verticale, mesurée du pied au bras élevé verticalement et une coudée qui désignait la distance entre le coude et les doigts tendus de l'autre bras. On mesurait aussi les champs « à la corde » et la mesure de superficie standard était un *mecatl* de 400 (20 × 20) *mecate* carrés.

Les divers peuples de la Mésoamérique ne semblent pas avoir pesé les biens (marchandises) et ne disposaient pas de balances et Hernán Cortés le conquistador put voir en 1529 le marché de Tlalecolco et les transactions qui s'y produisaient. Il écrivait : « Chaque bien y est vendu après avoir été mesuré, et jusqu'à présent je n'ai rien vu de vendu au poids ». Pourtant le concept de « charge » (*tlamalalli*) était d'un usage courant, il signifiait la masse de bien qu'un porteur (*tamene*) transportait en une journée. Il combine donc une mesure de temps et une unité de masse évaluée par les porteurs qui la soulevaient et l'ajustaient empiriquement, en tenant compte de la distance à parcourir. En somme la charge était une mesure adaptée à la force de travail du porteur.

Pour les volumes, chaque produit disposait de sa mesure spécifique ; ainsi le maïs ou le haricot était mesuré en « grenier », le miel en *cantars*, le coton en balle, le cacao en charge, le sel en pain, selon des unités-standards. Vu le développement atteint par les peuples d'Amérique centrale avant la conquête, il est très probable qu'ils disposaient d'un ensemble de mesures et de poids utilisés dans le mesurage de la terre, les transactions commerciales, la levée des taxes, la construction, la pharmacie, etc., et que ces mesures constituaient des systèmes unifiés et cohérents[2].

Teresa Rojas Rabiela à qui nous empruntons ces informations précise qu'elle a seulement tenté une esquisse sur un terrain encore mal débroussaillé, ses observations valant pour le centre du Mexique. La modestie de son jugement ne doit pas cacher que les mesures de surface et de capacité (volume) sont restées d'un large

2 Royas Rabiela (6 - 2011).

usage dans les campagnes dont la majorité de la population, indienne, est demeurée fidèle aux mesures et aux pratiques ancestrales.

Les poids et mesures de Nouvelle-Espagne

Dans la péninsule Ibérique

En Espagne musulmane et dans les royaumes chrétiens de la péninsule Ibérique, les mesures de base de poids et de capacité, pour les grains et pour les liquides, correspondaient, ce qui a créé un système métrique uniforme. L'*arroba* était l'unité commune de poids et de capacité, le *qadah* ou cantar, l'unité de base pour mesurer liquides et grains, la *fanega*, la mesure de capacité des grains. Le point de départ de ces mesures était le grain dont le poids varie suivant les pays (royaumes ibériques), les terrains, les saisons et les années pluvieuses ou sans pluie. Le contenu de la mesure des grains rase (*qadah*), pesé sur la balance, pesait un *arrobe*, ainsi le poids de l'*arrobe* et la capacité du *qadah* se garantissaient mutuellement. La plus grosse unité de poids et de capacité reçut le nom de *carga* qui devint synonyme de *qafīz* ou cahíz. Selon le produit pesé ou mesuré la *carga* contenait un nombre déterminé de quintaux et *arrobas*, de cantars et *qadah,* ou d'*almudes* et *fanegas*. La métrologie hispano-arabe passa intégralement dans les royaumes chrétiens de la péninsule, la *carga* de grains reçut quasi partout le nom de *cafis*, celui de Castille et de Portugal pesait 12 *quintales* de 100 libres castillanes ou portugaises et tint 12 *fanegas*. Si la *carga* contenait des liquides, on l'appelait *moyo* et elle tenait 16 *cantars* ou *arrobes* de 34 libres. La livre (*ritl ou ratl*) était le multiple de l'once. Dans l'Espagne musulmane coexistaient deux sortes de livres, de 12 et de 16 onces. En Castille, Portugal et al-Andalus s'imposa la livre de 16 onces pour mesurer et peser liquides, grains et autres solides, la petite livre de 12 onces était réservée aux usages médicinaux et de pharmacie. L'unité supérieure de poids était le quintal *(qintār),* constitué de quatre *arrobas* de 25 livres chacune. L'*arroba* variait de poids selon le produit pesé. Elle tenait 24 livres de fer et 30 ou 32 livres pour les céréales. Le quintal d'huile équivalait à 2,5 quintaux ordinaires, soit à dix arrobes. L'almudí *(al-mudy)* constituait la mesure supérieure de poids égal à 12 cafis *(qafiz)*, il pesait 8 quintaux (*quintales*). Le cafis (ou *cahiz*) était fait de 2 fanègues (*fanegas*) et dans l'almudi entraient donc 24 fanègues.

En Nouvelle Espagne

Dans les sources du XVIIIe siècle la série des différents noms - *carga, fanega* et *arroba* ou *brazas, codos* et *varas* – masque les relations numériques qui lient multiples et sous-multiples. La *carga* est faite de deux *fanegas*, composée à leur tour de six à huit *arrobas.* En général l'historien va du plus grand au plus petit tandis que dans la pratique le paysan, le muletier, le marchand procèdent à l'inverse. De la même façon que le *quintal* métrique est fait de grammes et de kilogrammes entre lesquels le facteur 10 gouverne toutes les relations, au XVIIIe siècle deux et six (deux que multiplie trois) gouvernaient la relation de la *carga* avec ses sous-multiples. Ces systèmes antérieurs au système décimal et scientifique sont fondés sur des observations qui concernent les gens ou les animaux et leur travail. Si par exemple une mule doit gravir de raides sentiers de montagne, parcourir de grandes distances où manque le pâturage, le muletier compense alors son effort en abaissant sa charge d'un ou deux *arrobas.* Il arrive que les sources mentionnent *cargas pequeñas* au lieu de *cargas regulares de mula.* En 1832 le gouverneur de l'État d'Oaxaca décida qu'à cause du mauvais état des routes la *carga* ne consisterait jamais en plus de huit *arrobas*. La coutume de mentionner le nombre d'*arrobas* composant une *fanega* ou une *carga* n'élimine pas les incertitudes qui entourent les données quantitatives. En 1751, la *carga* de sel à Tehuantepec consistait en 14 *arrobas*, mais une autre source du XVIIIe siècle signalait que le plus souvent le sel de Tehuantepec était compté pour 16 *arrobas,* mais que le sel bien sec l'était pour 12–14 *arrobas.* L'humidité ou la sécheresse des marchandises à transporter affectait sensiblement leur poids car la présence d'eau augmentait le poids des marchandises légères et diminuait celui des biens plus lourds. À Tehuantepec, la variation de poids atteignait souvent un quart.

Un autre piège menaçait : Ralph Roys par exemple note que la *fanega* « est diversement définie comme 1,6 boisseau et une charge de 100 livres de grain », mais c'est là le témoignage des efforts récents pour aligner les mesures traditionnelles et celles d'un marché national géré par le système métrique décimal qui a cependant conservé les anciens noms, ce qui n'a pas empêché certains d'assurer que la *fanega* pesait 100 livres. La *fanega,* comme le boisseau était une mesure de capacité, non de poids et il est important de ne pas confondre mesures de capacité qui sont des volumes et unités de poids qui mesurent des masses : peser le contenu d'une mesure volumétrique peut conduire à des distorsions considérables car chaque corps a un poids spécifique qui le distingue des autres[3]. Les étrangers qui visitaient ou travaillaient dans le Mexique au XIXe siècle ont rapporté qu'une *fanega* de sel pesait approximativement 70 kg et une *carga* 140 kg. Les sources du XIXe siècle indiquent 300 livres comme équivalent d'une *carga.* L'historien reconnaîtra que le chargement de 300 livres de 16 onces chacune pour une mule est tellement familier qu'il se croit revenu en Castille au temps des rois catholiques.

Une synthèse nouvelle

Les espagnols imposèrent les mesures de Castille ou d'Andalousie[4] que les indiens adoptèrent d'autant plus facilement qu'elles étaient, comme les leurs, anthropométriques. Le résultat de cette adoption fut que les symboles mésoaméricains de mesures représentés par des pictogrammes dans les manuscrits de langue náhuatl furent transcrits en termes européens.

3 Roys (6 - 1957).

4 Vallvé Bermejo (6 - 1977–1984) signale que la *carga* (ou *cafiz*) de grain pesait en Castille 12 *quintals* de 100 livres castillanes et tenait 12 *fanegas.*

Des barres représentaient les doigts, de petits cercles noirs les vingtaines, d'autres signes les mains ou les pieds. Pour revenir à l'exemple de la charge déjà cité, les Indiens donnaient le nom *tlamamalli* à la *carga* qu'un porteur (*tamene*) pouvait charger sur ses épaules durant une journée de travail. Dans le nouveau système, un tel chargement fut aussi appelé *tameme*. Il était l'équivalent de l'espagnol demi-*fanega* ou de deux *arrobas*. Cette charge indigène variait en fonction de la marchandise chargée, de la pénibilité du chemin et de la robustesse du porteur : pour le cacao c'était l'équivalent de trois *xiquipilli* de 8 000 grains chacun et on voit bien la contamination entre mesures indiennes et mesures hispaniques.

Parmi les mesures de capacité, d'une grande diversité, les plus petites étaient le *centlachipiniltontli (una gotilla de algo)* et ses multiples, le *centlachipinilli,* qui littéralement signifie *una gota de algo.* Il y avait aussi de petites mesures utilisées en pharmacie. *Testal* designait la quantité de farine de maïs nécessaire pour confectionner la *tortilla* d'une personne. Le concept de masse doit, on le voit, beaucoup plus aux usages quotidiens des hommes qu'à l'utilisation pratique de balances et de poids.

Pour mesurer les matières sèches, en particulier les grains, les indiens pouvaient souvent employer des mesures importées d'Espagne : l'*acalli,* par exemple, dont nous ne connaissons pas le poids, faisait partie d'un système arithmétique avec le *cencaauhacalli* égal à une *demi-fanega* et au *cuauhacaltontili* égal au *celemin.* De tels équivalents incitent à conclure que les conquérants tentèrent d'imposer leur propre système tandis qu'ils adoptaient les termes indigènes.

Les mesures de longueur étaient utilisées dans la fabrication des vêtements, surtout des ponchos faits de bandes de différentes largeurs. Beaucoup de ces mesures étaient basées sur des proportions du corps humain : *cemizteltl, cemmapilli* et *cemmatl,* littéralement un doigt, une paume et un empan. La « brasse » désignait la hauteur d'un homme, du pied à la main tendue mais il mesurait aussi la diagonale, du pied gauche à la main droite tendue[5], et valait trois *varas* castillanes. Une telle dimension prouve que cette « brasse » était une mesure géométrique, non anthropométrique ; elle était obtenue en rattachant une mesure anthropométrique comme le doigt mesuré dans sa longueur à un coefficient. Toutefois, pour les mesures agraires certaines « brasses » étaient plus petites et la *vara* était réduite à deux « brasses » : à Tula, une nouvelle répartition des terres à des fins fiscales décida que « chaque indien recevrait un lot égal à cent *varas* sur vingt. Une *vara* était constituée de deux « brasses », une mesure connue des indiens qui l'employaient. Des standards de mesure et de longueur existaient aussi et des inspecteurs européens parlaient de « cordes » quand ils mesuraient les terres et de « lieues » pour les mesures itinéraires de routes employées par les

5 Rappelons qu'en français l'empan désigne l'écartement entre le pouce et l'auriculaire quand la main ouverte est tendue. Pour les mesures mexicaines et pour éviter la confusion, il faudrait parler de « brasse ».

marchands, les soldats et les voyageurs. Ces « lieues » rendaient les *cennecehuilli* et *cennetlalolli* indigènes.

Traduit de l'anglais. Titre original ; « Weights and Measures in Mesoamerica », in : *Encyclopedia of the history of Science, Technology and Medicine in Non-Western Cultures*, Andrew Spencer éd., Springer Science, Dordrecht 2014, p. 4466–4470.

8

PARTAGES ET RENTES DES FONTAINES SALÉES

Les pays bordés d'une façade maritime, ensoleillée ou brumeuse et pluvieuse, ouverts sur la mer salée, n'avaient guère de peine à produire du sel au Moyen Âge. La faiblesse de l'ensoleillement n'était même pas un obstacle et les côtes de la Manche, l'Angleterre maritime, la Zélande, l'archipel frison ou l'île de Laesö dans les détroits danois parvinrent à s'assurer une honnête production en utilisant des combustibles comme le bois ou la tourbe et une saumure d'origine marine, quelquefois extraite du sable des grèves ou de tourbières littorales. Le coût du sel ainsi produit était élevé et le déficit de la production fit naître un commerce important, maritime ou fluvial, qui suppléait aux besoins considérables de l'Europe du nord. Cependant, le transport était lui aussi d'un prix élevé et constituait un véritable goulet d'étranglement de l'économie du sel. Heureusement, les pays continentaux n'étaient pas totalement dépourvus de ressources facilement accessibles dans leur sous-sol. La quasi-totalité du continent européen, mises à part quelques régions de socle comme l'Écosse et la Scandinavie, avait été occupée par les mers sédimentaires à partir des débuts de l'ère secondaire, et au Trias et à l'Eocène ces mers fermées en lagunes s'étaient évaporées sur place en déposant d'épaisses couches de sel. Ces couches avaient subi le plissement alpin ou des déformations qui les avaient portées à quelque dizaine de mètres de la surface du sol, protégées par des terrains imperméables de la dissolution par les eaux de ruissellement. De toute façon, le sel gemme est une roche légère et plastique, apte à subir des déformations, à se glisser entre les roches compactes à la faveur de fractures ou de fissures pour venir former des dômes près de la surface du sol. Tous les terrains sédimentaires européens comportent de tels gisements d'autant plus accessibles que les couches se trouvent à la périphérie des bassins. Au Moyen Âge, les pays les mieux pourvus de sel gemme étaient l'Allemagne, l'Autriche, l'Espagne, l'Est de la France (Lorraine et Franche Comté), l'Angleterre (Cheshire), l'Italie (Salsomaggiore), la Bosnie (Tuzla), la Pologne et la Roumanie, la Russie. D'autres pays ignoraient l'existence de leurs ressources, plus profondément enfouies, ainsi la Suisse et les Pays-Bas.

DOI: 10.4324/9781003322733-11

La diversité des techniques

Le plus souvent, on n'accédait pas au sel gemme par les techniques de la mine sèche *(dry mining)*, utilisées à Wieliczka et à Cardona, mais par la technique des puits salés ou des fontaines. Cette technique a connu dans les Alpes, du Tyrol à la Styrie en passant par le sud de la Bavière et le Salzkammergut, ses plus belles réalisations grâce à un procédé technique appelé la « manipulation ». Celle-ci consistait à creuser dans la montagne des galeries presque horizontales et des puits verticaux ou obliques qui accédaient les unes et les autres à des cavités ou chambres *(Zimmer)* creusées par l'homme dans la couche de sel gemme. Par le puits, on dirigeait vers la chambre des eaux douces, pluviales ou nivales, qui léchaient et dissolvaient le sel des parois, se transformaient en saumures saturées (environ 25° Baumé) que l'on faisait descendre par des conduites de mélèze dans la vallée jusqu'à la saline où les saumures étaient mises à bouillir dans des poêles de vastes dimensions chauffées au bois abondant dans les montagnes. Ces véritables entreprises industrielles apparues au XIIe siècle et développées au cours du XIIIe siècle étaient parvenues à dissocier géographiquement la production de la matière première, la saumure, et celle du produit fini, le sel. La matière première naissait dans la montagne, en altitude, le sel était fabriqué dans la vallée. Chacune de ces entreprises exigeait de lourds investissements initiaux qui furent toujours le fait du prince territorial, comte de Tyrol, archevêque de Salzbourg, duc d'Autriche, duc de Styrie. Ces princes n'eurent de cesse de se faire remettre les poêles concédées au XIIe siècle aux monastères bénédictins ou cisterciens pour s'assurer sans partage le contrôle de la production du sel. En général, le rachat se faisait sous forme de versement de rentes, le prince préférant reconstituer son capital fixe dispersé par ses prédécesseurs.

En plaine ou sur la bordure des montagnes, la situation était très différente. Le plus souvent, on avait repéré la présence du sel par une source salée qui attirait les animaux, gibier ou cheptel qui allaient s'y abreuver et faire la cure salée. On avait alors aménagé la source par un puits qui collectait les eaux salées et s'efforçait de les séparer des eaux douces voisines pour renforcer leur salure. On ignore tout des techniques de creusement de ces puits, tous puits à large ouverture creusés par des puisatiers et cuvelés pour éviter les éboulements, équipés de seaux et de cordes mus au moyen de cigognes (puits à balancier), par la suite de *paternoster* ou chaines sans fin tournées par des manèges de chevaux qui actionnaient un système de roues dentées. On ignore la date d'apparition de ces puits, l'archéologie médiévale n'y a guère prêté attention et il faut le plus souvent attendre le XIe siècle pour trouver des documents écrits attestant leur existence. En fait, ils sont plus anciens et l'abondance du « briquetage » daté le plus souvent de l'âge du fer atteste que les hommes accédaient déjà aux saumures souterraines qu'ils faisaient cuire dans des poteries d'argile sur des foyers de terre, ce qui explique l'abondance des dépôts d'argile cuite indestructible liés à l'exploitation du sel. Aux XIe et XIIe siècles, les témoignages se multiplient et plusieurs sites salins, à Halle (Saxe) ou à Salins (Jura), sont équipés de plusieurs puits sur un espace réduit. Ailleurs, comme à Lunebourg, la saumure saturée est puisée par un puits unique de grande capacité qui fournit la saumure à 54 sauneries équipées chacune de 4 poêles. De toute façon, à la différence de la montagne alpestre où une saline unique, aux mains d'un seul propriétaire, cuit la saumure du prince, en plaine ou en zone de moyenne montagne, la saumure est partagée entre de nombreux sali-neurs exploitant des poêles de petites dimensions.

Les puits salés de la plaine donnaient lieu à partage. Ce partage doit être entendu sous deux formes. D'une part en effet il fallait répartir la saumure entre tous les exploitants des poêles, sous peine d'interrompre le processus productif, et veiller à ce que chacun reçût son dû au moment opportun. Ce partage n'est pas différent dans son principe de la répartition de l'eau salée dans les salins maritimes ou dans les systèmes d'irrigation des pays méditerranéens. Les maîtres des poêles avaient-ils accès à la saumure comme propriétaires ou les propriétaires de l'eau salée cuisaient-ils eux-mêmes dans des sauneries qu'ils avaient installées après être devenus détenteurs de saumure. Au Moyen Âge prévalait un système socio-économique, le féodalisme, dans lequel la rémunération de services rendus ou attendus et de nombreuses transactions prenait la forme de constitution de rentes perpétuelles en faveur de multiples bénéficiaires quelquefois très éloignés et qui pensaient s'assurer ainsi un approvisionnement régulier en sel obtenu à bas prix pour leur consommation quotidienne. Parmi ces bénéficiaires de rentes figuraient au premier chef les monastères qui nous ont légué l'essentiel de la documentation sur quoi repose notre connaissance de l'histoire économique des XIe-XIIIe siècles, mais cette prépondérance documentaire n'exclut pas que des familles laïques, puissantes de préférence, modestes quelquefois, ont été capables de maintenir ou d'acquérir une propriété dans les puits salés.

Le puits salé se prêtait remarquablement à partage, tout au moins sa production. Il est en effet très rare qu'un grand propriétaire, évêque, archevêque ou comte, ait commis l'imprudence de se dessaisir d'une telle source de revenus fondée sur le sel et le plus souvent les puits sont demeurés la propriété des familles ou des sièges épiscopaux qui les avaient obtenus de l'empereur, ou du roi en Espagne, propriétaire régalien des ressources du sous-sol. Mais le mode d'extraction de la saumure, par seaux, favorisait la division de sa propriété. Le bénéficiaire de la largesse ne recevait pas un seau, ni dix ou même cent car, outre que le calcul décimal n'était guère en usage, la production du sel obéissait à d'autres impératifs techniques. Il fallait en effet emplir la poêle pour former un bouillon et le rentier se voyait donc gratifié d'un nombre suffisant de seaux pour constituer une poêle et il recevait alors une poêle de saumure qu'il ne faut pas confondre avec l'instrument de tôles ou de plomb où cuisait ladite saumure. La distinction entre contenant et contenu n'a pas toujours été correctement opérée et elle a donné lieu à des contresens sur la capacité de production des salines médiévales. La constitution de la rente intégrait également un autre facteur, le temps : autrement dit, dans une production cyclique et constamment renouvelée, la poêle concédée à perpétuité pouvait s'entendre comme permanente, une poêle chacun des jours de l'année, ou une seule fois par an, ou une fois par semaine, ou à la vigile des grandes fêtes chrétiennes. Selon la périodicité du versement, la rente annuelle atteignait une poêle, quatre poêles, cinquante-deux ou sinon 365, du moins une année diminuée des jours de chômage, dimanches, fêtes religieuses ou froid intense qui gelait l'installation. Toutes les fontaines ne livraient pas une saumure saturée, certaines sources étaient d'une très faible teneur qui n'empêchait pas le gel.

Au Moyen Âge on a exploité toutes les sources salées découvertes, même les plus pauvres qui titraient 2 ou 3° Baumé. Le problème lancinant était leur ravitaillement en combustible quand fut close l'ère des vastes défrichements, dont on ne se demande pas suffisamment à quel usage on réserva le bois produit lors de cette phase d'expansion agricole et de mise en culture d'anciens sols forestiers. Le coût du transport et le morcellement territorial qui confiait le pouvoir localement à des seigneurs habiles à étendre leur ban jusqu'au monopole du sel réduisaient à néant toute question de rentabilité dans un régime de non-concurrence. Si de nombreuses salines ont fait l'objet de monographies solidement documentées, en particulier en Allemagne, nous choisirons nos exemples pour la suite de l'exposé dans quelques salines : à Lunebourg, à Halle, à Salins et Salies de Béarn, dans le Cheshire anglais, dans les salines du piémont pyrénéen espagnol.

La propriété et les rentes

Malgré la multiplication des rentes, le seigneur n'a jamais renoncé à la propriété des biens qui lui conféraient un contrôle permanent sur la production du sel et garantissaient ses revenus domaniaux ou fiscaux. A Salies de Béarn, la fontaine salée de la place du Bayàa était la propriété du vicomte de Béarn qui, au début du XVe siècle, en amodiait l'exploitation à des fermiers placés sous le contrôle du trésorier et l'atelier de fabrication des poêles, appelé *l'ostau de la Rome,* appartenait aux seigneurs d'Audaux qui avaient acheté en 1299 le privilège exclusif de fabrication et de réparation des poêles de plomb et exigeaient de tous les Salisiens utilisant leurs poêles une redevance en millet[1]. Malheureusement, on ignore quand le vicomte s'était fait remettre la propriété de la saline. A Añana, à la limite des provinces d'Alava et de Burgos, l'antique villa de Salinas de Añana qui exploitait une « muire » distribuée aux aires salantes par trois canaux était gérée par un conseil et les « héritiers de la saline » depuis, au plus tard, un diplôme d'Alphonse VIII en 1198. Ces héritiers formèrent par la suite la *Comunidad de Caballeros herederos de la Reales salinas de Añana*, quand la saline entra dans le *Real patrimonio*[2].

1 Tucco-Chala (6 – 1966), p. 34 ; (6 – 1982), p. 32–34.
2 Arellano Sada (6 – 1930), p. 507

A Salins, où les exploitations étaient plus complexes, on comptait trois salines, deux dans le Bourg-Dessus (la grande saunerie et la chauderette de Rosières) et une dans le Bourg-Dessous appelée le puits à « muire ». La grande saunerie et le puits à « muire », attestés dans la documentation dès 1145, étaient des unités de production dotées de toutes les installations nécessaires : puits, poêles et bernes, ateliers de séchage, etc. Le sous-sol renfermait des installations de captage appelées « puits », la grande saunerie disposait de deux puits, le puits d'Amont et le puits à Grès et cédait sa « muire » à la chauderette dépourvue. L'histoire de Salins nous paraît exemplaire, emblématique s'il faut employer un terme à la mode, et nous allons nous y attarder. Les historiens, en effet, qui ne sont à l'aise qu'en examinant des documents écrits et souvent constitués en cartulaires à une date déjà tardive, opposent deux modes d'appropriation de la « muire ». La Grande saunerie aurait appartenu au seul comte Jean de Chalon dit l'Antique qui aurait dilapidé son patrimoine par de nombreuses concessions de rentes, tandis que le puits à « muire » aurait été partagé entre de très nombreux propriétaires, les « rentiers ». A partir de cette constatation, il est aisé de conclure que les deux salines auraient à l'origine appartenu au comte de Bourgogne et au sire de Salins. Ces grands seigneurs auraient très tôt arrenté des parts de leur propriété. Le cartulaire de Salins dit de Jean de Chalon juxtapose des donations de « muire » « en sel ou en argent » concédées par le comte ou sa famille à des établissements religieux ou à des particuliers à son service, pour des raisons professionnelles ou par les liens vassaliques et familiaux. Cent-deux maisons, abbayes, prieurés, hôpitaux, relevant d'une quinzaine d'ordres religieux différents et situés dans les évêchés de Besançon (la moitié), Langres, Lausanne et Genève, et presque autant de particuliers ont ainsi bénéficié d'une largesse comtale destinée à consolider une fidélité et à étendre un réseau politique d'alliances. En fait, il semble qu'on puisse inverser ces deux propositions : une propriété comtale initiale démembrée par des constitutions de rentes ou voir au contraire l'édification d'un patrimoine comtal au détriment des rentiers. En effet, Jean de Chalon l'Antique qui avait acquis la saline par échange en 1237 seulement entreprit une vaste réforme de la gestion de son bien en concluant un accord avec une dizaine de rentiers (ecclésiastiques, chevaliers et bourgeois de Salins) qui lui cédèrent leur « muire » désormais cuite dans les bernes comtales[3]. Après quoi, Jean n'eut de cesse de transformer les rentes en « muire » en rentes en sel puis de substituer à ces rentes en sel des rentes en argent payables sur le produit de la vente, ce qui établissait son monopole du sel[4]. Les donations même indiquées en « muire » étaient immédiatement converties en argent pour des sommes allant le plus souvent de 10 à 100 livres[5]. Cette conversion éclaire la politique comtale car le comte qui n'entendait pas partager le contrôle et la propriété de la saline avait au contraire préféré acquérir la pleine propriété de la grande saunerie et de son puits en distribuant en échange

3 Prost et Bougenot (3 - 1904), doc. 575.
4 Voisin (6 – 1984), p. 144–6
5 Locatelli et Brun (3 – 1991), p. 53–4.

une part des revenus pour garder la maîtrise de la production[6]. Cependant, les maîtres de la Grande saunerie ne renonçaient pas à toutes prétentions sur le puits à « muire » et en décembre 1290, Othon, comte de Bourgogne et sire de Salins, Jean de Chalon, comte d'Auxerre et Etienne de Chalon, sire de Vignory, Jean de Chalon, sire d'Arlay, tous héritiers de Jean de Chalon, s'associaient pour acquérir (le texte dit « conquérir par achat, par échange ou en tout autre manière ») et partager en trois parts égales les revenus et les charges « du puits à muire au bourg le comte », la propriété devant demeurer indivise[7]. En 1290, la famille comtale tentait de renouveler, envers le puits à « muire », l'opération qui avait si bien réussi en 1241 à l'égard de la grande saunerie. En 1267, dans son testament, le comte Jean de Chalon avait partagé la grande saunerie en trois parts entre les héritiers issus de ses mariages successifs[8]. Ceux-ci formèrent désormais les parsonniers du Bourg-Dessus. Au Puits à « muire », la situation était différente, archaïque, et la « muire » continuait d'être exploitée par une association qui regroupait plus de 150 copossesseurs[9]. La famille de Chalon y acquit cependant un droit de regard car elle aurait réussi à s'y constituer, avant 1290, un *mansus indominicatus* qu'un seigneur reprit en fief de Jean de Chalon-Arlay en 1287[10].

A Lunebourg, le puits était appelé *Sod* et des galeries souterraines *(Fahrten)* y rassemblaient plusieurs sources éloignées. Au-dessus du puits avait été construit un bâtiment, la *Küntje*. En 1269, le duc de Braunschweig-Lüneburg fit ouvrir une nouvelle source à 500 m de l'ancien puits devenu l'*alte Sülze*. A la fin du XIVe siècle, les « muires » de la nouvelle source furent dérivées dans le vieux puits[11].

A Droitwich dans le Cheshire les sources salées étaient captées dans trois puits, *Upwich, Middlewich* et *Netherwich* dont le nom dérivait de leur localisation par rapport à la rivière Salwarpe qui traversait la ville. La « muire » ou *brine* était puisée et mesurée en *vats (plumbi* en latin) ainsi constitués : 1 *vat* contenait 12 *wickerburdens* ou *wickerbrine*, chacun de ceux-ci tenait 18 *vessels* ou *burdens* de 32 gallons. Un vat faisait 6 912 gallons ou 31,38 hl[12]. Il était facile de diviser le *vat* en demi, tiers, quart ou en parts plus petites encore pour répartir la saumure entre les ayant-droits. L'information la plus ancienne sur la saline de Droitwich remonte au *Domesday Book* qui indique que le roi et 71 manoirs des comtés voisins détenaient des droits dans le bourg saunant, le roi ayant 149,5 parts et les manoirs 76,5 sur un total de 236[13]. Du XIIe siècle, on ignore tout, mais en 1215 le roi Jean octroya une charte de franchise au bourg qu'il confia aux bourgeois avec les puits et les droits *(Salsae)* contre une rente annuelle de 100 livres. Le bourg perçut alors directement

6 Hocquet (6 – 1991).
7 Gauthier *et al.* (3 - 1908), p. 389.
8 Prinet (6 – 1898), p. 71–72, Dubois (6 – 1976), p. 522.
9 Locatelli et Brun (3 – 1991), p. 43.
10 Dubois (6 – 1981), p. 71.
11 Witthöft (6 - 1976B), p. 15–17.
12 Hocquet (5 - 1992) III, p. 14.
13 Darby *et al.* (3 – 197, p. 1), p. 252–3.

les *salsae* qui étaient assises sur chaque *vat* de saumure. La perception du droit était enregistrée dans des rôles (*salsae rolls)* dont le plus ancien date de 1274–76. Il en subsiste 49 jusqu'en 1432. Chaque rôle contient de 100 à 130 noms de bourgeois suivis de la somme payée sur la tenure mesurée en *vats*. Les rôles distinguent pour chacun les *vats* tenus par héritage, les achats et les locations. Les bourgeois avaient ainsi acquis le monopole de fabrication du sel, mais à partir du milieu du XIVe siècle quelques seigneurs des manoirs jadis détenteurs de parts élurent domicile dans le bourg pour obtenir et la saumure et le droit de bourgeoisie. Les titulaires des *vats* devaient faire la preuve de leur titre avant que commençât la saison de cuite, en juin quand s'atténuait le danger d'infiltration des pluies et que la saumure montait en degré (elle prenait fin en décembre). Ils annonçaient alors combien de *vats* ils entendaient bouillir. La saison de cuisson était divisée en 12 périodes appelées *weeken brine*, qui correspondent à la division du *vat*, et chaque utilisateur recevait pour un *weeker burden* 18 vaisseaux, 6 puisés au sommet, 6 à mi-profondeur, 6 au bas du puits, pour obtenir une saumure de qualité moyenne[14].

L'exploitation

Au Moyen Âge, il semble que le bassin de Salies était cédé aux enchères à des adjudicataires qui vendaient les parts de saumure aux « portionnistes » qui cédaient leurs billets aux « façonneurs » ou salineurs. Le salineur achetait son eau salée et chacun y trouvait son profit, les portionnistes, les fermiers et le vicomte. Le statut de portionniste n'est rien moins que clair et s'il a donné naissance à une corporation de part-prenants héréditaires au bénéfice de l'aîné de la famille, il a engendré une durable polémique locale dont les échos sont loin d'être apaisés[15]. La corporation apparut peut-être dans la seconde moitié du XVIe siècle (Ordonnance de 1587) et la meilleure description de son fonctionnement a été donnée par le baron de Dietrich en 1786 seulement. Pour être portionniste, il fallait être né à Salies de parents salisiens. La fontaine était vidée chaque semaine et une portion ou « compte » était composée de 26 *sameaux* ou seaux. Tous les chefs de famille ne pouvaient accéder la même semaine à la fontaine, ils y participaient à tour de rôle et comme la fontaine produisait chaque semaine de 80 à 100 « comptes », chacun pouvait espérer recevoir 4 ou 5 comptes dans l'année. Un compte de 26 *sameaux* produisait à la cuisson 24 à 26 sacs de sel de 50 livres[16]. On connaît mieux le mode d'extraction de la saumure qui provoquait une grande pagaille : en effet, les eaux salées de la fontaine, plus denses, étaient recouvertes par une couche d'eau douce venant sur la place du ruissellement des toits et des rues alentour. Les deux couches d'eau ne se mélangeaient pas, grâce à leur différence de densité (l'eau salée est plus lourde) et toute l'habileté des tireurs d'eau consistait à aller chercher les premiers la saumure en profondeur, sous l'eau douce, et à confier

14 Berry (6 – 1957), p. 9–48.
15 Labarthe (6 – 1981), p. 42–43.
16 De Dietrich (3 – 1786), p. 433–4.

les seaux à des porteurs qui se relayaient en courant pour porter les sameaux dans les réservoirs des façonneurs de sel. En une heure de temps, le bassin était vidé.

A Halle aussi la saumure était convoyée aux sauneries par des porteurs dans de lourds cuveaux accrochés à des fortes branches tenues à l'épaule[17]. Il est rare pourtant que l'on trouve ailleurs des traits aussi archaïques. A Salins comme à Lunebourg, la saumure était distribuée aux sauneries par des canalisations de bois, *canales* à Salins, *Wege* à Lunebourg, ce qui résolvait bien des problèmes de manutention et de main-d'œuvre.

Au puits à « muire » de Salins, au XIIIe siècle, la saumure était extraite au moyen de trois perches chargées de fournir 57 *meix* subdivisés en parts, quartiers, demi-quartiers et *seilles*, le *meix* comprenant en principe quatre quartiers de 30 seilles ou 120 seilles. Un tel mode de compter favorisait les divisions puisqu'en 1267 les 57 *meix* étaient répartis entre 143 possesseurs laïques et 24 églises, les *meix* numérotés 31 et 32 appartenaient à 15 et 14 propriétaires différents. Les laïcs possédaient en moyenne 13,5 seilles chacun, les parts ecclésiastiques s'élevaient à 24,5 seilles. Or le *meix* désignait le volume de « muire » nécessaire pour cuire un bouillon dans la poêle. Le très grand morcellement de la propriété de la « muire » dès le milieu du XIIIe siècle aurait entravé la production du sel si celle-ci n'avait été gérée par neuf régisseurs (« moutiers ») seulement. Cependant le fractionnement ne s'arrêtait pas là, car de nombreux *meix* étaient chargés de cens en faveur d'églises ou de laïcs, cens qui pouvaient prendre la forme de redevances en bouillons[18]. On ne sait rien de l'origine seigneuriale de ces rentes et cens, mais en 1267 ils étaient d'institution déjà ancienne, le fractionnement témoignant de l'ancienneté des partages successoraux. Le remarquable dans cette organisation sociale, c'est, avant leur retour en 1290, l'absence des grands qui n'ont, semble-t-il, gardé que les *meix* de « la Domaine », et une société qui, dès le milieu du XIIIe siècle, juxtaposait le monde monastique, surtout cistercien, les chevaliers de la région, le Vignoble, et des notables de Salins[19].

Il faut maintenant s'interroger sur la fonction de la rente dans les salines et cesser d'y voir un effet de la générosité ou de la charité chrétienne. À Lunebourg par exemple, on voit le monastère de Wienhausen acheter à un bourgeois « dimidium plaustrum salis quolibet flumine tollendum », un demi-char de sel de chaque *Flut* à prendre « in salina Luneborch in domo Hinxte in sartagine Gunchpfanne ad dextram manum in introitu huius domus »[20]. Le prix d'achat n'est pas signalé car ces transactions donnaient souvent lieu à deux chartes, l'une spécifiant la vente par le salineur, l'autre l'achat de la rente par son bénéficiaire. La rente est cependant toujours constituée contre un apport de capital : en 1257, Jean de Chalon vendait à l'abbaye cistercienne de Bellevaux une rente de six bouillons à percevoir trois fois par an pour 600 livres

17 PIECHOCKI (6 – 1981), p. 14.
18 DUBOIS (6 – 1991), p. 303–19.
19 DUBOIS (6 – 1981), p. 70.
20 BACHMANN (6 – 1983), p. 24.

estevenants ; entre 1250 et 1300, cette abbaye aurait dépensé plus de 3 500 livres en acquisitions diverses, quitte à emprunter 1 220 livres pour acheter cinq montées de « muire » à Lons-le-Saunier[21]. À Lunebourg, on observe la même chose et on peut même distinguer deux objectifs dans l'achat des rentes, d'une part un placement pour le crédirentier qui investit son capital dans une saline déjà établie, d'autre part un emprunt pour le débirentier qui doit faire face à des coûts de production élevés ou procéder à la modernisation de son installation. De toute façon, la rente fonctionne comme une action qui représente un apport de capital dans des entreprises exigeant de lourds investissements. À Lunebourg, tous les porteurs de rente formaient le groupe des *Sülzbegüterten*, qu'ils aient investi leur capital dans le puits, les canalisations, les chaudières ou les sauneries. Parmi ce groupe, les ecclésiastiques étaient si nombreux que la saline avait mérité le nom de « saline des Prélats ». Confondus, les établissements religieux possédaient 50 % des poêles et contrôlaient 81 % de la production, les monastères cisterciens détenaient 9 % des poêles et 9,75 % du capital de la saline (10 % de la production). Le revenu total de la saline s'élevait à 57.840 Mark en 1370[22].

Malgré la similitude des conditions techniques et économiques, les diverses salines européennes ont suivi des voies divergentes en matière d'organisation sociale, en fonction en particulier de la puissance ou de la faiblesse du pouvoir politique et de son aptitude à ériger un monopole du sel. Quelquefois, le magnat était dépossédé par la commune, ou le roi préférait remettre la gestion de son bien à une bourgeoisie urbaine, ailleurs le prince était assez fort pour récupérer l'intégralité d'un bien autrefois confié à une foule de rentiers, les communautés montagnardes parvinrent à conserver leurs privilèges en dépit du retour d'un pouvoir princier, mais partout la rente a subsisté, moins par ses caractéristiques féodales (achat de fidélités et aumônes) que pour les nécessités de l'investissement capitaliste dans des entreprises qui se présentaient dès le Moyen Âge comme de puissantes industries intégrées qui avaient besoin d'argent frais pour renouveler leur matériel. Cette rente était pourtant mal dégagée de l'arrière-plan féodal, car elle se présentait toujours comme perpétuelle. Enfin, le seigneur, le comte, le prince, prenaient bien soin dès le milieu du XIIIe siècle de ne plus assigner en rentes des biens de production et ils transformaient les rentes en nature en rentes en argent avant de procéder à leur rachat au siècle suivant. Seules les villes quasiment indépendantes (Lunebourg par exemple) purent sauvegarder un système qui, quelques siècles plus tard, au XVIIe, s'avéra dispendieux. La multiplicité des

21 Hocquet (5 – 1992).
22 Volk (6 - 1984), p. 135–7.

rentes obéra alors tellement les coûts de production que les sauneries affichèrent des bilans lourdement déficitaires.

Première publication : « Partages et rentes des fontaines salées en Europe occidentale au Moyen Âge », p. 13–27, in *Le contrôle des eaux en Europe occidentale (XIIe-XVIe siècles),* Proceedings Eleventh International Economic History Congress, Milan 1994.

Publié dans J-C Hocquet, *Le sel, de l'esclavage à la mondialisation,* CNRS éditions, Paris 2018, p. 59–70.

9

L'HARMONISATION DES POIDS ET MESURES, OUTIL DE L'UNITÉ ALLEMANDE AU XIXE SIÈCLE

Les deux mots *Integration* et *Harmoniesierung* méritent une exégèse historico-sociologique afin de bien poser les termes du sujet. Intégrer désigne l'action de former un ensemble cohérent à partir d'éléments disparates et d'origine diverse. L'intégration consiste à assimiler des éléments hétérogènes pour en faire un système unifié au sein d'un corps social, d'un État ou d'une nation, voire aujourd'hui d'une communauté plus vaste. Harmoniser, c'est introduire de l'ordre dans ces éléments disparates pour atteindre un objectif commun aux diverses composantes de la nation en formation. L'harmonisation serait alors la voie privilégiée de l'intégration. Cependant, dans le futur empire allemand, en l'absence d'un pouvoir unique et centralisateur, quand les premières ébauches unitaires prennent la forme de « confédérations », l'harmonisation a dû parcourir une étape supplémentaire, puisqu'il a d'abord fallu unifier les poids et mesures dans chacune des principautés territoriales ou États avant de songer à procéder à l'unification à l'échelle de l'empire en voie de constitution. « L'histoire des poids et mesures en Allemagne se présente aux XVIIIe-XIXe siècles comme un effort ininterrompu pour préserver des unités uniques, comparables et légitimes »[1].

L'harmonisation aurait représenté une première étape au cours de laquelle chaque État constitué sur le territoire du futur empire allemand se serait efforcé de se donner un système unique de poids et mesures, fondé non pas sur le mètre, mais sur une mesure fondamentale, de caractère historique et ancestral, bien enracinée par les siècles dans les usages locaux, au risque de consolider les particularismes et les différences avec les États voisins. La situation était d'autant plus difficile que chaque système avait des racines purement régionales et qu'il n'existait aucun pouvoir national pour introduire des réformes nationales. L'intégration, au contraire, coïncide avec l'unification, la constitution d'un nouvel État rassemblant, au sein d'une nation nouvelle, ce qui était auparavant une mosaïque territoriale,

1 « Die Geschichte des Maß- und Gewichtwesens in Deutschland sich darstellt im 18./19. Jahrhundert als ein ununterbrochenes Bemühen um die Bewahrung einheitlicher, vergleichbarer und rechtmäßiger Einheiten » [WITTHÖFT (3 – 1991–93) vol 2, P. 591].

DOI: 10.4324/9781003322733-12

politique, sociale ou intellectuelle. Ce nouvel État s'impose au détriment des autres, en matière de poids et mesure, il ne cherche plus l'harmonisation ni à concilier des instruments de mesure hétéroclites, il adopte d'emblée le système décimal fondé sur le mètre dont l'entrée en vigueur, préparée pendant deux décennies, coïncide avec la proclamation de l'Empire, à quelques mois près. En ce sens deux révolutions sont accomplies simultanément, l'une politique, l'unification et la fondation de l'empire, l'autre scientifique et culturelle, l'adoption du système métrique décimal commun à toutes les populations du nouvel empire. L'exemple allemand illustre parfaitement l'impossibilité d'emprunter la voie de la réforme des anciens poids et mesures pour aboutir à un système unifié, car aucun des éléments anciens retenus ne pouvait se prévaloir d'une quelconque supériorité scientifique ou naturelle sur ses concurrents.

Les états et les tentatives d'harmonisation

L'harmonisation fut souvent le fait du pouvoir, pas nécessairement d'un pouvoir politique unifié, centralisateur, capable de définir une politique cohérente en matière de poids et mesures puis d'imposer à tous les décisions prises, plus souvent d'un pouvoir en train de se renforcer en se dotant d'instruments nouveaux d'administration. Elle répond à une volonté de clarification et de simplification. Cette volonté a constamment accompagné la prolifération des poids et mesures. La prolifération était telle, elle engendrait un tel sentiment de chaos qu'elle faisait naître simultanément des tentatives diverses, pour des motivations diverses, pour introduire de l'unité. Ceci est vrai des mesures affectées aux biens qui circulent, des poids et mesures utilisés dans les transactions commerciales, ainsi des mesures de capacité employées dans la production et le commerce des grains, des biens appelés à circuler sur le marché local, régional ou international, où il a fallu introduire ordre, simplification et hiérarchie. Dans le champ des mesures agraires, des mesures de surface utilisées dans les campagnes pour des biens immobiliers, prés ou champs, vignobles ou vergers, les paysans s'accommodaient de mesures diverses, adaptées à leur travail, au relief, à l'exposition ou à la fertilité des sols, l'État fiscal introduisait les mesures savantes de l'arpenteur pour réduire les mesures paysannes à une unité servant d'assiette commune au calcul de l'impôt foncier.

Voici un exemple d'harmonisation : au plus tard au XVe siècle, l'ensemble des cités maritimes qui formaient la Hanse, riveraines de la Baltique ou de la mer du Nord, ont adopté une mesure de marine unique, le last (*Schiffslast*).

« Le last de harengs, durant tout le XVe siècle, est bien quantifié : 12 barils de harengs de Rostock au contenu de 120 litres pèsent brut environ 158 kg chacun, soit ensemble 1 896 kg. Ce last fut utilisé en 1412 à l'assemblée des villes réunie à Lunebourg. Un projet d'ordonnance sur la construction navale dans les ports hanséates y fut enregistré. Cette assemblée fut fréquentée par des représentants des villes prussiennes, baltes, wendes, westphaliennes, saxonnes et rhénanes et par le marchand allemand de Bruges, il faut admettre qu'on utilisait le Last le plus connu et diffusé, pour prendre une telle décision »[2].

Dans l'Allemagne des XVIIIe et XIXe siècles, la politique d'unification des poids et mesures a occupé une grande place dans les préoccupations des différents États successivement, dans celles des confédérations et du *Zollverein* et, enfin, du Reich unifié, et dans la constitution d'une nation allemande, de son genre de vie, des modes de pensée des élites intellectuelles. Les obstacles à surmonter étaient nombreux car, d'une part, l'harmonisation des poids et mesures précéda l'unité territoriale, nationale et politique, d'autre part, on cherchait à éviter le ralliement au système métrique tenu pour un système étranger, créé par les Français. Plus grave encore, dans le futur empire allemand, l'unification des poids et mesures a été retardée par une volonté d'harmonisation préalable qui a essayé d'introduire un ordre dans les éléments disparates antérieurs existant dans chacune des principautés. Quatre étapes ont jalonné l'instauration d'un système unifié de poids et mesures dans ce pays. La première étape vit l'introduction d'un système de mesures unifié dans les différents États qui formaient alors l'Allemagne, et ce système était souvent fondé sur les poids et mesures de la capitale de ces États. Un pas décisif fut accompli ensuite avec la création du poids de 500 g par le *Deutscher Zollverein* en 1839, précédé par les accords monétaires de 1837/38 qui avaient imposé le *mark* prussien comme poids monétaire commun aux divers États. Puis le système métrique fut adopté par le nouvel empire allemand dans les années 1868–1872. Enfin, en 1908, la Bavière renonça à son particularisme et à ses privilèges.

Au XVIIIe siècle, à un moment où aucun État européen n'avait encore exploré la voie de l'instauration d'un système unique, prit place la première tentative (1760–61) pour faire du marc de Cologne, déjà adopté par les monnaies de Lüneburg, Leipzig et Francfort/Oder, le poids monétaire commun à tout l'Empire, avec une valeur de 5/6 du poids de Vienne.

Les exigences de la navigation fluviale

Au XIXe siècle, l'unification des poids et mesures se heurta à un grave obstacle. Fallait-il adopter le seul système unifié inventé jusqu'alors ? Ce système souffrait d'une tare originelle : élaboré par la Révolution française, il aurait pu être emporté par la défaite napoléonienne. Il commença par susciter d'âpres

2 « Die Heringslast läßt sich für das ganze 15. Jahrhundert recht gut quantifiziert : 12 × Rostocker Heringsband à 120 l Inhalt oder ca. 158 kg Bruttogewicht gleich 1896 kg. Diese Last wurde 1412 im Rezeß der sehr gut besuchten Städteversammlung zu Lüneburg benutzt. Ein Verordnungsentwurf der Hansestädte über den Schiffbau wurde protokolliert ». Thomas Wolf schreibt : « Da dieser Hansetag von preußischen, baltischen, wendischen, westfälischen, niedersächsischen und rheinischen Städten sowie dem deutschen Kaufmann zu Brugge besucht war, darf angenommen werden, daß man die bekannteste und am weitesten verbreitete Lastgröße benutzte, um eine solche Bestimmung zu erlassen [Wolf, (6 – 1986) 67] ; sur la généralisation du tonneau de Rostock dans la Hanse [Jahnke (6 2009)].

querelles entre les États allemands. Il souffrait d'avoir été trop étroitement lié à l'occupation napoléonienne et au redécoupage autoritaire des États allemands. En 1806 par exemple, la Bade, « qui ressentait la nécessité de se fixer un objectif, à cause de la diversité des poids et mesures dans les nombreux territoires qui avaient grandi ensemble dans le nouveau grand-duché, invitait plusieurs de ses voisins à instaurer un système unifié de poids et mesures »[3]. En 1810, à Francfort, la constitution octroyée par Napoléon « pour le bien du grand-duché » était suivie de l'adoption du système de poids et mesure en usage en France *(§. 16. Le système de poids et mesures qui régit la France doit être adopté dans tout le grand-Duché...)*. Cette politique était téméraire, le succès du système métrique était rien moins qu'assuré en France même, où Napoléon, pour tenter de surmonter les résistances, se résignait au compromis de 1812 en autorisant l'usage du vocabulaire ancien pour désigner les nouvelles mesures. Le nouveau système suscitait des résistances d'ordre politique, il s'était voulu à l'origine régi par « une arithmétique républicaine » qui avait triomphé de siècles d'obscurantisme et du « joug tyrannique de nos vieilles lois gothiques et barbares », l'adopter exprimait une forme d'adhésion au nouveau régime, le refuser affichait l'expression de l'opposition politique à la Révolution[4]. À l'époque cependant, chacun des nombreux États allemands demeurait souverain et conduisait à l'intérieur de ses frontières sa propre réforme des poids et mesures sans égard pour le voisin : en 1806, le Wurtemberg restaurait les poids et mesures de 1557, en 1809, la Bavière adoptait comme unité de longueur, l'antique pied bavarois de 12 pouces de 12 lignes (0,29186 m), et comme unité de poids, la livre de Munich, en 1810, la Bade introduisait un nouveau système avec division décimale, dont l'unité de longueur était le pied de 30 cm, celle de volume, 1/18 pied cube (1,5 litre), Certains reprochaient aux pays limitrophes de la France, la Bade, le Wurtemberg, le grand-duché de Francfort, leur trop grande sensibilité à l'influence française et posaient la question : « Les astronomes français connaissent-ils mieux nos besoins que nous-mêmes ? ». Dès 1814 des patriotes voyaient dans l'adoption d'un système unifié de poids et mesures une condition préalable nécessaire à la conclusion d'accords commerciaux entre les principaux États allemands. Von Fahnenberg, *referendär* du grand-duché de Bade écrivait dès 1814:

> « Aujourd'hui, l'unité du système de poids et mesures dans notre patrie allemande doit relever encore longtemps de la catégorie des vœux pieux, pourtant il serait au moins très convenable que les plus grands États

3 "*Das die Notwendigkeit fühlte, der Verschiedenheit von Maas und Gewicht in dem aus so vielen Territorien zusammengewachsenen Neuen Großherzogthum ein Ziel zu setzen, (machte) Einladungen an mehrere Nachbarstaaten, ein gemeinschaftliches Maas und Gewicht aufzustellen*" [Witthöft (5 – 1991–93) 2–592, citant Lips (1837), p. 29].

4 Marec (6 - 1989), Marec (6 - 1990), p. 143–4.

allemands, liés entre eux par d'étroites relations commerciales, puissent s'unir sur un système commun de poids et mesures »[5].

En 1816, dans l'excitation qui suivit le congrès de Vienne, le roi de Prusse, informé que le mètre n'était pas une unité scientifiquement irréprochable[6] - il comportait une faible marge d'erreur - adoptait dans *l'Ordonnance des poids et mesures* un système clos fondé sur le pied rhénan de 1773 et instituait une cour étatique de l'étalon.

Tab. 1 les poids et mesures en 1816

Meile (mile)	1						
Ruthe (perche)	2 000	1					
Lachter (toise)			1				
Faden (brasse)		2		1			
Berliner Elle (aune)					1		
Preußischer Fuß (pied)		12		6		1	
Zoll (pouce)			80		25 ½	12	1
Linien (ligne)							12
Linien des pariser Fußes						139,13	

On ne voulait pas reconnaître l'usage du mètre, mais on prenait dans les relations scientifiques car il était bien connu le pied du roi de Paris[7], les différents corps de métier avaient une mesure propre, ainsi la perche ou Ruthe de 12 pieds pour les arpenteurs, l'aune de Berlin de 25 ½ pouces, la brasse (Faden) de 6 pieds des gens de mer, la toise (Lachter) des mineurs faisait 80 pouces (Zolle) et elle était divisée en 8 centièmes (Achtel). La complexité des mesures de longueur, qui ne formaient même pas un système de compte unique, les unes étaient des multiples du pied, d'autres du pouce, entraînait celle des mesures de surface (carré de l'unité de longueur) et surtout de volume (cube de l'unité de longueur) où le Quart constituait en réalité le tiers du minot (Metze), parce qu'on voulait disposer, comme par le passé, des anciens diviseurs 12 et 16, c'est-à-dire des séries arithmétiques fondées sur deux et trois.[8]

5 « Sollte nun auch Einheit im Maas- und Gewichtswesen in unserem teutschen Vaterlande noch lange unter die frommen Wünsche gehören, so würde es doch wenigstens sehr zuträglich seyn, wenn die größern Staaten Teutschlands, die miteinander in einem steeten Handelsverkehre stehen, sich über ein allgemeines Mass und Gewicht einigen könnten ».

6 En 1816, le Staatsministerium écrivait au roi de Prusse : « (Es) ist nicht zu leugnen, daß ein möglichst Maaß und Gewicht sehr wünschenswerth wäre ; allein die (in) Frankreich angenommene Einheit der Meter ist keine absolute Einheit und das darauf gebaute neue System hat bis jetzt noch nicht wirklich in Frankreich eingeführt werden können... » [WITTHÖFT (6 - 1992) 61].

7 *Der in wissenchaftlichen Verhandlungen allgemein bekannten pariser Fuß.*

8 HOCQUET (6 - 1990F).

Tab. 2 mesures de capacité

Berliner Scheffel	1		
Metze	16	1	
Quart	48	3	1
Kubikzoll	3072	192	64

Le seau (Eimer) fait 60 quarts de Berlin, la somme (Oxhoft) en fait 3, le Ohm 2, un demi-seau constitue un Anker. Le tonneau de bière fait 100 quarts, le tonneau qui mesure le sel, la craie, le plâtre, le charbon et le charbon de bois, la cendre et autres produits secs, contient 4 boisseaux berlinois (Berliner Scheffel). Les graines de lin sont également pesées à la tonne, mais 24 de ces tonnes font 56,5 boisseaux berlinois[9].

Die M.u.G.O.[10] du 16 mai 1816 s'efforçait d'édifier un système clos où l'unité de longueur donnait l'unité de masse:

> « Le poids d'un pied cube prussien d'eau distillée sous vide à une température de 15° du thermomètre à mercure de Réaumur est divisé en 66 parties égales. Une telle partie est la livre prussienne. La moitié de cette livre est égale au marc de Cologne utilisé jusqu'à présent par la Monnaie de Prusse »[11]

L'ordonnance abolissait aussi certaines mesures anciennes, par exemple « les pierres et livres de marine, la livre carnassière, la double division du mark en 24 carats pour l'or et en 16 lots pour l'argent ne devaient plus avoir cours, mais les joyaux continueraient à être évalués en carats. Enfin, 110 livres sont comptées pour un cent prussien »[12].

L'acte de fondation du *Bund (Bundesakte*, Vienne, 8. Jun. 1815) avait engagé ses membres à se consulter dès la première assemblée de la confédération à

9 « Der Eimer enthält sechszig Berliner Quart, ein Oxhoft enthält drei, ein Ohm zwei, ein Anker ein halben Eimer. Die Biertonne enthält einhundert Quart. Die Tonne zum Messen des Salzes, des Kalks, des Gipses, der Stein- und Holzkohlen, der Asche, und anderer trocknen Waaren, enthält vier Berliner Scheffel. Die Leinsaat-Tonne macht jedoch hiervon eine Ausnahme (vier und zwanzig solche Tonnen enthalten sechs und fünfzig und ein halben Berliner Scheffel) ».

10 M.u.G.O. = Maß- und Gewichtordnung.

11 « Gewicht eines Preußischen Kubikfußes destillirten Wassers, im luftleeren Raume bei einer Temperatur von fünfzehn Graden des Reaumürschen Quecksilber-Thermometers wird in sechs und sechzig gleiche Theile getheilt. Ein solcher Theil ist ein Preußischen Pfund. Die Hälfte dieses Pfundes kommt genau mit der bisher bei dem Preußischen Münzwesens üblichen köllnischen Mark überein... »

12 « Steinen und Schiffpfunden, das besondere Fleichergewicht, die doppelte Eintheilung der Mark für Gold in 24 Karate, für Silber in 16 Lothe sollte nicht mehr gebraucht, Juwelen aber werden auch ferner nach Karaten. Endlich ein hundert und zehen Pfunde sind ein Preußischer Centner » [WITTHÖFT (5 – 1991–93) II, 675–8].

Francfort sur les questions du Commerce et du Trafic entre les différents États de la confédération, et sur la Navigation. Quand ceux-ci se réunirent à Dresde pour examiner la navigation sur l'Elbe, ils décidèrent que les douanes seraient calculées et acquittées d'après le poids, mais le cent de Hambourg pesait 112 livres, assez voisin du cent de Prusse et de Leipzig qui valait 116 livres, tandis que le cent de Vienne était compté pour 96 5/8 livres. De même, pour les mesures de longueur, 100 pieds de Hambourg faisaient en Prusse 91 1/9 pieds. Une réunion semblable qui assembla les riverains de la Weser[13] choisissait les poids et mesures de Brême, mais en donnait la conversion métrique[14].

Il est remarquable que la Prusse qui avait aboli le *Schiffspund* signait un traité de navigation rétablissant cette mesure navale. En 1831, le *Rheinschiffahrtsvertrag* engageait tous les États riverains allemands, Bade, Bavière, Hesse-Darmstadt, Nassau, Prusse, auxquels s'étaient joints les Pays-Bas et la France à « lever les taxes et douanes d'après le poids du cent (art. 14). Le cent devait peser 50 kg au poids français ou néerlandais »[15].

Le système métrique décimal faisait donc son entrée par la petite porte, à la faveur d'un traité international où la France était partie, encore ne s'agissait-il pas du système métrique, mais du *Zentner* qui n'est pas une unité répertoriée dans le système décimal, dont on donnait la conversion dans l'unité de masse du système métrique décimal. En 1838, un amendement à l'acte de 1831 introduisait pour la première fois une mesure métrique de longueur : l'enfoncement des bateaux du Rhin serait d'un commun accord mesuré en décimètres[16].

En 1833 dans les négociations de l'accord douanier signé par la plupart des États allemands, les signataires adoptaient pour poids commun dans leurs échanges « le cent du grand-Duché de Hesse, dérivé du cent de Bade et qui pèse 100 livres, cette livre vaut un demi-kg français. L'article 14 du traité instituant l'union douanière (*Zollverein*) obligeait les États contractants à adopter un même

13 « Im 1821–22 zur Vollziehung des 108ten Artikels des am Kongresse zu Wien unterzeichneten Hauptvertrages wurde in Dresden die Elbe-Schiffahrt-Akte abgeschlossen. Beteiligt sind Österreich, Preußen, Sachsen, England (für Hannover), Dänemark (für Holstein und Lauenburg), Mecklenburg-Schwerin, Anhalt (Bernburg, Köthen und Dessau) und Hamburg. Die Zölle werden nach dem Gewichte berechnet und erlegt, dabei aber der Hamburger Zentner zu 112 Pfund, welcher ungefähr mit 116 Pfund Preußischem und Leipziger, oder mit 96 5/8 Pfund Wiener Gewichts gleich ist... Beim Längenmaaße wird der Hamburger Fuß gebraucht, wovon 100 zu 91 1/9 Preußische gleich sind... Der Weser-Schiffahrtakt (1823–24) zwischen sämtlicher Weser-Uferstaaten ».

14 « Der Bremer Fuß zu 289 7/20 Millimeter, das Schiffspfund zu 300 Bremer Pfunden (1 = ½ kilogramm minus 3 pro mille) ».

15 « Schiffsgebühr und Zoll werden nach Zentnergewicht erhoben (Art. 14). "Unter dem Zentner wird das Gewicht von Fünfzig Kilogrammen Französischen Gewichts oder Fünfzig Niederländischen Gewichts verstanden ».

16 « Für die konventionsmäßige Aichung der Schiffe von Dezimeter zu Dezimeter, von ihrer geringsten bis zur höchsten Ladungs-Einsenkung ist die stereometrische Vermessung des Schiffsraumes von innen, als allein gültige Methode, von allen Uferstaaten angenommen ».

système de monnaie, poids et mesure, en particulier dans les négociations douanières[17]. Cependant, en 1839, tous les États entrés dans l'Union douanière se mirent d'accord sur le poids de 500 g et le cent de 50 kg.

Deux poids coexistaient, « à côté du cent prussien, il y avait le cent de la douane » mais l'adoption de la livre de 500 g ouvrait la voie à l'introduction du système métrique en Allemagne d'autant plus que le nouveau poids avait été adopté pour la navigation du Rhin puis en 1848 par l'ensemble des chemins de fer, ensuite pour les envois postaux, les Monnaies, les poids médicinaux.

La juxtaposition, juridiquement fondée, de la monnaie, des poids et des mesures, trois fonctions de l'État, souligne l'intérêt économique et commercial de ces tentatives d'unification. Les premiers résultats du *Zollverein* répondaient aux vœux exprimés par les intellectuels allemands:

En 1837, Alexander Lips écrivait son libelle, *Der deutsche Zollverein und das deutsche Maas-, Gewicht und Münz-Chaos*, dont il considérait le caractère rébarbatif, mais la nouvelle institution conduisait à la réconciliation (des peuples allemands)[18]. En 1840, C. F. Nebenius publiait une étude et voyait dans les relations « qui fondaient le *Zollverein* une voie qui rendait plus faciles les échanges commerciaux grâce aux conventions sur un système commun de monnaies, poids et mesures »[19].

Le *Zollverein* réalisait pourtant, comme l'ordonnance prussienne de 1816, un malheureux compromis avec les divisions par trois et seize : la livre douanière (*Zollpfund*) était égale à 30 ou 32 *Lot* et à 500 g, un *Zollzentner* faisait 100 *Pfund.* Toutes ces réformes un peu brouillonnes, accomplies au nom de la souveraineté des États, maintenaient un nombre élevé de mesures différentes et on comptait dans les territoires qui allaient bientôt former l'empire allemand plusieurs centaines de mesures du pied (*Fuß*) comprises entre 221 et 526 mm, autant d'aunes (*Elle*) entre 500 et 835 mm et bien entendu un même nombre de *Klafter* à quoi il convient d'ajouter les mesures de capacité, souvent distinctes pour les liquides et les solides, et les différents modes de compter, duodécimal, sexagésimal ou décimal. Les Allemands expérimentaient ce que les Français avaient constaté au siècle précédent, les systèmes de poids et mesures ne se réformaient pas, il fallait les jeter bas.

Au début du XIXe siècle, tous les pays allemands avaient commencé à l'intérieur de leurs frontières à unifier et consolider leurs unités de mesure.

17 Artikel 14 des Zollvereins-Vertrag nahm folgende Bestimmung auf : "Die kontrahierenden Regierungen wollen dahin wirken, daß in ihren Ländern ein gleiches Münz-, Maß- und Gewichtssystem in Anwendung komme, hierüber sofort besondere Verhandlungen einleiten lassen und die nächste Sorge auf die Annahme eines einheitlichen gemeinschaftlichen Zollgewichts richten".

18 Lips (3 - 1837).

19 Witthöft (6 - 1992), p. 56. Nebenius (3 - 1840).

Tab. 3 La diversité allemande au commencement du XIXe siècle

1806	Wurtemberg	vieux poids et mesures de 1557	
1809	Bavière	ordonnance royale jusqu'en 1872	
		mesure de longueur, le vieux pied bavarois de 12 pouces de 12 lignes	0,29186 m
		unité de poids, la livre de Munich	560 g
1810	Bade	nouveau système et division décimale ; un pied =	30 cm
		mesure de volume = 1/18 pied cube	1,5 litre
1816	Prusse	ordonnance des poids et mesures mesure de longueur pied rhénan	
1817	Hesse	nouveau système de poids et mesures	
1858	Saxe	nouveau système de poids et mesures	
1834	Zollverein	*Zollpfund* = 30 à 32 Lot	500 g
		1 *Zollzentner*	100 *Pfund*

La création de l'empire et l'unification

En ce sens l'harmonisation était un échec qui retardait la révolution métrique. En fait la réforme était permanente, ce qui engendrait la pire des situations, chaque génération devait apprendre de nouveaux modes de compter pour utiliser les nouveaux systèmes réformés de poids et mesures, sans que jamais on aboutît à un système commun avec les États voisins. On aurait voulu hâter l'adoption du système métrique, on ne s'y serait pas pris autrement, les anciennes mesures n'avaient plus la justification de l'immuabilité, au chaos spatial se superposaient la confusion et l'absence de durée. Or, justement, le système métrique cessait à la même époque d'être un système purement français, pour devenir un système international et européen.

L'exposition universelle de Paris (1855), des congrès internationaux de statistique réunis en 1853 et 1855 avaient montré en effet que le système métrique devenait rapidement un système international qui perdait son caractère français et faisait naître, avec l'espoir de l'unification du système de mesures en Allemagne, la disparition d'un obstacle au développement du commerce international et de l'industrie[20].

Des organisateurs de ces manifestations, l'exposition et les congrès, formèrent une assemblée qui, sous la présidence du baron James de Rothschild, décida de créer dans la plupart des pays une société qui aurait pour mission d'introduire et de consolider un système universel de mesure.

20 « Es war für alle Mitglieder fühlbar geworden, wie sehr die Verschiedenheit der Maaße jede Art der Vergleichung erschwerte und für internationalen Handel und Industrie einen mißlichen Hemmschuh bildete ».

Les économistes, les ingénieurs, les architectes, les médecins, les maîtres d'école, les services des douanes et les fonctionnaires des impôts réclamaient tous l'unification et les brochures se multipliaient pour revendiquer l'abandon des anciens systèmes et vanter les mérites d'un système unifié. Le médecin Reinhold Köhler publiait à Erlangen en 1858 un libelle qui exigeait la réforme des poids médicinaux et dénonçait les erreurs et les inconvénients liés à l'usage du nouveau poids prussien en pharmacie[21]. L'Union des architectes et ingénieurs du royaume de Hanovre proposait un système unifié de mesures pour l'Allemagne, qui n'était pas nécessairement fondé sur le système français et un chercheur, Carl Anton Henschel qui avait travaillé aux salines de Kösen et de Sooden, proposait encore en 1855 « un système commode de poids et mesures fondé sur le pas naturel de l'homme »[22].

Cependant, l'adoption, en 1839, de la livre de 500 g « ouvrait la voie à l'entrée du système métrique en Allemagne » d'autant que le nouveau poids était immédiatement adopté dans la navigation fluviale sur le Rhin, puis en 1848 sur l'ensemble des chemins de fer, enfin, comme nous avons déjà eu l'occasion de le souligner, par les nouveaux services des postes et la pharmacie. Le système métrique était bien ce qui convenait le mieux aux secteurs les plus novateurs de l'économie capitaliste, notamment aux activités liées à la communication (les postes et les transports).

À l'assemblée fédérale de Francfort en 1860 la Bavière proposa de nommer une commission qui travaillerait à un système unifié de poids et mesures. Un journal, *Das erstattestes Gutachten*, signalait en 1861 que « de nombreux ingénieurs, des fabricants de machines, des auteurs d'ouvrages techniques se servaient en Allemagne de la mesure du mètre parce qu'ils sont plus sûrs et se comprennent mieux »[23]. Ce même journal recommandait l'adoption du système métrique comme le moyen le plus commode pour établir l'unité (allemande)[24].

Le rapport recommandait donc l'introduction du système métrique. En 1863, la commission proposait comme fondement d'un système unifié le mètre français comme unité de longueur et le demi-kilogramme pour les poids. La Prusse ne participait pas à cette délibération mais son ministre du commerce, de l'industrie et des travaux publics se ralliait rapidement à la décision et acceptait le mètre. En 1865, la Prusse rejoignait la commission.

Toutes les oppositions n'étaient pas vaincues, elles cristallisaient à présent sur la question de la division décimale,[25] certains, pour préserver le système duodécimal

21 Köhler (4 - 1858).

22 Henschel (4 - 1855).

23 « Viele Ingenieure und Maschinenfabriken so wie Verfasser von technischen Werken bedienen sich in Deutschland des Metermaaßes, weil sie sicher sind, damit überall verstanden zu warden » [Witthöft (6 - 1992), p. 66].

24 « Die Einführung des metrischen Systems als das geeignetste für die Herstellung der Einheitlichkeit » [Trapp (6 - 1979), p. 5].

25 Breithaupt (4 - 1849).

préconisaient la création d'un pied de 30 cm articulé sur une unité de longueur de 3 pieds[26]. Mais c'étaient là combats d'arrière-garde car, à ce moment-là, les Allemands étaient tout prêts à pardonner aux Français les menues erreurs qui s'étaient glissées dans le calcul du mètre ou du gramme, pour ne retenir à leur crédit que les bienfaits de la division décimale et l'abandon de « douze ».

Un rapport de la Fédération d'Allemagne du nord (1868) revendiquait pour le peuple allemand le droit d'exiger une seule mesure et un seul poids pour toute la nation et posait la question : « il ne s'agit plus de poser la question si nous allons adopter le système métrique, mais quand ? La réponse n'est pas difficile, elle s'appelle : immédiatement. Chaque jour où nous continuons d'utiliser les vieilles et mauvaises mesures et cent poids et mesures différents est une perte pour le capital national »[27].

La situation demeurait en effet caractérisée par une très grande confusion car, malgré les réformes, le nombre des mesures dans ce qui allait devenir l'empire allemand restait extraordinairement divers[28].

Ces efforts aboutirent en 1868 dans la fédération d'Allemagne du Nord à l'ordonnance des poids et mesures ou *M.u.G.O.*, tandis que la Bavière adoptait sa propre loi[29]. L'ordonnance introduisait l'étalon dans le domaine des poids et mesures pour la première fois sur le territoire allemand. L'étalon concernait les mesures de longueur, de capacité pour les liquides, de volume pour les marchandises sèches, les poids et balances, les thermomètres, les tonneaux pour le vin, les compteurs de gaz, la mesure des appareils, des récipients de verre, des tonneaux pour la bière et le cidre, des wagons et autres récipients pour les mines, des vases pour le commerce de gros et les consommateurs, le paiement des salaires en entreprise, etc. C'était un événement inestimable dans la vie quotidienne des populations.

L'ordonnance promulguée par le roi de Prusse le 17 août 1869 portait clairement une marque nationale allemande, dans les désignations autorisées pour les mesures métriques, mais on pouvait garder les noms traditionnels pour qualifier les poids et mesures du système décimal[30].

26 Henschel (4 - 1855).

27 « So könnte es sich also in der That gar nicht mehr um die Frage handeln, ob wir das metrische System einführen wollten, sondern nur, wann ? Die Antwort darauf sei nicht schwer zu geben ; sie heiße : sofort ! Jeder Tag, an dem wir noch in Deutschland die alten, schlechten und vor allen Dingen hundertfach verschiedenen Maaße und Gewichte im Gebrauche hätten, sei ein Verlust am Nationalvermögen ».

28 Trapp (6 - 1979) p. 4.

29 *Ibidem*, p. 6.

30 « Die Längemaaßeeinheit das Meter oder der Stab, das Zentimeter oder der Neu-Zoll, das Millimeter der Strich, zehn Meter eine Kette, die Einheit für die Flächenmaaße der Quadratstab, für die Körpermaaße die Einheit ist das Liter oder die Kanne, das halbe Liter heißt der Schoppen, hundert Liter ein Faß, fünfzig Liter sind ein Scheffel. Als Entfernungsmaaß dient die Meile von 7500 Metern ».

Quand la Bavière accepta en 1883 de laisser fonctionner sur son sol ce service national des poids et mesures qui estampillait tout ce qu'il vérifiait, elle renonçait de fait à ses privilèges abandonnés officiellement en 1908.

L'unification des poids et mesures avait progressé durant le XIXe siècle au même rythme que l'unification allemande. Elle avait triomphé des particularismes avec l'aide des nouveaux moyens de communication, les journaux ou les trains qui réduisaient les distances, elle avait été stimulée par le souci d'aménager les territoires allemands en tirant parti des fleuves et de la navigation, par la politique d'unification douanière, par la conclusion d'accords commerciaux entre les États obligés de recourir à l'unicité des mesures, par le renforcement des relations internationales avec les États étrangers voisins. Le non-recours à une mesure unifiée aurait obligé à adjoindre en annexes aux traités des volumes de milliers de pages qui auraient indiqué aux fonctionnaires chargés de veiller sur l'exécution de ces accords les nécessaires conversions entre les innombrables poids et mesures locaux. Comme en France au XVIIIe siècle, une législation qui s'étendait à un territoire toujours plus large obligeait à recourir à un système unique de poids et mesures

Traduit de l'allemand « Harmonisierung von Maßen und Gewichten als Mittel zur Integrierung in Deutschland im 19. Jahrhundert », 110–123, in E. SCHREMMER (Hg.), *Wirtschaftliche und soziale Integration in historischer Sicht*, 16. Arbeitstagung der Gesellschaft für Sozial- und Wirtschaftsgeschichte in Marburg 1995, VSWG-Beihefte, 128, Stuttgart 1996, 364 p

10

MÉTROLOGIE DE LA PÊCHE, LES POISSONS DU NORD, HARENG ET MORUE

La métrologie de la pêche peut s'entendre de plusieurs manières, aussi bien en terme de réglementation des outils de pêche, en particulier des dimensions des filets et de la largeur de la maille, ce qui répond à l'objectif de préserver les stocks de poisson et d'éviter les dangers de la surpêche, avec pour corollaire la taille des poissons pris, leur longueur, leur poids, leur âge, leur nombre, etc, qu'en terme de poids et mesures du poisson préparé à bord puis conditionné à terre et vendu sur les marchés. Nous examinerons les pratiques qui ont dominé dans les ports de la mer du Nord, surtout dans les ports harenguiers, en France et à l'étranger. Il nous a cependant semblé utile d'examiner deux poissons, le hareng et la morue qui se sont succédé sur les tables, le Moyen Âge a privilégié le hareng, poisson de longue conservation par le moyen du saurissage, tandis que les Temps modernes, grâce à la découverte des bancs de Terre Neuve, se sont davantage tournés vers la morue consommée de préférence sèche dans le Midi et dans le Nord. Hareng et morue ont grandement contribué à l'apport de protides d'origine animale dans l'alimentation des populations européennes. De ce point de vue leur importance est grande, pour les équilibres alimentaires, pour la santé, pour lutter contre la dénutrition ou la malnutrition. Notre propos, toutefois, n'est pas d'histoire économique ou sociale et nous ne dirons pas un mot des tonnages débarqués et traités, préférant inviter d'éventuels lecteurs à consulter l'*Histoire des pêches maritimes en France*[1].

La mesure des filets

La réglementation de la pêche fut précoce et son objectif consistait déjà à préserver les stocks de poisson : « afin de rétablir la pêche dans son ancien état », Charles VI rappelait quels devaient être les dimensions des « applets » (filets séants ou dormants sur l'estran) des Dieppois, 20 aunes pour les simples, 38 aunes pour les doubles[2]. En Manche, pour pêcher le hareng, on se servait de « manets » ou

1 Mollat (6 - 1987). La monographie de Van Vliet (6 - 1994) et les actes édités par Sicking (6 - 2009) et Abreu Ferreira n'accordent pas grande place à la métrologie. Voir aussi l'étude de Coull (1992).

2 Hocquet (8 - 1987B), *p.* 70.

DOI: 10.4324/9781003322733-13

« warnettes », aux mailles d'un pouce d'ouverture en carré. On cousait ensemble plusieurs filets pour former une longue tessure, et comme le hareng se prend d'autant mieux que le filet est plus lâche, la corde ou ralingue qui bordait la tête du filet avait une longueur moindre que la tessure (8 à 10 brasses de corde pour 15 à 18 brasses de tessure), le filet, attaché à la tessure de 7 en 7 mailles, fronçait et flottait et le poisson s'y engageait mieux. Quand le poisson s'emmaille, la tessure s'alourdit, pour l'empêcher de couler, on y attache des barils vides qui font office de flotteurs et qui sont reliés par des cordes verticales à un autre filin, le halin, qui, lui, est plus long que la tessure, car le halin est retenu sur le bateau[3].

En juillet 1814, alors que l'on croyait au retour durable de la paix, le ministère de la Marine lança une grande enquête sur la situation de la pêche côtière. L'enquête ne démarra véritablement que sous la seconde Restauration[4], un siècle après l'enquête de l'inspecteur des pêches, Le Masson du Parc (1723–1736).

A Dunkerque, on signalait en 1816 des pêches au filet dormant (*royes, roies* ou *folles*), dont la maille faisait 4 à 5 pouces en tous sens, pour capturer des raies (de fév. à déc.), cabillauds, barbues, turbots et esturgeons. Pour pêcher le maquereau, on utilisait des *manets* de 1,5 pouce de maille. Femmes et enfants installaient des filets sur les grèves en 1815–16 : le « haut parc » était un filet maillant, pour le hareng, fixé dans le sable au moyen de pieux de 8 à 10 pieds de haut, disposé en travers du courant de marée. Sa maille faisait ¾ de pouce en carré, il était utilisé de mai à juillet. Le « bas parc » fixé sur des piquets plus petits ne s'élevait qu'à 18 pouces au-dessus du sable, il était utilisé en toutes saisons, mais surtout en août-sept. pour la pêche du poisson blanc, et sa maille mesurait 5/4 de pouce au carré[5].

A Fécamp, à la même époque, le hareng se pêchait à la *seine* de 67 mm de maille en carré, le maquereau au *manet* de 41 mm, on capturait merlans, congres, morues et poissons ronds et plats avec des *folles*, aux mailles de 216 mm, ou avec des *chausses*, filets de 5 brasses d'ouverture sur 65 cm de hauteur, les mailles de l'ouverture jusqu'aux 2/3 du filet étaient assez larges, celle du 1/3 inférieur n'avaient que 34 mm[6].

De retour au port, le bateau harenguier délivrait ses prises aux mareyeurs. Intervenaient alors deux modes de mesurer et compter selon la préparation subie à bord par le poisson. La pêche côtière nocturne, à Dieppe et Boulogne, débarquait du poisson frais légèrement salé, on se servait alors d'un panier, la hotte et un compte boulonnais de 1587–88 fait état d'un présent adressé au roi, à des seigneurs de la Cour, du Parlement et de la Chambre des comptes, « de 41 hottes de harengs frais peschés faisant 1 last ½ et 4 hottes », ce qui compose le last à 24 hottes[7]. Au XIXe siècle, le hareng *braillé* (= mêlé de sel et destiné à être fumé) pouvait être mis en vrac dans la cale – on disait *en grenier*. Arrivé à Boulogne, il était mesuré sur le

3 DUHAMEL de MONCEAU (2 - 1769–1799). Sur la longueur de la tessure, cf *infra* n. 39.

4 22 registres sont conservés dans la série CC 5 aux Archives Nationales.

5 BINET et COUTANCIER (6 - 1989), 27, p. 44–51 et 28, p. 39–51.

6 *Ibidem.*

7 DESEILLE (6 - 1868–69), p. 175.

quai à l'aide d'une petite manne, panier d'osier, d'un double décalitre, soit à peu près 22 kg de poisson ou 170 harengs, puis porté à une charrette, déversé dans des mannes plus grandes, d'une contenance de 7 mesures[8], soit 1200 harengs (1190 exactement, par le calcul). Pour le hareng blanc, on avait recours à des barils qui, tare comprise, avec le bois et la saumure, pesaient 144 kg, le demi, 72 kg, le quart 36 kg, le demi-quart 18 kg, quelquefois 9 kg pour les échantillons. Le hareng braillé pouvait aussi être placé en tonnes de 113 litres (101 kg net de poisson)[9].

Tab. 1 A Boulogne, le déchargement du poisson

du bateau	1 last	24 hottes	
sur le quai	1 mesure		170 harengs braillés
sur la charrette	1 manne	7 mesures	1200 harengs braillés
1 baril brut	avec bois et saumure		144 kg
1 tonne	113 litres		101 kg net de poisson.

Compter le poisson

La morue

La morue a été longtemps considérée comme un aliment commun et bon marché destiné au petit peuple des pays catholiques contraints d'observer jeûne et abstinence de Carême et autres Quatre Temps. Mais cette idée d'une morue, aliment bon marché, vient d'une confusion métrologique, car la morue sèche des pays méridionaux (au sud de la Loire) était vendue au quintal de 100 livres poids de marc de 16 onces (487,146 g)[10], tandis que les viandes (bœuf, veau, mouton et porc) étaient débitées à la livre carnassière de 48 onces (1467,438 g)[11].

La morue sèche était pesée au cours des transactions, vente ou achat, mais en Normandie, elle était toujours vendue au compte, comme la morue verte. On comptait sur le pied de 66 poignées soit 132 morues pour cent, comme le maquereau à Dieppe. A Paris également on vendait au compte, mais à raison de 54 poignées soit 108 morues.

Nantes était au XVIIIe siècle le grand port morutier. On y trouvait quatre sortes de morue verte : 1. la grande morue ou « poisson marchand », dont le cent en compte devait peser 900 livres, et Savary des Bruslons précise : « il y a des mesures pour la grandeur que doivent avoir les morues pour être admises au poisson marchand, tant à l'égard de la longueur que de la largeur et épaisseur, mais on s'en sert peu dans les triages, les personnes préposées pour cela le faisant à la vue »; 2. la morue

8 Guennoc (6 - 1989), p. 19–27.

9 Binet et Coutancier (6 - 1989).

10 Turgeon (6 - 1985), p. 29 ; Turgeon (6 - 1994), p. 291–312.

11 Burguburu (6 - 1939). A Marseille, la morue était pesée au poids de table, de 25% inférieur au poids de Paris.

moyenne, estimée 1/3 moins que le poisson marchand, le cent en compte ne pesant guère que 600 livres ; 3. la petite morue ou raguet ; 4. le rebut. La morue verte se compte et se vend à raison de 62 poignées ou 124 morues pour cent, ce qui constitue le grand compte ou compte marchand. A Paris la morue nantaise était vendue au petit compte de 108 morues[12].

Tab. 2 Comment compter le cent de morues

À Dieppe	66 poignées	132 morues
À Nantes	62 poignées	124 morues
	poisson marchand	900 livres le cent
	morue moyenne	600 livres le cent
À Paris	54 poignées	108 morues

Retenons de ces modes de compter que le « cent » faisait en réalité 124 ou 132 morues dans les ports morutiers et 108 morues dans le grand centre de consommation. Cependant, dans le *Livre des Métiers* écrit au temps de Saint Louis, Étienne Boileau signale que, pour empêcher qu'aucun poissonnier ne parvînt à une situation prépondérante sur le marché de gros de Paris, « nul vendeur ne pouvait vendre plus de 6 sommes ou trois charretées », au client-acheteur le revendeur ne devait pas « vendre à la mesure, mais au compte »[13]. On voit bien que les mesures et modes de compter ne sont pas les mêmes aux deux stades du commerce de gros et du commerce de détail. Le grossiste mesurait ses achats à la charretée (charge, *carga, carica*) ou à la somme (une demi-charge répartie en deux ballots sur le bât de l'animal ou « sommier »), qui étaient les deux grandes unités de mesure du transport terrestre, le client acquérait le poisson sur l'étal « à la pièce ».

Les pêcheurs dunkerquois allaient traquer la morue au large des côtes écossaises et islandaises et les Bretons pêchaient le cabillaud, nom d'origine flamande (*kabeljau*), en Manche. En 1764, le Magistrat de Dunkerque fixait la contenance de la tonne de morue à 52/53 pots[14], mesure de Dunkerque, soit 116/120 litres[15], et le poids de cette tonne à 300 livres net de poisson égoutté, poids de Dunkerque, soit 263 livres poids de marc (*pdm*). En 1785, « le poids de la tonne fut abaissé à 288 livres au lieu de 385 pour la morue en saumure et 276 livres au lieu de 300

12 Savary des Bruslons (2 - 1723–1730), vol. III (supplément), s. v. "morue"

13 Hocquet (6 - 1987B), p. 51.

14 Lemaire (6 - 1921), 119–124, qui suit de préférence les évaluations de H. Dulion, jaugeur et mesureur de bois à Dunkerque, vérifiées par un adjoint du génie, Diot (*Tables de réduction des anciennes mesures et poids usités en la ville de Dunkerque*, Dunkerque, Drouillard, an XI), cf p. 121, le pot de Dunkerque mesurait 2,26 litres.

15 Cette tonne de Dunkerque est à rapprocher de plusieurs *Haringstunnen* du Nord de l'Allemagne, en usage dès le XVe siècle (Ziegler (6 - 1977), p. 286–287). On trouve d'anciennes mesures à hareng (*Heringsahmen*) au Musée Sainte-Anne à Lübeck, notamment les nn. 542 et 543 du catalogue édité par Max Hasse en 1969, vol. II.

pour la morue en sel sec, soit 134 kg »[16]. Or ce choix était d'autant plus justifié qu'il aboutissait à l'alignement des mesures dunkerquoises sur le poids « européen » de la somme ou *Saum-Last*[17].

Tab. 3 La « tonne » de cabillaud de Dunkerque

1764	52/53 pots	116/120 litres	300 livres net	263 l *pdm*	
1785			276	134 kg	1 somme

Le hareng

A Dunkerque, en pays flamand, dont les pêcheurs sur leurs *drogueurs* se livraient aussi à la pêche harenguière lointaine sur le Dogger Bank, au large de Yarmouth, dès les débuts du XIVe siècle, les comptes enregistrèrent en 1566, le nombre de 4 800 *coopmanscepe* de hareng caqué (*caecxharyncx*) à 7 tonnes par *coopmanscepe* selon la coutume[18], d'où un peut conclure que la flottille dunkerquoise avait rapporté, cette année-là, de sa campagne de pêche 33 600 « tonnes » ou barils de hareng. Le caquage du hareng désigne des opérations successives, d'abord pratiquer une incision au niveau de l'ouïe et éviscérer (en moyen néerlandais, *kaken*) en prenant soin de laisser les œufs et la laitance, ensuite « brailler », mettre en braille qui désigne un cuveau de 7 à 8 litres de saumure, enfin placer la « caque » ou baril dans le bateau.

La tonne de Dunkerque est à rapprocher de plusieurs *Haringstunnen* du Nord de l'Allemagne, en usage dès le XVe siècle, ainsi à Hildesheim en 1468, où la tonne, constituée de 8 *Heringsahmen* de 4 *Stübchen* de 3,771 litres, mesurait 120,67 litres, à Lübeck en 1469, 119,76 litres, 120,64 litres à Rostock, où les barques qui péchaient le hareng en Baltique avaient une capacité d'un ou deux Last, soit 12 à 24 tonneaux[19]. Ce tonneau relativement standardisé fut adopté par d'autres villes de la Hanse.à Braunschweig en 1461, 120,81 litres[20]. On trouve d'anciennes mesures à hareng (*Heringsahmen*) au Musée Sainte-Anne à Lübeck, notamment les n° 542 et 543 du catalogue édité par Max Hasse en 1969.

16 LEMAIRE (6 - 1921) p. 123, fait remarquer que « par ce moyen, le last ci-devant de 12 tonnes le sera de 13 », ce qui me semble contestable, car c'est transformer une unité de compte en unité de poids. Le last est de 12 tonneaux comme le muid est de 12 setiers, indépendamment de la masse du tonneau ou du setier.

17 HOCQUET (6 - 1994A) d'après les travaux de ZIEGLER (6 - 1985B et 1986) et WITTHÖFT (6 - 1986).

18 HOCQUET (6 - 1987B), p. 85, d'après DEGRYSE (6 - 1951), p. 21–31.

19 Sur le tonneau de Rostock, JAHNKE (6 - 2009), p. 164.

20 ZIEGLER (6 - 1977), p. 286–287.

Tab. 4 Les tonnes de hareng en Allemagne du Nord vers 1460.

Hildesheim	1 tonne	8 *Heringsahmen*
	1 *Heringsahm*	4 *Stübchen* de 3,771 litres
	1 tonne	120,67 litres
Lübeck		119,76 litres
Rostock		120,64 litres
Brunswik		120 81 litres

A Dieppe, on connaît la métrologie du poisson grâce à une taxe, le droit de « quayage » prélevé pour l'entretien du quai.

Tab. 5 Le compte du poisson à Dieppe au XIVe siècle

1 last de harengs salés	12 barils en vrac ou 8 sacques
petit compte de harengs salés	102 poissons
1 last de harengs frais	10 000 harengs au compte de 120%
grand cent de harengs frais	120 poissons
1 millier au grand compte	1 224 harengs
1 last	12 240 harengs salés en 12 barils
1 millier de maquereaux	1 320 poissons au compte marchand
1 cent de morues	136 poissons

Le « petit cent » était surtout usité au retour de la pêche pour la perception des droits de vicomté au bénéfice de l'archevêque de Rouen, alors que le « grand compte » ou « grand cent » était une unité marchande[21]. Le millier au grand compte était aussi de 1 224 harengs exactement. En fait entre ces deux modes de compter, il existait un rapport étroit : 12 barils de harengs salés composaient le last qui était uniformément de 12 240 harengs, soit 10 milliers au grand compte. On avait également l'habitude de compter le hareng par poignées de quatre et le cent de 120 était fait de 30 poignées[22]. L'écart de 18 % entre le compte du hareng débarqué du bateau et celui du hareng emporté par les marchands peut être interprété soit comme un avantage consenti au marchand au détriment du pêcheur, mais le bénéficiaire du petit compte était non pas le marchand mais la vicomté, soit plus sûrement alors comme une sorte de prime destinée à dédommager le marchand des risques d'avarie courus par son chargement sur les chemins. De même, à Amsterdam, le last de navires était compté pour 14 tonnes de hareng à l'arrivage et 12 tonnes à l'expédition[23].

21 Coppinger (6 - 1874), Darsel (6 - 1956), p. 119.
22 Dardel (6 - 1941), p. 46.
23 Nelkenbrecher (2 - 1867), p. 42.

Le last de harengs, unité internationale

En Angleterre, le *Tractatus de ponderibus et mensuris* de 1266 signalait que le last de harengs contient 10 000 poissons, mais un siècle plus tard le *Statute book* (1357) précisait que « le cent de harengs est compté 6 scores et le last dix milliers »[24], un document du XVe siècle ajoutait que le cent est de 5 × 20 et que 10 000 font un last, mais comme on ne peut paquer 1 000 harengs dans un baril, il faut 12 barils au last. En 1741 pourtant, « les harengs sont 120 au cent et 12 cents au millier qui fait un baril et 12 barils composent un last ». Dans ce dernier cas, il y avait 14 400 harengs dans un last. En 1444, l'évêque Fleetwood parlait déjà du *cade* (lat. *cadus* = tonneau de harengs[25]) qui contenait 720 harengs, soit la moitié d'un baril de 1440 harengs.

Tab. 6 Le compte du hareng en Angleterre (XIVe-XVIIe siècles)

1 last de harengs	10 milliers
1 millier	10 cents
1 cent	6 scores (120)

Tab. 7 Le compte du hareng en Angleterre (1741) et à Dunkerque

1 cent	120	
12 cents	1 millier	1 baril
12 barils	1 last	
1 last	14 400 harengs	

Au XVe siècle, s'il était difficile de paquer 1 000 harengs dans un baril, au XVIIIe on en pouvait placer 1 440 ! Je ne crois pas qu'il faille évoquer ici les conséquences de la surpêche qui oblige à prendre des poissons plus petits. A vrai dire, tous les harengs n'avaient pourtant pas même taille ni même poids, leurs mesures différaient selon l'origine et selon la préparation subie à bord et à terre. En Allemagne par exemple, voici comment on mesurait et comptait le poisson à Lüneburg[26], le hareng de Scanie entrait pour 1 200 pièces dans une tonne (tonneau) et 12 tonnes étaient comptées un Last. Le même compte était observé pour le hareng de Hollande[27]. Le hareng en vrac était compté à 13 tonnes pour un Last. Pour des quantités inférieures, on comptait 1 *Wal* = 80 poissons (= 4 *Stiege*).

24 C'est le chiffre retenu par Lewis ROBERTS (2 - 1638), chap. 271, p. 239 : « The last of herrings containeth 10 thousand, and every thousand contains ten hundred, and every hundred six score or 120 ».

25 Ce « cade" » de l'évêque est probablement un mot savant calqué de "caque" qui se dit en russe "kadka" (*Nouveau glossaire nautique* d'Augustin Jal, révision de l'édition de 1848, s. v. « caque »).

26 WITTHÖFT (6 - 1979), p. 383–91.

27 *Hollandischen Hering Tax-Ordnung in Lüneburg, 8 juillet 1767, ibidem*, II, doc. 80.

La tonne de hareng est sujette à variations selon la provenance du hareng. Une étude comparée des poids de la tonne de Lüneburg en 1833 a donné les résultats suivants (1 livre = 486 g)[28].

Tab. 8 Le poids de la tonne de Lüneburg en 1833

hareng d'Angleterre	350 livres	170,100 kg
hareng de Hollande[29]	336 livres	163,296 kg
hareng de Bergen	300 livres	145,800 kg

On peut tirer d'autres conclusions de ces données métrologiques[30].

En Angleterre et en Ecosse, selon la qualité, l'âge du poisson, sa maturité sexuelle, on trouvait, dans une tonne de 110–114 kg, 700 grands poissons pleins - hareng franc ou plein, à la laitance intacte (synonyme, « marchais », en allemand *Vollhering*), 700 à 800 poissons pleins, 850 à 900 *Matfuls*, 1000 *Matjes* - dont les oeufs et la laitance ne sont pas mûrs encore, mais le poisson, bon à pêcher, est la qualité la plus appréciée par les Hollandais aujourd'hui -, 1200–1300 petits *Matjes*, 1000–1200 *Ihlen* - harengs *gais*, vides d'œufs et de laitance, de moindre qualité (synonyme, « bouvard », en allemand *Yle* est un hareng femelle vidé de ses œufs)[31].

Tab. 9 Les harengs dans une tonne en Angleterre

grands poissons pleins	700
poissons pleins (« marchais »)	700 à 800
matfuls	850 à 900
matjes	1 000
petits matjes	1 200 à 1 300
« bouvards »	1 000 à 1 200

28 *Vergleichstabelle*, 25 octobre 1833, *ibidem*, I, 387, II, doc. 19 (il s'agit ici d'une expérience conduite à l'octroi de Lüneburg pour établir le taux d'une nouvelle taxe et comparer le poids des contenus de la tonne de Lüneburg, mais le résultat des pesées ne laisse pas de surprendre).

29 Il convient de noter que la tonne de harengs de Hollande est équivalente à 24 *Liespfund* (*pondus livonicum*) de 14 livres (24 × 14 = 336).

30 On a longtemps cru en effet que le hareng était un poisson migrateur qui descendait de l'Arctique en immenses bancs qui côtoyaient l'Islande, la Norvège, l'entrée de la Baltique, avant d'entrer en Mer du Nord pour longer l'Ecosse puis d'aborder la Manche pour aller se perdre dans l'Atlantique. La seule métrologie aide à voir qu'il s'agit en réalité de populations différentes. A une latitude donnée, les jeunes harengs se tiennent au large, à l'âge de quatre ans, ils se rapprochent en troupes serrées des côtes, des fonds de sable et de graviers où sont les zones de reproduction. Ce déplacement progresse du Nord au Sud avec la translation des eaux froides, il commence au printemps aux latitudes les plus septentrionales (Islande, Norvège), se poursuit au début de l'été en Ecosse, en automne pour les populations méridionales de la Baltique, en automne et en hiver pour la Mer du Nord méridionale et la Manche. C'est ce rythme qui a fait croire à une grande migration.

31 Selon une source allemande, SCHWEDKE (6 - 1966), p. 112.

A Dunkerque, selon des sources du XVIIIe siècle, le last de harengs était divisé en 28 « buts » de 416 poissons chacun et contenait par conséquent 11.648 harengs[32], mais au tournant du siècle on avait pris l'habitude de distinguer entre trois mesures qui correspondaient vraisemblablement à trois préparations du poisson : 1 buyte (ou botte) contenait bien 416 harengs, 3 buytes faisaient 1 tonne (ou 1 248 harengs), tandis qu'il suffisait de 22 ½ buytes pour faire le last, égal par conséquent à 7,5 tonnes[33]. Pour le hareng saur, au contraire, on comptait par baril, 1 baril contenait 1000 saurs, 1 last 14.400 saurs[34]. Pour que le last contienne 14.400 harengs saurs, il faut que le baril en fasse 1200, soit 1000 au grand compte de 120%. Enfin 1 last faisait 12 tonnes de harengs blancs[35].

Tab. 10 Les mesures du hareng à Dunkerque

1 buyte (botte)		416 harengs
3 buytes	1 tonne	1 248 harengs
22 ½ buytes	1 last	= 7,5 tonnes

A Anvers, d'après les comptes d'*Elisabethgasthuis*, on distinguait harengs frais (*natte haring*) mesurés à la tonne ou tonneau de plus ou moins 800 harengs salés et harengs fumés (*droge haring*) mesurés au *stroo* de plus ou moins 500 harengs fumés[36]. Déjà au XVIe siècle à Gand, on comptait indifféremment « 12 tonnes de harengs salés ou 10 milles harengs fumés ou 20 *stroo* de 5 cents harengs chacun pour un last » avec cette précision supplémentaire : il fallait deux last de harengs salés pour faire trois last de harengs fumés[37]. Au XIXe siècle, à Anvers, la tonne de harengs salés contenait de 700 à 750 harengs, en Suède, 1000 harengs ou 1200 harengs saurs[38].

Un last, lest ou *lath* de harengs signifiait selon Savary, 12 barils de hareng salé, soit blanc ou saur. Chaque baril de hareng blanc de marque (le meilleur à Amsterdam) contenait ordinairement de mille à onze cents de poisson, à 104 pour cent (ou 1 040 à 1 144 harengs) et chaque baril de hareng ordinaire ou de droguerie contenait de 900 à 1 100 poissons, quelquefois davantage suivant qu'il était plus ou moins gros, bien ou mal paqué et arrangé. Le baril de hareng saur est ordinairement d'un millier[39]. Cependant 18 barils de hareng en vrac font 12 barils paqués et

32 *Archives de la Chambre de Commerce de Dunkerque*, p. 65 (30 mai 1731), 72 (25 janvier 1753), p. 183 (30 août 1752), cité dans PFISTER-LANGANAY (6 - 1985), p. 233.

33 LEMAIRE (6 - 1921), p. 119–124.

34 *Ibidem*, p. 123.

35 *Ibidem*.

36 WYFFELS (6 - 1959) p. 11.

37 LAMBRECHT (2 - 1542), cap. « De droghe, natte, ende langhe maten, van den harijnc »; DE BUCK (2 - 1581), f. 26, « Van haringh, en de zaut ».

38 DOURSTHER (5 - 1840), p. 538.

39 Cf n. 12 : SAVARY des BRUSLONS, t. 2, s. v. « hareng ».

un baril de harengs paqués contient 1 200 harengs, ce qui se conçoit aisément, car le vrac est un empilement rapide du poisson à bord où le travail presse, le paquage est un rangement minutieux confié à terre aux femmes. Douze barils sont toujours comptés un last[40]. Il arrivait aussi que l'on comptât un last pour 24 tonnes, mais il s'agissait alors de petites tonnes ou demi-barils[41].

La mesure du baril

En 1423, le baril de harengs (*of herrings and of eels*[42]) était de 30 gallons, tandis que la botte (*butt*) de saumons mesurait 84 gallons (par conséquent, le baril était de 42 gallons). En 1483, le baril de harengs était de 32 gallons, à la mesure du gallon de vin de 231 pouces[343] . On se trouve alors en terrain connu, puisque le gallon de vin est une mesure de capacité de 6 pouces de hauteur sur 7 pouces de diamètre[44], dont 32 font le baril de poissons, qui pouvait avoir par conséquent pour dimensions extérieures un diamètre de 21 pouces (= 7 × 3) sur une hauteur de 24 pouces (= 6 × 4)[45]. On n'a pas d'indication sur le poids du poisson en baril avant le *Herring Fishery (Scotland) Act* de 1815, qui fixe que, salé au sel fin, le poids atteint 235 lb, au gros sel 212 lb (*avoirdu pois*)[46].

Au XIXe siècle, les choses se simplifient grandement et les auteurs prennent enfin soin de préciser ce que contient le baril de harengs : à Londres, 32 anciens

40 *Ibidem*, s. v. « hareng ». Le last en termes de marine est compté de 4 000 livres pesant, en termes de fret ou de cargaison des navires, on compte aussi un last 12 barils de harengs, contenant chacun 1000 harengs plus ou moins [Le Moine de l'Espine (2 - 1694)]. Sur ce problème du last, d'intéressantes notations dans Wolf (6 - 1986), p. 67, qui pose la question de l'assimilation du last de harengs au last de marine des villes hanséates. En effet, on connait la capacité du last de harengs au XVe siècle : 12 tonnes de Rostock de 120 litres ca ou 158 kg, poids brut, soit 1 896 kg. Or c'est ce last qui figure dans les procès-verbaux du *Rezeß* de l'Assemblée générale des villes de tous les quartiers de la Hanse, prussiennes, baltiques, wendes, westphaliennes, saxonnes, rhénanes, ainsi que Bruges, qui se tint à Lüneburg en 1412 et décida que pour la construction navale, ... *men nen schip groter buwen schal, wen van hundert last heringes*.

41 Ainsi dans un almanach de l'année 1742, qui raconte la pêche au hareng avec une tessure de 1000 à 1200 pas de longueur mise à l'eau au crépucule et remontée une heure ou deux après le lever du soleil, qui contient 3, 4 ou 5 et même de 10 à 12 lasts de harengs (*auf jede Last 24 Tonnen gerechnet*), "Prognosis ephemerica catholica, das ist : Deutsche grosse Practik auf das Jahr MDCCXLII", *Sammlung Steiriches Salz*, Graz (communiqué par Franz Stadler), ces tonnes étaient alors de petites tonnes (*Een last... XXIIII smalle tonnen*), cf *De drooge, natte ende langhe maten.als van coren, haver, wijn, bier, harync...*, Gand 1545, manuel du fonds Evêché-Saint Bavon, B 5324, Rijksarchief te Gent (communiqué par Jacques Mertens).

42 *Eel* signifie habituellement « anguille », mais à Cologne « Yle » désignait un hareng femelle vide (Kuske (6 - 1934), p. 476 ; cf aussi Hodgson (6 - 1957).

43 Connor (5 - 1987), p. 173–5.

44 Hocquet (6 - 1990E) vol. X, p. 239.

45 Coull (6 - 1992) a édité p. 143 une photographie de barils empilés, « éloquent témoignage de l'activité de la pêche au hareng à Great Yarmouth ». Ces barils sont de forme cylindrique, sans bouge, leur diamètre est égal aux ¾ de la hauteur.

46 Connor (5 - 1987), p. 174.

gallons à vin, soit une capacité de 7392 pouces^3 anglais ou 121,13 litres[47]. A Hambourg, on entend par last 12 tonnes de sel, de hareng ou d'huile de poisson, et la tonne de sel mesure 164,794 litres. A Copenhague enfin, 1 *Oll* ou *Wall* de harengs signifie 80 pièces, comme à Lübeck, et 1 last de harengs est égal à 12 tonnes de bière, or une tonne de bière fait 136 pots ou 131,3923 litres[48].

Tab. 11 La mesure du baril

1 botte de saumon	2 barils	84 gallons
1 baril de saumon	42 gallons	
1 baril de harengs	32 gallons	
1 gallon, mesure à vin	231 pouces3	
1 gallon	Ø 7 *in*, h 6 *in*	
1 baril	Ø 21 *in*, h 24 *in*	
1 baril	7392 *in*^{3}	121,13 litres
1 baril	212 lb de poisson salé au gros sel	
	235 lb de poisson salé au sel fin	

On mesure le progrès accompli en termes de mesurage, car désormais (aux XVIIIe et XIXe siècles) on convertit barils et tonnes dans les unités de capacité des liquides, gallon, pot et pouce^3, en litres enfin. Cette conversion a un grand mérite, elle met en évidence que les mêmes mots (last, baril et tonne) gouvernés par les mêmes rapports, duodécimaux le plus souvent, cachent des réalités métriques très différentes, puisque le baril anglais mesure 121,13 litres, la tonne de Copenhague 131,39 litres, celle de Hambourg 164,794 litres. Pour le reste l'habitude de compter toujours avec des cents de 120 est une très vieille habitude du monde nordique, scandinave en particulier[49], adoptée par le monde de la pêche. Autre observation encore : certaines mesures dénotent quelque instabilité, non pas à cause d'un caractère capricieux, mais au contraire parce que les autorités tentent de les aligner sur les mesures généralement en usage sur les marchés, ainsi la tonne de morue de Dunkerque voit sa masse calquée sur les sommes en usage en Europe du Nord. Ce qu'il y a de plus stable, ce sont les modes de compter, à la fois duodécimal, le plus souvent, et binaire pour les sous-multiples du baril, demi, quart, huitième. Enfin le baril est une mesure géométrique de volume, multiple de l'unité de mesure de capacité, le gallon ou le pot, dont on peut calculer en pouces la hauteur, le diamètre et le volume. La conversion en « compte de poisson pour

47 Dourster (2 - 1840), p. 48. Le baril de saumons fait 42 anciens gallons à vin ou 9702 pouces^3 ou 158,98 litres, tandis que, toujours sur la place de Londres, le baril d'anchois pèse seulement 30 livres (?). On notera avec curiosité que le baril de 42 gallons de vin est la mesure du pétrole aujourd'hui.

48 Nelkenbrecher (2 - 1867), p. 226 (Copenhague), 307 (Hambourg), 405 (Lübeck).

49 Cf sur ce point différents articles de Ulff-Møller (6).

un baril » exige de bien connaître la nature du poisson et sa qualité. De ce point de vue la connaissance géométrique - calcul d'un volume - est quelque chose de moins ardu que la représentation concrète et arithmétique du nombre et du poids des harengs encaqués dans le baril.

Cahiers de métrologie, 14–15 (1996–1997)

Part III

ÉTUDES RÉGIONALES

11

POIDS ET MESURES DANS L'ÉCONOMIE RÉELLE LE PAIN À MODÈNE

Statera dolosa abominatio apud Deum, pondus aequum volontas eius, Perche dicente Iddio che la stadera ingiusta e frodolente e abominevole nel suo conspetto, e il giusto peso piace a sua Maiesta, non puo lhuomo ricusare di vendere a giusto peso quello che con moneta giusta numerata e buona gli vien pagato.

Par économie réelle, il faut entendre ce qui arrive sur les marchés et les comptoirs des marchands quand deux opérateurs concluent une transaction ordinaire au cours de laquelle le vendeur a pesé ou mesuré la marchandise puis a communiqué le prix à l'acheteur qui s'est mis à chercher l'argent dans son portefeuille. C'est un geste familier, même si le conditionnement actuel des produits en a réduit la portée : il est aujourd'hui inutile de peser un kilogramme de sucre déjà empaqueté, puisque sa boite contient un kg de sucre en morceaux, ou une barquette de beurre, un litre d'huile, un sachet de café, le commerce s'est appliqué à indiquer le prix de l'unité, barquette, litre ou sachet, avant d'en convertir le prix au kilogramme. Le client peut ainsi avoir une idée précise du prix à payer et d'une concurrence éventuelle. L'économie réelle indique la production et les rapports d'échange qui interviennent entre les partenaires. Elle concerne aussi bien le tailleur qui coupe une étoffe pour faire un vêtement que le maître exigeant de ses paysans la rente foncière, les paysans qui cultivent la terre, le voiturier ou le *barcarol* qui portent en ville les denrées, poisson, viande, paille, foin, matériaux de construction, le client ou la mère de famille qui achètent ces produits, le notaire qui rédige l'acte de vente d'un édifice ou d'une terre dont la superficie est consultable aux services du Cadastre. Le plus petit acte économique de la vie nécessité un mesurage pour en connaître la consistance, savoir la quantité de bien échangé. Un tel acte, banal aujourd'hui, comporte presque toujours une pesée tandis que la mesure concerne surtout les actes qui touchent au corps humain comme l'acquisition de vêtements, de chaussures, de gants, de chapeau ou de chemise. Un autre champ d'application de la mesure relève du sport dont les résultats sont indiqués par le chronomètre, le décamètre ou une mesure de masse. Tous ces gestes sont familiers et engagent des instruments connus comme une balance et ses poids, une montre, une mesure

DOI: 10.4324/9781003322733-15

de longueur, le mètre pliant, etc. Il faut noter ici la plus grande commodité de la mesure qui intervient avec un seul instrument alors que la pesée exige de façon indispensable la balance et des poids divers. Les valeurs relevées par les instruments scientifiques contemporains sont indiscutables, acceptées de tous, toutes choses étant égales par ailleurs, car le sprinteur peut invoquer la force du vent, le coureur de fond, l'altitude. Les unités de mesure sont les mêmes pour tous, au niveau de la mer et si elles sont prises dans des conditions homogènes de pression atmosphérique, de température et d'humidité.

Ces réserves faites, hommes du commun et savants sont d'accord pour considérer que le mètre est l'unité de longueur quasi universelle (rares sont les pays réfractaires à son adoption), la seconde l'unité de temps et le gramme l'unité de masse. Mais un tel accord est récent, inachevé, vieux d'un siècle et demi pour l'Europe continentale. Avant l'adoption de ce système décimal, les mesures se caractérisaient par une extrême diversité, un même nom désignait des quantités très diverses, chaque lieu avait ses propres mesures, chaque produit aussi. Prenons pour exemple les seules mesures de longueur dans les actuelles provinces voisines de Modène et Reggio en considérant non les paroisses mais les seuls chefs-lieux[1], et contentons-nous d'examiner la situation à la veille de sa disparition, dans la première moitié du XIXe siècle, quand le mètre permit de rapporter toutes choses à une mesure unique.

Les mesures de longueur

L'unité de la mesure de longueur était le *braccio* marchand, c'est-à-dire l'aune du commerce, mais simultanément il existait aussi une aune en bois pour les forgerons et les maçons et une aune de terre pour les arpenteurs. Cette unité de longueur oscillait entre 52,3 cm et 67,1 cm, soit un écart important de 14,8 cm ou 35,33 % (tab. 1).

Tab. 1 L'unité de mesure de longueur à Modène et Reggio

Reggio	aune marchande	0,641 m
	aune de bois	0,530 m
Gualtieri	aune courte	0,547 m
Guastalla	aune	0,671 m
	pied de fabrique	0,543 m
Modène	aune marchande	0,633 m
	aune de bois	0,523 m
Carpi	aune marchande	0,645 m
	aune de fabrique	0,525 m
Mirandola	aune marchande	0,638 m
	aune de bois	0,523 m

1 Nous nous conformons aux *Tavole di ragguaglio fra le misure e i pesi nuovi del Regno d'Italia e le misure e i pesi dei dipartimenti del Crostolo e del Panaro*, Milan, Imprimerie Royale 1810, p. 38.

Bien entendu, les écarts observés à l'intérieur d'une même seigneurie se retrouvaient au niveau supérieur, quand on passait d'un État à l'autre, une situation fréquente avant que le pays conquît l'unité, quand le fractionnement politique hérité du système féodal dominait encore.

Tab. 2 mesure de l'aune et mesure des architectes et géomètres dans le duché Este et dans les États voisins

	Mesure de l'aune		*Mesure des architectes et géomètres*	
Modène	aune marchande	0,633 m	aune de bois ou pied	0,523 m
Bologne	aune marchande	0,640 m	pied	0,380 m
Carrare	aune marchande	0,620 m	paume pour le marbre	0,249 m
			canne pour le bois	0,625 m
Ferrare	aune de drap et toile	0,674 m	pied	0,404 m
Florence	aune de drap	0,584 m	pied (de terre)	0,584 m
Lucques	aune commune	0,590 m		
Mantoue	aune marchande	0,638 m	pied	0,467 m
Milan	aune marchande	0,595 m	pied	0,435 m
Parme	aune de drap	0,640 m	pied	0,545 m
Turin	ras	0,599 m	pied (de liprando)	0,514 m
Venise	aune de drap	0,683 m	pied	0,348 m
	aune de soie	0,639 m		
Vienne	aune	0,779 m	pied	0,316 m

Les mesures anciennes avaient été conservées, même quand plusieurs seigneuries avaient été réunies sous l'autorité d'un même souverain, comme ce fut le cas de Ferrare, Modène et Carrare[2]. L'aune était l'unité de longueur la plus simple, élevée au carré, elle donnait l'unité de superficie, au cube, on obtenait l'unité de volume ou mesure de capacité. On note avec intérêt qu'à Venise, le marchand de soie et soieries utilise une aune différente de son voisin qui dans son échoppe vend des étoffes de laine. Ces mesures de longueur étaient ignorées des métiers impliqués dans la construction : maçon, charpentier, couvreur, occupés à construire et couvrir la maison adoptaient les mesures en usage dans leur secteur d'activité.

Du rapport entre les deux unités de longueur de Modène, 0,633 m pour l'aune marchande et 0,523 m pour l'aune de bois ou pied soit un rapport de 6/5, les frères Malavesi concluaient habilement que la mesure originelle à Modène était

2 Malavesi (4 - 1844) frères. Sur la longueur de l'aune, Pfeiffer (5 - 1990) p. 147.

la « perche » : « cette mesure élémentaire et juridique est divisée en 6 pieds d'arpenteur ou aunes de bois et en 5 aunes communes dont 2 forment la longueur du « pas commun »[3]. Les Malavesi semblent avoir retourné la métrologie car cette perche est trop longue pour offrir une unité d'utilisation commode dans la vie quotidienne et les historiens préfèrent considérer le « pied » comme l'unité fondamentale et même le « pouce », dont la « perche » est le multiple. Si on demande à un fabricant de briques ou de tuiles, à un menuisier, à un tailleur de construire ses produits d'après une mesure qui, rapportée à notre système métrique, serait longue de 3,138 m, il répondrait qu'il ne peut pas[4]. En réalité la perche servait à mesurer les prairies et les champs, c'était la mesure des géomètres.

L'aune, mesure de longueur des marchands, était aussi appelée « aune de toile ». Les deux aunes, communes et de bois, étaient l'une et l'autre, divisées en 12 onces. Modène a abandonné le pied, mesure traditionnelle, pour adopter l'aune ; la perche de 3,138 m aurait pu avantageusement être divisée en 10 pieds de 31,38 cm, une valeur adoptée par la Prusse en 1816[5].

Tab. 3 les mesures de longueur à Modène[6]

Mille	1				
Perche	500	1			
pas commun		2/5	1		
aune marchande		5	2	1	
pied (aune de bois)	3 000	6			1
once				12	12
mètre	1569	3,318	1,255	0,633	0,523

3 Malavesi (4 - 1844) frères, *p.* 25. Les conversions de Roncaglia (4 - 1850) sont fondées sur trois sources : un cours de mathématiques pour les aspirants de l'École d'Artillerie et du Génie de Modène, l'opuscule de Pellegrino Nobili (1829), *Tavole di raggaglio per le misure, i pesi e le monete*, Reggio, enfin Malavesi (4 - 1842).

4 Malavesi (4 - 1844) frères (3,138 : 6 = 0,523 = exactement la mesure de l'aune des marchands à Modène).

5 Pfeiffer (5 - 1986), p. 397–8.

6 Disons un mot des mesures de superficie, non que le marchand retiré des affaires ne s'intéressât pas à la propriété de la terre et à l'exploitation paysanne, la terre restant une valeur-refuge : les mesures de superficie étaient fondées sur le pas carré et le pied carré, la « biolca », ou « journal », composée de 72 tables (*tavole*) et la table de 4 perches carrées, équivalait à un rectangle de 24 × 12 tables (288 perches^2). Ces mesures fondées sur le pied (aune de bois) variaient d'un lieu à l'autre puisqu'elles reposaient sur l'unité de longueur en usage dans ces localités. On a tenté d'expliquer ces différences par la fertilité diverse des sols, une plus petite unité de terres riches donnait ses moyens de vivre au paysan et à sa famille, pour une terre moins fertile, la superficie aurait été plus grande (Kula).

Les mesures de capacité pour solides et liquides

Comme ailleurs, à Modène les mesures de capacité changent selon qu'elles servent à mesurer des liquides, surtout le vin[7], ou des solides comme les grains, le sel, le plâtre, la chaux, le charbon. L'unité fondamentale est la « mine », de forme cylindrique, dont les dimensions sont de 8 onces de l'aune commune. La mine est divisée en 2 demi-mines appelées « quartarole » parce qu'elles valent ¼ du setier, mesure de capacité. La demi-mine est elle-même divisée en 2 « quarte » (¼ de la mine).

Tab. 4 les mesures de capacité à Modène

Sac	1			
Setier	2	1		
mine de 8 onces	4	2	1	
coppello			25	1
quartaro		4	2	
quarto			4	
livre	300	150	75	3

« La mine de froment est formée de 25 *coppelli*, le *coppello* est une mesure effective qui sert à la perception de la meunerie et doit contenir 3 livres de froment » (indication des Malavesi qui ont donné les dimensions de la mine, autre mesure réelle). Pour le commerce de gros, les transports, l'approvisionnement des villes, on utilisait une mesure plus grande, le « sac ». Le sac de froment était constitué de 2 setiers et celui-ci de 2 mines et son poids moyen légal était de 300 livres locales. L'indication est précieuse : on comptait un sac quand on avait empli 4 mines et vérifié que celles-ci pesaient, chacune, 75 livres. Ces indications étaient le lot quotidien des marchands, encore en 1850, elles permettaient aux deux parties de vérifier la loyauté de la transaction. La pesée avait son utilité, car il était facile de tromper l'acheteur avec les seules mesures.

Le système des mesures de capacité, fondé sur la progression binaire 1 :2 :4 présente une grande cohérence interne (nous reviendrons sur la présence de 25) fondée sur la géométrie : c'est un système clos qui s'appuie sur l'unité de longueur de 8 onces ou 8/12 de l'aune commune, qui indique aussi bien la hauteur que le diamètre. Aux mesures de capacité pour les matières sèches et pour le vin était assignée une masse de 300 livres au sac de grain et au *quartaro* de vin. Cette cohérence caractérise la plupart des systèmes anciens de mesures[8].

7 L'huile était en effet pesée et vendue au poids

8 Hocquet (5 - 1995), p. 39.

Tab. 5 les mesures de capacité des liquides

castellata	1					
quartaro	7	1				
mastello		2	1			
parolo		12	6	1		
boccale		90	45		1	
foglietta				30	4	1
livre		300	150	25		
once					40	10

En matière de mesures de capacité pour les liquides, « dans les rapports entre les valeurs apparait, outre les chiffres 2 et 3 et leur multiplicateurs 4, 6, 12 etc., également le facteur 7 entre *castellata* et *quartaro*, et le facteur 5, par exemple 1 *mastello* = 45 *boccali* ou 1 *parolo* = 30 *fogliette*[9]. Le *quartaro* était l'unité de mesure pour la vente du vin aux grossistes, il se divisait en 12 *paroli* de 25 livres et pesait net 300 livres. L'animal chargé d'un sac de grain ou d'un *quartaro* de vin porte exactement le même poids adapté à ses forces[10]. Ce *quartaro* est également divisé en 2 *mastelli* subdivisés en 45 *boccali* d'une capacité de 40 onces de la livre commune. Ceci aussi est une commodité qui tenait compte des exigences propres au commerce de gros et à la vente au détail. Le bocal était en effet divisé en 4 feuillettes de 10 onces de vin chacune. Chaque produit a cependant ses mesures et celles pour le vin ne sont pas pour le raisin pour lequel on emploie la *castellata*, un récipient en forme de tonneau, « aussi long qu'une charrette (*carro*) ». Aujourd'hui la terminologie scientifique distingue soigneusement unités et mesures, les systèmes anciens n'étaient pas aussi attentifs, mais on peut se demander quelle était la mesure réelle, les autres étant ou ses multiples ou ses sous-multiples. Le « bocal » semble répondre à cette préoccupation, de même que la livre pour les unités de masse.

Les poids

L'unité fondamentale de mesure de la masse est la livre marchande dont l'once est divise en 8 drachmes, celle-ci en 3 scrupules et celui-ci en 24 grains. La livre marchande est donc composée de 6 912 grains, mais il existe d'autres livres pour la vente au détail, pour la soie filée, la soie grège, l'or ou l'argent : on utilise alors la livre de Bologne, qui se subdivise en 12 onces, l'once en 8 octaves, l'octave en 20 carats et ce dernier en 4 grains (1 livre = 7 680 grains)[11].

9 Tardini (6 - 1976).
10 Hocquet (5 - 1992), vi, 244–6 et xiii, 8–13 et 16–20.
11 Malavesi (4 - 1844), p. 27–8.

Tab. 6 les poids

peso (poids)	1		
livre marchande	25	1	
livre de 12 onces pour la soie			1
once		12	
grammes	8 511	340,456	361,85

La permanence des mesures de modène

Les Statuts de Modène de 1327 examinaient avec soin la conservation des mesures. Dans le livre II rubrique XXXVII on peut lire : « la mesure du pas gravée sur la pierre de la *Bonissima*[12] est fixe, elle ne peut être diminuée, et quiconque vend des étoffes de laine ou des toiles de lin doit les mesurer à l'ancienne ou au pas de la Commune, étalon ferré et scellé fixé sur cette pierre. Les fraudeurs étaient passibles d'une amende de 15 sous pour une mesure plus courte ou ne portant pas le sceau de la Commune, de 10 sous si la mesure était légale mais non poinçonnée. Sur la *Bonissima* on trouvait aussi une forme ou mesure pour mouler les briques et tailler la pierre. La rubrique VIII précisait que les fourniers et les mouleurs ou les tailleurs devaient faire des pierres et des briques ou des tuiles de la longueur, largeur et épaisseur semblables à la forme ou mesure gravée dans les pierres de la *Bonissima.* La rubrique × prescrivait

> « pour mesurer la chaux, il fallait recourir à un mesureur idoine, comme il est de coutume quand on mesure le sel. La mine avec laquelle on mesure et vend la chaux doit être aussi grande que, remplie, elle contient autant que la mine de cuivre, emplie jusqu'au comble, de l'office communal de la Bonne Opinion. Les mesures doivent être utilisées rases, la chaux doit être rasée dans la mine avec une baquette, comme le sel ou le blé ».

La rubrique XXIV fixait ce que devaient faire cordonniers et savetiers,

> « respecter dans le travail du cuir l'antique mesure placée dans le piédestal de la *Bonissima* et vendre les semelles à cette taille. Le tannin (*vallonea*)

12 La statue de marbre de la Bonne Opinion devenue *La Bonissima* (la Très Bonne) avait été érigée en 1268 sur la place de la ville, devant l'Office du Sceau ou Maison de la Bonne Opinion, office institué par la Commune pour le contrôle du marché. Elle fut déplacée plusieurs fois, avant de rejoindre sa place actuelle à l'angle de l'Hôtel de ville et de la rue Castellaro. Au piédestal de la statue étaient sculptées les mesures en usage aux XIII-XIVe siècles, en particulier les mesures marchandes : pas, aune, dimensions des briques et tuiles, mines de blé, mesure des semelles de chaussures. La perche, étant donnée sa longueur, était sculptée sur le pilastre de l'escalier d'accès au palais de la Commune. Quand le piédestal fut détruit, les mesures furent transportées au centre de l'abside de la cathédrale [BERTONI et VICINI (6 - 1941), V, p. 1–13].

> et les feuilles pour la préparation (du cuir) sont mesurés au setier selon la coutume des quarante dernières années et cette mesure du setier doit être conservée par l'intendant
>
> (*massaro*) de la corporation ».

Toutes les marchandises n'étaient pas mesurées, certaines étaient pesées. Manuels de marchand et règlements répondent invariablement, avec la rigueur du latin et sans craindre la tautologie, « omnes et singulae mercatione, seu res, quae consistunt in pondere, et pensari consueverunt »[13]. Nous voilà renseignés ! En fait ces denrées étaient pesées sur la balance (*stadera*) de la Commune et les marchands payaient aux officiers des gabelles ou aux adjudicataires une taxe de 6 deniers pour un poids de 100 livres. Pegolotti a très bien décrit ces marchandises pesées : toutes les épices, les colorants, l'alun, les vernis, les parfums, le sucre, la cire, le savon, les filés de coton et de lin, la soie, la laine, tous les fruits secs, amandes, noix, noisettes, châtaignes, figues et dattes, raisin sec, cuir, métaux précieux en barres, tous les métaux, étain, plomb, fer, de nombreux produits alimentaires, fromage, viande salée, miel, huile[14]. Les marchandises pesées sont les plus chères, celles qui exigent une surveillance particulière et refusent l'approximation. En réalité cette dernière est réduite, même pour les marchandises mesurées, comme le grain et le vin, car la mesure est pesée de façon à contenir 300 livres.

Ce système, défini par les Statuts dès les débuts du XIVe siècle, conservait la trace d'un poids de 25 livres que l'on retrouve dans toute la Lombardie, dans les villes et les campagnes, et qui se maintint dans les villes, Brescia ou Bergame, conquises par Venise. Ce poids de 25 livres a une longue histoire, il pèse autant que le *Liespund* des villes hanséates de la Baltique qui le connait aussi sous le nom de « livre de Livonie ». Il semble que les lombards, dont le plus ancien établissement connu du temps où ils furent battus par l'empereur romain Tibère, étaient installés dans la basse vallée de l'Elbe et seraient restés fidèles à cette unité de poids au cours de tribulations qui les conduisirent, à travers la Pannonie et le Norique, en Italie padane[15]. Modène gardait le souvenir de cet antique témoin de l'occupation lombarde.

Une attention quotidienne aux poids et mesures

La distribution du sel

Au Moyen Âge comme aux Temps modernes, États et populations étaient sensibles à tout ce qui concernait les poids et mesures. Dans la plupart des affaires, les taxes et les exactions étaient en effet proportionnelles au poids des marchandises

13 « Toutes et chacune des denrées qui sont au poids et ont coutume d'être pesées » (*Gride ducali, provisioni, gratie et ragioni della città di Modena. . .* in Modena, 1575, p. 55, *Statuta provisiones et modi generales redditum et gabellarum civitatis Mutinae)*.

14 EVANS (2 - 1936), p. 137–9.

15 HOCQUET (5 - 1992), I, p. 71 et IX, p. 5–6 et 14.

plus qu'à leur valeur. Ainsi pour la gabelle du sel, exigée par la Commune puis par le duc,

> « tous les chefs de famille ou propriétaires de maisons dans la ville et le territoire, pour toute personne du foyer de 5 ans et plus, sont obligés d'acquérir à la saline de Modène, chaque année en quatre termes, 25 livres de sel, à la livre et au poids de Modène »,

au poids par conséquent. Les quatre échéances étaient fixées à fin janvier, avril, juillet et octobre. La quantité de 25 livres doit être entendue comme quantité minima, obligatoire, correspondant à l'impôt, quiconque en désirait davantage l'achetait librement à la saline (le magasin de la commune où était déposé le sel importé) mais payait le même prix[16].

L'État prêtait une grande attention aux poids et mesures. Le 12 février 1457, un certain Giacomo Scarso portait

> « de Venise 42 muids de sel de Piran pour la saline de Modène, de ce sel on a extrait 5 muids à la mesure de Ferrare et 4 muids à ladite mesure pour la consommation de la Cour du seigneur, il restait donc 37 muids à la mesure de Venise ainsi qu'il apparaît à lever par nous, (ces 37 muids) sont contenus dans 221 sacs de 4 mines le sac et du poids de 400 à 408 livres par sac »[17].

La « mine » pesait de 100 (nombre remarquable, c'est un *cantar*) à 102 livres de Modène, 4 mines faisaient un sac et environ 6 sacs faisaient un muid vénitien de sel d'Istrie.

Les Statuts de 1327 obligeaient à raser la mesure avec une rasière de section ronde, sous peine d'une lourde amende de 3 livres-argent[18]. Pourquoi fallait-il raser la mesure ? Les biens étaient alors vendus selon deux procédés de mesurage, comble ou ras. La mesure comble indiquait la mesure au-delà de laquelle le produit formait un cône par-dessus, au contraire la mesure rase était obtenue en faisant courir sur les bords de la mesure une règle qui faisait tomber au dehors le produit en excès. Comme la méthode exigeait de la rigueur, la mesure comportait une croisée de métal suspendue à un soutien central, sur laquelle tournait la règle

16 *Statuta salinae et gabellarum civitatis Mutinae cum earum provisionibus et additione gabellae mercantiae*, Modène, cap. 10, 11 et 14.

17 Archivio di Stato di Modena, *Liber conductarum salis, 1457–1460 (Mercatum factum per Bonvisinum Acartis, de anno 1455).* À Venise, en sortie de magasin, c'est-à-dire à l'exportation, le muid (*moggio*) vénitien de sel de Piran pesait en 1456 1 680 livres vénitiennes ou 801 kg [Hocquet (5 – 1992) ii, p. 420 et 422). Si le marchand a abandonné à Ferrare 9 muids à la mesure de Ferrare et qu'il reste 37 muids à la mesure de Venise, 9 muids de Ferrare = 5 muids de Venise de 1 680 livres. Le muid de Ferrare pesait 933 1/3 livres de Venise ou 445 kg. La mine de Modène pesait environ 33 kg.

18 Conclusion in Hocquet (5 - 1992), xv, p. 3–4.

ou rasière[19]. Qui décidait de la méthode à utiliser ? Le choix était dicté par l'intérêt et imposé par le pouvoir seigneurial, communal, princier, en somme par celui qui détenait le pouvoir politique et économique (Kula). Riches et puissants décidaient, les pauvres subissaient. L'usage servait à masquer les profits : quand par exemple de 4 mesures acquises combles, on en obtenait 5 rases vendues au consommateur-acheteur, le profit était majoré de 20 %, une mesure rase non payée à l'acquisition ne figurait pas dans les livres de compte. Dans ces conditions on comprend facilement pourquoi surgissaient tant de conflits inhérents aux poids et mesures et pourquoi les consommateurs étaient si attentifs à obtenir juste mesure et surtout juste poids, ils pensaient avec justesse que la pesée et les poids se prêtaient moins aux fraudes et tromperies dont ils étaient victimes avec la mesure. Encore fallait-il que la balance et les poids fussent justes ! Le 17 novembre 1790, l'*Illustrissime et suprême Conseil d'Économie* repoussait les plaintes de deux communautés rurales qui protestaient contre l'introduction par le fermier d'une petite balance nouvelle pour la vente du sel. Le Conseil avait lu le rapport du ministre des finances ducales et concluait qu'il fallait « persuader les sujets d'obéir et de se conformer à ces nouvelles dispositions » uniformes, autrement dit le duché avait adopté une mesure nouvelle qui s'appliquait dans toute l'étendue du territoire[20]. La question des poids et mesures était décidément au centre des préoccupations de tous.

Le « tarif » du pain

Dans une économie largement dominée par la question des subsistances et par le souci du pain quotidien qui apportait l'essentiel de l'alimentation, le reste constituant le *companaticum*, ce qui accompagnait le pain, les autorités municipales accordaient beaucoup d'attention au prix et au poids du pain. Le duc d'Este Hercule II demanda à un expert, comptable de la magnifique communauté de Modène, le noble Tomasino di Lanciloto (ou Lancillotti), fils d'un lettré, auteur d'une chronique de Modène à la fin du Quattrocento, de consulter tous les anciens tarifs (*calmieri*) et d'écrire une

> « Œuvre nouvelle dans laquelle on traiterait du prix du froment au cours des âges selon le poids de balance, combien de farine on obtient d'un sac de froment et combien de pains fleuris ou de ménage on tire, et quel poids ».

L'expert, après avoir lu les tarifs écrits de 1519 à 1522, fit connaître son avis sur une nouvelle invention, *la Balance du froment*[21]. Lancillotti plaida d'abord en faveur de la balance et du poids, car

19 Hocquet (5 - 1995), p. 78–9.

20 Archivio di Stato de Modène, *Camera ducale, Consiglio d'Economia*, b. 48, f° 406–408.

21 Lancillotti (4 - 1544).

> « la balance ne peut tromper en ce cas, la mine donne le nombre de la qualité et non le poids de la quantité. (...) Si cette raison de mesurer seulement le froment et non de le peser était bonne, il ne serait pas besoin de peser le pain vendu au public mais de le mesurer avec un pas de bois ou de toute autre façon. (L'objectif était de faire trois qualités de pain) le pain blanc fleuri (*affiorato)*, le pain de second blutage (*remozolo*) et le pain de ménage très utile aux pauvres qui chaque jour s'épuisent (au travail) et non à ceux qui par plaisir vont en vagabonds[22], pour ces raisons, il est nécessaire de venir à la balance peser le pain.
>
> Le froment dont on parle est marchand, non émondé, stocké en masse, en lieu sec et non humide ou mouillé, il est alors pesé. Ce froment, si on veut l'appeler marchand, doit peser 140 livres au setier ? Un sac de 2 setiers pèse donc 280 livres, émondé il reste 267 livres qui, moulues, livrent 257 livres de farine, dont on a pourtant déduit 10 livres pour la rémunération du meunier (*moledura*) ».

Le sac de farine blutée finement pour en obtenir du pain blanc fleuri donne 160 livres de farine, 35 livres de *remezolo* et 62 livres de *remolo*[23]. Ce *remolo* (qui désigne de la farine mêlée de son) pèse dans les tarifs ¾ de setier soit 1,5 mine, une mine pesant 41 livres 4 onces. A ce point de son raisonnement, Tomasino illustre pourquoi il est important de peser le *remolo* :

> « il est donc honnête que les fourniers ou d'autres qui vendent aussi du *remolo* le vendent au poids c'est-à-dire à raison de 41 livres 4 onces par mine, et ne le mesurent pas car la mine de son ne pèserait plus que 27 livres environ, alors que celle qui figure dans les tarifs imprimés pèse 41 livres 4 onces comme il est dit. Donc qui veut le vendre à l'œil (*vendere ad occhio,* à l'estime) ne donne pas son juste compte à l'acheteur ».

Ne pouvant plus vendre le *remozolo* à la mesure non plus, les boulangers en feront alors du pain de second blutage pour les pauvres qui l'achèteront volontiers, son poids est double de celui du pain blanc et il vaut la moitié du prix de ce dernier. Autre avantage encore : quand ce pain est bien cuit et conservé, il connait un accroissement de 32 % (du *remozolo* au pain cuit, à cause de l'eau mêlée à la farine pour obtenir la pâte).

Le son ainsi transformé en pain « second », Tomasino passe à l'examen de la fleur de farine finement tamisée, qui fait un pain blanc, fleuri, qui, s'il est

22 *Ibidem*, p. 52.

23 Nous avons conservé les noms italiens pour les farines tamisées au blutoir. Celles-ci passent plusieurs fois sur cet instrument et on obtient alors un second puis un troisième blutage, appelés en italien *remezelo* et *remelo*, ce dernier contenant davantage de son donne un pain plus gris (HOCQUET (5 - 1992), VI, p. 219–221). On ignorait alors que les vitamines étaient plus nombreuses dans le son, aujourd'hui beaucoup recommandent de consommer du « pain complet ».

bien cuit et bien conservé, donne un accroissement de 18 %. La farine de *remolo* obtenue par tamis tercier (*terzarolo*) donne le pain de ménage, qui procure le même accroissement de 18 %. Ce *remolo* est une farine de très basse qualité dont l'auteur calcule le prix : si le setier de froment vaut 20 sous, la mine de *remolo* doit valoir 20 deniers (1 sou et 8 deniers)[24] soit douze fois moins cher, alors qu'on attendrait 2 fois moins cher (1 setier = 2 mines).

Si on restitue paiement du meunier et accroissement à la cuisson, soit 12 livres de pain cuit, les boulangers de Modène obtenaient de 267 livres de grain émondé 242 livres de pain de *masseria* plus 62 livres de *remolo*, ou 188 livres de pain *affiorato*, 46 livres de pain noir et 12 livres de pain du meunier, pour un total de 246 livres, plus encore les 62 livres de *remolo*.

Tab. 7 Mesure et poids du grain de la meilleure qualité, des farines et des types de pain en 1544 (*l* = *livre-poids*)

1 sac de froment				
à la mesure		2 setiers		
au poids, brut		280 l		
émondé		267 l		
paiement du meunier		10 l		
reste farine moulue		257 l		
au blutage				
a buratto terzarolo	*remolo*	62 l		
	farine	195 l	pain de ménage	230 l
a buratto fino	fleur de farine	160 l	pain fleuri	188 l 1 once
remozolo		35 l	pain second	46 l

Dans son livre didactique, véritable livre de calcul pratique examinant toutes les situations de poids et de prix repérées au cours de ses lectures *nelli calmeri stampati* pour en livrer les solutions arithmétiques, Tomasino propose « la règle du *copello* pour trouver sans effort le juste poids et la qualité du froment accumulé en tas ». Il faut remplir le *copello* juste, le raser avec un bâtonnet (*cannella*), peser à la petite balance (*stadirola*) sur laquelle sont gravées les onces mais non leurs fractions, pour en connaître la qualité et la quantité. C'est là en effet l'avantage de la méthode : le poids seul permet de connaître la quantité, la mesure pesée donne aussi connaissance de la qualité. Ainsi, plus est léger le *copello* empli de froment, moins le setier est de la qualité *mercantesca* : si le *copello* de froment pèse 2 livres

24 , Lancillotti (4 - 1544), p. 9.

11 onces, le setier pèse 140 livres, si ce même *copello* ne pèse que 2 livres 6 onces, le setier pèse seulement 120 livres.

Il s'agit bien en effet de qualité, puisque ces deux *staia* vont donner un poids différent de farine après soustraction de la rémunération du meunier (+4 %) : 1 setier de froment émondé pesant 140 livres rend 134 livres 9 onces de farine, 1 setier pesant 120 livres ne rend que 115 livres 6 onces de farine.

Quel était le poids du pain obtenu avec les farines provenant d'un sac de froment de 280 livres ? 160 livres de fleur de farine « rendent 23 9/16 pelles (*tiere*) de pain blanc fleuri de 96 onces la pelletée de 8 pains à 1 sou 4 deniers l'une tandis que 35 livres de *remozolo* transformé en pain rendent 5 3/4 *mains* de pain de seconde qualité (numero 4) par main de 96 onces, à 8 deniers la main »[25]. On voit ici confirmé que le pain de son pèse le double du pain blanc, 4 pains de son à 2 livres le pain pèsent 96 onces, ces mêmes 96 onces donnant 8 pains blancs d'une livre. L'unité de cuisson du pain blanc était la *tiera* composée de 8 pains d'une livre, celle de pain de son la *mano* de 4 pains de 2 livres. Avec le prix, on retrouve le sens du *calmiere* car pour tous les poids de pain, y compris les plus infimes, le prix demeure invariant, à 1 sou 4 deniers l'unité. Par exemple:

> « Douze onces de pain blanc, 12 onces de pain second. Les 160 livres de farine blutée finement (blutoir à mailles fines) donnent 188 3/4 *tiere* de pain blanc fleuri de 12 onces, la *tiera* (est composée) de 8 pains vendus 1 sou 4 deniers (= 16 deniers) l'un. Les 35 livres de remozolo rendent 46 1/4 mains à 4 pains par main, de 12 onces la main, pour 8 deniers l'un »[26].

Tomasino concluait son oeuvre par deux observations, l'une sur les mesures, la seconde sur les prix. A propos des mesures, il observait qu'elles diminuaient de moitié du setier à la mine, de la mine au *quartaro* et du *quartaro* au *quartarolo*. Quant aux différents grains, leur prix diminuait d'un quart à chaque fois que la qualité s'abaissait d'un degré[27] :

25 *Ibidem*, p. 43.

26 Notre propos est la métrologie. Puisque l'objectif de Tomasino reste le *calmiere* du pain, admirons sa patience et disons quelques mots du prix des trois sortes de pain. D'abord le prix très bas de 8 sous 11 deniers le setier de froment n'a pas été observé du vivant de Tomasino, mais, dit-il, en 1471, quand « il fut trouvé écrit dans les chroniques de son père qui atteste qu'à cette date le froment se vendait à ce prix à Modène » (p. 43). Tomasino va ensuite jusqu'à 10 livres 10 sous le setier de froment, soit 2 520 deniers, il a donc multiplié le prix du grain par 23,55. Il augmente le prix du grain sou par sou et examine alors le poids du pain. Le setier de grain est fixe, son prix varie fortement, pour que le prix du pain reste fixe, son poids diminue d'autant ; le cours du grain connaissait une envolée en temps de disette et de mauvaise récolte. Ce travail, d'ordre théorique ou législatif, ne décrit pas la réalité, son auteur dit ce que pourrait être le poids du pain si le grain montait à tel prix. Ce n'est pas une source pour l'historien des prix.

27 Lancillotti (4 - 1544), p. 59.

Tab. 8 Qualité et prix des grains[28] en 1544

1 setier de froment vaut	L. 4, 0, 0
1 setier de fèves, déduit ¼ du froment	L. 3, 0, 0
1 setier de vesces, déduit ¼ des févres	L. 2, 5, 0
1 setier d'orge, déduit ¼ des vesces	L. 1,14, 9
1 setier d'épeautre ou d'avoine, déduit ¼ de l'orge	L. 1, 6, 1
1 setier d'ivraie vaut ¼ du froment	L. 1, 0, 0

On peut alors combiner les deux séries, pour construire un tableau nouveau montrant quelle mesure des différents grains, du plus médiocre au meilleur, on peut acheter avec 1 livre :

Tab. 9 Pouvoir d'achat de la livre, qualités de grain et rapport des mesures en 1544

ivraie	1 setier
épeautre/avoine	3 *quartari* ou 1 mine 1/2
orge	1 mine 1/3
vesce	1 *quartaro* 3 *quartaroli*
fève	1 *quartaro* 1/3
froment	1 *quartaro*

Conclusion : généralisation de la pesée

L'estimation de la quantité de marchandises destinées à l'acquisition sur les marchés était généralement adaptée à la nature des biens échangés. Les étoffes et toiles, la soie[29], la laine, le lin et le coton étaient mesurés et vendus selon l'unité de longueur, l'aune, comme de nos jours elles sont mesurées au mètre. Dans le commerce de gros, entre marchands, les produits textiles étaient pesés car le poids en indiquait la qualité, la finesse s'il s'agissait d'étoffes. D'autres produits mesurés, les grains et le sel avaient leurs propres mesures, demi-mine, mine et setier, lesquels, pourtant, une fois remplis, étaient pesés pour en vérifier la loyauté et pour obtenir une juste mesure. Pour les produits liquides, les procédés étaient divers : le vin était mesuré, l'huile, pesée, bien qu'elle fût contenue dans un récipient du type jarre de terre cuite plus que le tonneau de bois réservé au vin. Les produits alimentaires de base comme les céréales, le sel, les boissons, et les tissus pour l'habillement étaient mesurés, tous les autres produits, y compris les métaux, étaient pesés. De nombreux produits étaient comptés, à l'unité, à la paire ou à la

28 Il s'agit des grains transformés en farine, ces farines pouvant être mêlées, par exemple la farine de vesces (sorte de lentille) au froment.

29 Poni, (6 - 1996–97), p. 291–304 ; Tolaini, (6 - 1996–97), p. 205–224, in Hocquet (6 - 1996–97).

douzaine. Enfin les produits de grande valeur, métaux précieux, pierres et perles, joyaux et bijoux étaient pesés à l'once ou au marc, sous-multiples de la livre, tandis que ceux qui étaient peu prisés ne méritaient pas autant de précision et étaient pesés à la centaine de livres.

Tab. 10 mesure et prix du bois à Modène

bois ouvré	*taxe à l'entrée*	*valeur du chariot de bois*
somme de cheval	15 sous	
somme de mulet	7 sous 8 deniers	
charge d'homme	5 sous	
chariot de chêne et noyer		50 livres
chariot d'orme et peuplier		40 livres

Il existait aussi des usages particuliers antiques, par exemple dans le commerce du bois, où l'on continuait d'utiliser des unités traditionnelles : la botte, la somme de cheval ou de mule, la charge d'homme ou le char. Encore aujourd'hui, dans la coupe et le commerce du bois, il arrive qu'on utilise des mesures non métriques qui témoignent du conservatisme de la profession. Le tarif douanier payé par les bois transportés en ville ne donne pas une image exacte du rapport entre ces diverses unités car il faut tenir compte de la qualité diverse des essences employées. Les bois d'Allemagne (tous les pays de langue allemande) de toute sorte sont vendus à la botte, les mêmes ouvrés venant des pays proches, l'Italie, sont mesurés à la somme d'animal ou à la charge d'homme, noyer, chêne, peuplier et orme le sont au chariot. La somme de cheval paie à l'entrée une taxe de 15 sous, réduite à 7 sous et 8 deniers (de moitié presque) si la somme est de « sommier » et à 5 sous pour la charge d'homme. Le chariot de noyer et de chêne paie un octroi de 4 livres 14 sous 6 deniers, mais s'il est chargé de bois d'orme ou de peuplier, la taxe est réduite à 3.15.8. Il ne faut pas en déduire que le char de chêne transporte un volume ou un poids supérieurs ou un quart de plus, mais que l'un transporte un bois évalué 50 livres, l'autre seulement 40 livres, soit un prix diminué de 20 %.

La composition des systèmes de mesures était empirique et le choix des unités était dicté par la tradition. Le nombre 100 apparaît souvent dans les systèmes non décimaux, il suffit de rappeler sur les rivages méditerranéens, musulmans ou chrétiens, la fortune du *cantar*, un poids de 100 livres dérivé du *centenarium* romain dont il avait hérité du nom et du poids. En fait ces systèmes étaient savants. À Modène, la mine de froment, constituée de 3 *pesi* de 25 livres pesait 75 livres et le sac 300 livres. La mine de sel de Piran pesait 100 livres et le sac 400 livres. Si la mesure de sel pesait 100 livres et celle de froment 75 livres seulement, c'est seulement une question de masse volumique, de poids spécifique pour employer la terminologie dominante actuelle. Quand un sel léger pèse 1, le froment pèse 0,75 et la mine de froment pesait ¾ de la mine de sel. On a vu quelque chose d'analogue avec les prix exprimés en monnaie : la quantité des diverses céréales que l'on pouvait acquérir avec une livre diminuait à mesure que s'abaissait leur valeur nutritive. En somme, on choisissait les mesures en fonction de la commodité qu'elles offraient dans les échanges et la consommation.

Traduit de l'italien : "Pesi e misure nell'economia reale" p. 177–192, in D. Dameri, A. Lodovisi e G. Luppi éds, *La Bona Opinione (1598–1861). Cultura, scienza e misure negli stati estensi, 1598–1860*: Catalogo della mostra Modena capitale, Campogalliano, 1997.

12

DIFFUSION DES ANCIENNES MESURES ET AXES DE CIRCULATION EN PROVENCE À LA VEILLE DE LA RÉVOLUTION

Fondé sur l'exploitation des données rassemblées par l'équipe réunie autour de Pierre Charbonnier pour éditer le volume sur les anciennes mesures locales du Midi Méditerranéen, et en particulier sur la belle étude de Bernard Brunel pour le département des Bouches-du-Rhône et celle de P. Charbonnier sur le Vaucluse[1], cet essai, pour lequel je regrette de n'avoir pas encore accès à un prochain volume qui inclurait le département de la Drôme afin d'étendre l'enquête cartographique plus au nord le long de l'axe rhodanien et vérifier le bien-fondé de l'hypothèse en élargissant les conclusions, j'avance que parmi les facteurs de diffusion des anciennes mesures, les routes, fluviales ou terrestres, ont joué un grand rôle[2].

Le choix de ces deux départements s'est imposé parce qu'ils offraient une gamme variée de poids, à la différence de leurs voisins du Var et de l'Hérault, voire du Gard, où l'unification des livres était réalisée lors de la rédaction des tables de conversion à la fin du XVIIIe siècle quand on s'efforçait de faire adopter par les populations le système métrique décimal.

Dans les territoires qui formèrent plus tard le département des Bouches-du-Rhône[3], pour répondre à un vœu des États réunis à Aix en 1583, le roi ordonna l'unification des poids et mesures (14 novembre 1583). La guerre entrava l'exécution de l'ordre royal, mais en août 1598 le roi commissionnait le lieutenant général au siège d'Aix, Bonfils, pour « rendre toutes les mesures de la province conformes à celles d'Aix » en commençant par ordonner aux villes et aux seigneurs d'envoyer à Aix toutes leurs mesures. Bonfis rédigea entre 1599 et 1602 le procès-verbal de la réduction des poids et mesures de 189 communautés provençales. De ce document[4], Bernard Brunel a tiré

1 Charbonnier (6 - 1994) éd., *Les anciennes mesures locales du Midi méditerranéen,* ouvrage enrichi d'une abondante bibliographie.

2 Rossiaud (6 - 2002) a illustré la diversité des mesures linéaires, de surface, volumétriques et pondérales en usage le long de l'axe rhodanien (II, 206–214).

3 Pour les Bouches-du-Rhône, on dispose d'un bon instrument de travail quoique vieilli, Masson (6 - 1913–1937).

4 Archives départementales Bouches-du-Rhône, C 2013, 65 p.

DOI: 10.4324/9781003322733-16

quatre précieuses cartes pour les mesures du blé, de l'avoine, de l'huile et du vin. Nulle part il n'est traité des poids et les éditeurs des Tables ont préféré éditer les documents de l'an X sans publier à titre de comparaison les données de 1600 pourtant faciles d'accès à qui réside sur place. Ce travail d'enquête a probablement eu un impact, même dans une réforme avortée et incomplète. Autrement dit les Tables révolutionnaires refléteraient un état des poids et mesures postérieur à la réforme de 1600, une remarque qui n'est pas innocente, l'auteur de ces lignes n'a jamais cessé de mettre en garde contre l'application mécaniste des valeurs relevées lors de l'extinction des systèmes métrologiques pré-décimaux aux données recueillies dans les documents médiévaux.

Le tableau des livres relevées dans les Bouches-du-Rhône et le Vaucluse comporte 89 entrées dans l'ouvrage cité et exploité, ce qui fait beaucoup. Les deux auteurs n'ont pas travaillé de la même façon, Charbonnier, qui signale pour les 48 communes citées en Vaucluse l'origine de la mesure utilisée, par exemple à Beaumes-de-Venise le poids de Carpentras et à Gigondas le poids d'Orange, ne s'est pas contenté de présenter les poids et mesures de ces 48 communes, il a le plus souvent en effet indiqué l'extension de la mesure à tout le canton, soit 17 entités administratives, et, en annexe il a dressé un tableau de toutes les communes du Vaucluse avec leur rattachement à tel ou tel canton. Nous avons ainsi pu extrapoler les mesures données pour un canton à l'ensemble des communes de ce canton, avec ce résultat que la carte 3 est plus complète pour le Vaucluse que pour son voisin. On peut regretter que le directeur de la collection n'ait pas cru bon de demander à ses collaborateurs de faire de même, à moins que, hypothèse peu probable, les tables de conversion du département des Bouches-du-Rhône n'aient pas fourni cette précision. Chaque auteur indique le poids de la livre utilisée dans le commerce de détail, appelée « poids de balance » ou « petit poids », Charbonnier précise aussi la valeur du « poids de romaine » ou « poids de gros », ce que ne fait pas Brunel qui inciterait son lecteur à conclure que, dans la région d'Aix-Marseille, ce grand poids aurait été partout de 403 g.

Si on ne prête pas garde à cette différence de traitement et à ces niveaux d'information, si on juxtapose « poids de balance » ou « petit poids » des Bouches-du-Rhône et « livre poids de gros » du Vaucluse, on crée une source d'erreur car on a adopté une démarche contraire à toute bonne méthode qui exige que l'on travaille sur des données homogènes et sans faire intervenir des informations extérieures. Néanmoins, pour bien faire comprendre à quoi entraînerait cette démarche, nous allons la développer jusqu'à son terme.

La comparaison de mesures hétérogènes : poids de balance et poids de gros

La carte 1 a été dressée avec les seules communes présentées par les deux auteurs, sans considération des cantons introduits par Charbonnier, soit seulement 37 communes. Si on classe ces données hétérogènes non plus par ordre alphabétique des communes mais selon un ordre croissant des valeurs de la livre exprimées en grammes, on s'aperçoit que la variété des poids de balance cache en réalité neuf valeurs échelonnées de 376 à 413 g, soit un écart de près de 10 % (9,84 %). Dans les Bouches-du-Rhône, l'écart 376 – 393 se réduit à 4,52 %, en Vaucluse, resserré entre 391 et 413 g, il atteint 5,62 %. Les valeurs les plus fréquentes sont de 379 g dans les Bouches-du-Rhône (24 communes sur 38 citées dans l'étude) et de 403/408 g dans le Vaucluse (13 communes sur 26 retenues).

carte 1 : poids de balance (BdR) et poids de gros (Vaucluse)

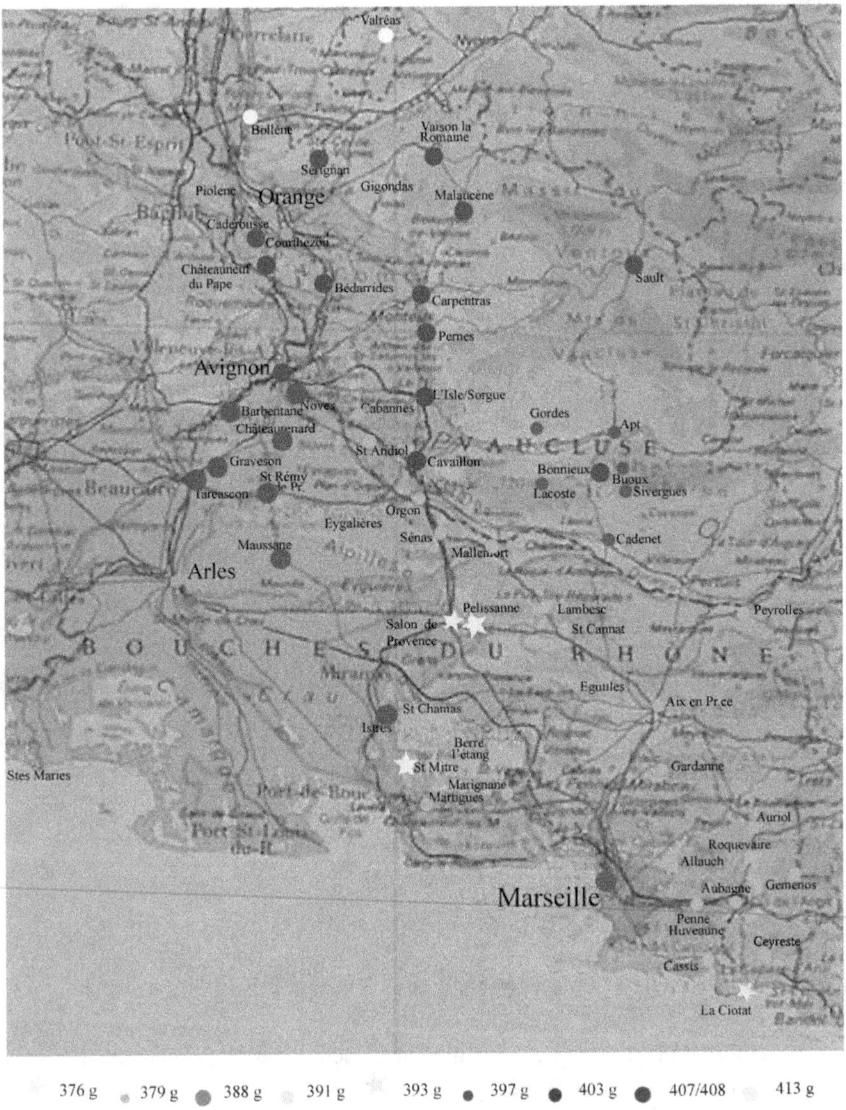

Figure 12.1 poids de balance (BdR) et poids de gros (Vaucluse)

carte 2 : les poids de balance (ou poids de table) dans les deux départements

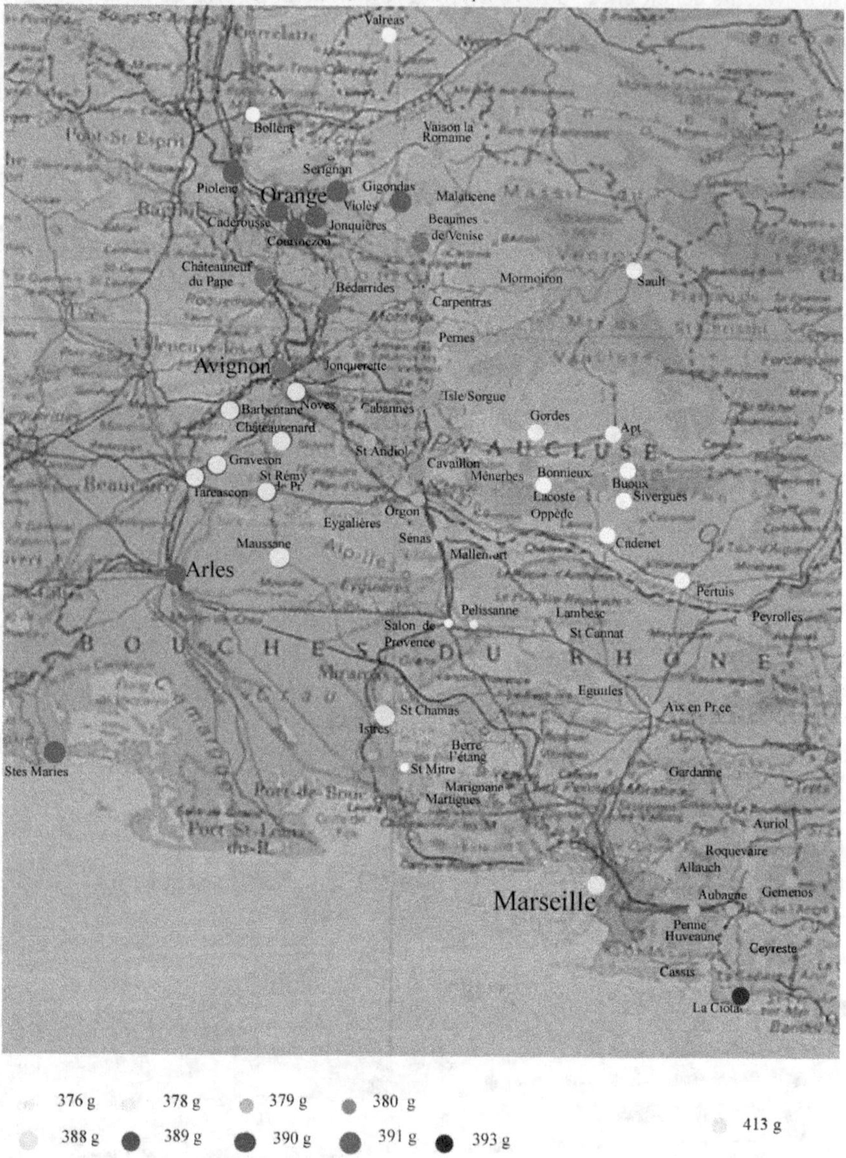

Figure 12.2 les poids de balance (ou poids de table) dans les deux départements.

Qu'apporte la cartographie ? elle met en évidence des regroupements (carte I), le plus compact va de Cassis à Cabannes, au-delà de Cavaillon et occupe le bassin d'Aix et la rive orientale de l'étang de Berre jusqu'à Martigues, selon une orientation SE-NW. Sur sa marge occidentale on peut lui rattacher Salon-de-Provence et ses deux satellites (l'écart est de 3 g entre les deux livres). L'autre groupe occupe la rive gauche du Rhône au nord de Tarascon jusqu'au sud d'Avignon et par St Rémy-de-Provence et Maussane gagne Istres et Marseille. L'orientation est aussi SE-NW. Enfin La Ciotat est totalement isolée. La voie du Rhône n'offre aucune unité, elle subit au contraire une dispersion extrême, la batellerie fluviale ne parvient pas à imposer une mesure uniforme et la vallée est partagée en six domaines métrologiques : 1. des Stes-Maries à Arles qui se prolonge autour d'Orange, 2. Tarascon et sa région ont adopté la mesure de Marseille, 3. d'Avignon à Châteauneuf-du-pape et se projetant par Cavaillon jusqu'à Bonnieux a été adoptée une livre plus pesante de 407/408 g, qui, 4. cède la place à la livre de 413 g à Bollène plus au nord, 5. le pied du Ventoux a sa mesure qui déborde jusqu'à Caderousse. Enfin, 6. à l'écart, un dernier domaine aisément identifiable est constitué autour du Lubéron.

La cartographie éclaire-t-elle le rôle de la circulation dans la diffusion des anciennes mesures ? Le cabotage maritime, mode privilégié de transport le long du littoral de la Provence occidentale, est représenté par

cinq ports accessibles aux navires, de La Ciotat aux Stes-Maries en passant par Arles et Martigues, mais la dispersion des mesures est extrême, quatre mesures différentes ont cours et Marseille, le grand port provençal, est incapable d'imposer sa propre unité. Les fleuves, de même, ne favorisent pas l'unité des mesures pondérales, le Rhône très morcelé moins encore que la Durance. Restent alors deux itinéraires terrestres, l'un au nord, à quelque distance du fleuve, qui court au pied du Ventoux, l'autre au sud, de part et d'autre d'Aix, qui, au sud d'Auriol, gagne le littoral à Cassis, tandis qu'à l'ouest, il se confond avec la basse vallée de la Durance.

Les tentatives de réforme de 1600 n'auraient guère porté de fruit, sauf sur le parcours de la grand-route venue de France, mais dans l'ensemble, les anciennes mesures locales – seigneuriales ou communales ? – auraient tenu bon. Elles étaient l'avatar local d'une mesure comtale et variaient dans des limites assez étroites, autour de 5 %, parce qu'elles étaient appliquées au commerce local, c'est-à-dire à un rapport social proche institué dans la boutique du détaillant avec les clients. Les mesures du commerce de gros, peut-être fondé dans les Bouches-du-Rhône sur une (hypothétique ?) livre uniforme de 403 g, auraient donné une autre image.

La comparaison de mesures homogènes

Si à présent on restreint l'analyse aux seules mesures de « poids de table » utilisées dans la vente au détail, les écarts se resserrent fortement, les valeurs s'étalent de 376 à 393 g, soit un écart réduit à 4,52 %. En fait il existe deux groupes de mesure qui chevauchent les limites des départements créés par la Révolution française et des principautés qui avaient précédé, comté de Provence, comtat Venaissin et pontifical ou seigneuries mineures, le premier de ces deux groupes est compris entre 376 et 380 g, l'autre entre 388 et 393 g, soit dans les deux cas un écart interne à peine supérieur à 1 %. Cet écart ne constitue pas autre chose qu'une marge de tolérance qui oblige aussi à poser une question d'ordre technique : les fabricants de poids pour peser disposaient-ils d'étalons et d'outils qui leur auraient permis de couler des livres-poids précises au gramme près (la mesure du gramme leur étant du reste inconnue, substituée par le poids d'un certain nombre de grains) ? les balances du commerce, du boulanger, du boucher, de l'épicier, avaient-elles une sensibilité au gramme près ? Si l'on répond

"non" à ces deux questions (l'époque était encore celle de l'artisan qui fabriquait toujours un objet unique par ses caractéristiques, l'âge de l'industrie et de la

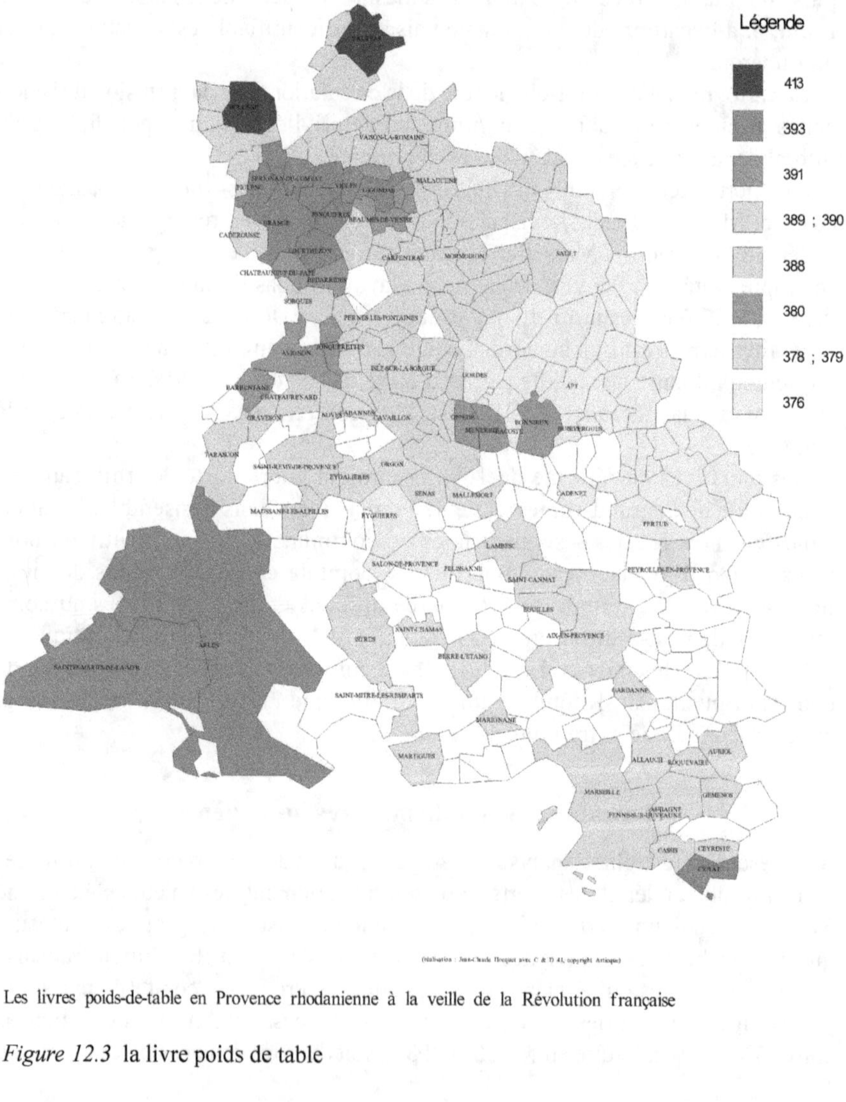

Les livres poids-de-table en Provence rhodanienne à la veille de la Révolution française

Figure 12.3 la livre poids de table

fabrication en série ont changé les perspectives mais récemment encore une marge de 1%, qu'on l'appelât « erreur » ou « tolérance », était acceptée dans les milieux de l'industrie ou de l'alimentation), il faut conclure que les deux listes dressées dans ce volume pour ces deux départements sanctionnent en réalité l'existence de deux mesures pondérales seulement, l'une pesant autour de 380 g, l'autre 10 g de plus. La mesure de La Ciotat, unique, exigerait vérification, celles de Bollène et Valréas, éloignés au nord, appartiendraient à un autre domaine métrologique. La carte II, malgré ce qui vient d'être dit et pour ne pas paraître surjustifier mon propos, reporte dans leur diversité tous ces « poids de table » selon deux couleurs dominantes, jaune-ocre-bistre pour les valeurs inférieures, bleu-vert pour les valeurs supérieures. On observe qu'il existe une répartition géographique bien tranchée de ces deux grandes familles de poids, le plus léger domine sur les voies de terre à l'est du Rhône, le plus pesant à Marseille et dans la vallée du Rhône : de Marseille à Arles puis à Avignon et jusqu'à Orange il existe en effet une communauté de mesure pondérale qui a son répondant dans les livres plus légères utilisées d'Aix à Carpentras[5]. Dans ce schéma il n'y a plus guère que la mesure de Carpentras et sa diffusion au cœur du Lubéron pour perturber les résultats.

III – La carte 3 établie avec les données extrapolées de l'enquête de Charbonnier pour le Vaucluse et la carte vectorisée des communes de France selon l'INSEE et dessinée à l'aide du logiciel *Cartes et données* de la societé *Articque* ©, amplifie les résultats indiqués sur la carte II, le choix des cantons a pour effet de constituer des blocs homogènes en Vaucluse. Le choix des teintes met en opposition une partie orientale (tons verts) et une partie maritime et surtout rhodanienne (tons rouges) où se retrouve la distinction entre les livres de 380 g et de 390 g. En Vaucluse, les cantons orientaux issus de l'ancienne Provence française suivaient la destinée de leurs voisins des Bouches-du-Rhône et se distinguaient donc des territoires de l'ancien Comtat pontifical, tandis que la région d'Orange intégrée à l'ancienne province du Dauphiné constituait avec Arles et la Camargue le seul témoin d'une communauté métrologique fondée sur le fleuve. L'impression de mosaïque que dégage la consultation de cette carte ne doit pas faire oublier la faiblesse des écarts qui sépare les deux domaines.

Conclusion

Fallait-il dessiner trois cartes pour aboutir à reconnaître une validité supérieure à la troisième carte ? Ces trois cartes ont pour principal mérite d'illustrer les résultats divergents auxquels aboutissent de faibles écarts méthodologiques, d'abord le choix d'unités non homogènes (carte 1), ensuite un choix limité de communes, surtout les chefs-lieux de canton, reportées sur une carte routière des années 1960 dont on sait bien que les routes nationales reproduisent assez fidèlement le réseau

5 Les grands itinéraires terrestres aménagés au XIXe siècle en routes nationales héritaient des routes royales qui avaient succédé aux chemins médiévaux [Arbellot (6 - 1987) et Lepetit].

des grand-routes royales, enfin des données complétées selon les indications d'un seul des deux auteurs de l'ouvrage qui a servi à la présente enquête. Tel quel, la carte reflète l'imbrication des facteurs qui ont engendré l'extrême confusion des poids et mesures de l'ancienne France, l'élément politique et social, je veux dire le morcellement du pouvoir et son éclatement me paraissent aussi décisifs que l'élément fédérateur comme la circulation qui a échoué à unifier ce qui ne pouvait l'être.

Il serait hasardeux et erroné de conclure que le commerce de pondéreux qui utilise plus volontiers le transport fluvial entraînerait l'accroissement du poids de la livre le long de l'itinéraire fluvial et du cabotage maritime, tandis que le souci de ménager les forces des colporteurs aurait incité à alléger la livre sur les chemins de terre écartés. Il faut renoncer à ce type d'explication « réductrice » et trop facile et rappeler, pour terminer, que nous n'avons pas examiné des mesures utilisées dans le transport, mais les mesures employées dans la pesée pour la vente au détail dans le petit commerce. Même en ce domaine spécifiquement local on observe une diffusion de quelques modèles peu nombreux, deux en l'occurrence, qui emprunte, comme les marchandises, les techniques, les savoirs et les biens culturels, les grands axes de communication.

Cahiers de Métrologie, 22–23 (2004–2005), 119–126.

13

LES ANCIENNES MESURES DE DUNKERQUE

Le pied de Dunkerque équivaut à 0,284 m. Il est plus petit que celui de Lille, Tournai, Valenciennes, qui est de 0,29776. Ce dernier se rapproche le plus du pied romain mesuré sur les monuments antiques qui est de 0,29775. Les outils du XIXe siècle ne pouvaient mesurer avec une précision, de l'ordre du 1/100 de millimètre, et il ne faut pas hésiter à considérer, parce que la tolérance est consubstantielle à la précision, que les pieds de Lille, Tournai, Valenciennes sont directement issus du pied romain, et on pourrait écrire sont le pied égypto-gréco-romain[1].

Est-on tiré d'affaire pour autant ? Les « tables » recèlent plusieurs pièges. Si l'historien n'y trouve pas mentionnés les mesures du village qu'il étudie, il sera tenté d'aller chercher celles du village voisin, ou du chef-lieu de canton, ou de la sous-préfecture. À chaque pas guette le risque d'erreur ! la « table » se contente souvent d'indiquer « un » poids ou « une » mesure en un lieu, mais est-ce celle du seigneur, celle de l'abbé décimateur ou celle du meunier ? Le docteur Lemaire signale au début de son article qu'il va « rendre service aux travailleurs en publiant un *tableau* des anciennes mesures et poids en usage à Dunkerque avant 1789 »[2]. Fallait-il écrire : « avant 1789 » ou « en 1789 » ? Voilà encore un problème jamais résolu ! On peut accepter l'hypothèse que les experts ont fondé leurs calculs, leurs jauges, leurs mesures sur les unités en usage en 1789. Depuis combien de temps « avant », l'usage s'était-il imposé ? Serait bien téméraire l'historien travaillant sur des époques antérieures à la fin du XVIIIe siècle qui appliquerait les calculs opérés au début du XIXe siècle à des unités en usage au Moyen Âge, ou aux temps modernes. On procède ce faisant à une uniformisation temporelle.

La difficulté de la conversion est soulignée par le savant docteur Lemaire qui regrette les différences observées entre « les évaluations de Dulion (jaugeur) vérifiées par Diot, adjoint du génie [qui] nous ont paru plus exactes que celles qui sont rapportées dans l'arrêté préfectoral ». Hélas, l'érudit n'explique pas pourquoi les unes seraient plus exactes que les autres, il choisit les premières en indiquant

1 Hocquet (5 - 1995).
2 Lemaire (6 - 1921).

DOI: 10.4324/9781003322733-17

les variantes. Pourtant les deux textes sont parus presque simultanément, le zélé préfet n'ayant pas attendu l'achèvement de l'étalonnage opéré par les experts.

On sait que la Convention elle-même avait adopté un mètre provisoire avant que les savants commissionnés par l'assemblée aient terminé leurs calculs. L'exemple venait de haut, mais il fallait dans l'urgence mettre en place un nouveau système, les anciens poids et mesures liés aux privilèges de l'église ou du seigneur avaient été abolis lors de la nuit du 4 août ou détruits par le mouvement insurrectionnel paysan qui avait précédé.

La méthode du docteur Lemaire est bonne. Le compilateur commence par indiquer des équivalences avec d'autres mesures anciennes, en général « de France » ou « de Paris », puis il passe aux conversions dans les unités du système métrique décimal aujourd'hui appelé « système international » (SI). Il examine successivement les mesures de longueur avec lesquelles il classe les mesures de surface sans spécifier toujours que celles-ci sont carrées, puis il passe aux mesures de capacité (volume) selon l'ordre : pour les liquides, pour les grains, pour le sel, etc., le bois, la morue, le hareng, enfin il examine les poids (mesures de masse) et n'oublie pas les monnaies sans signaler qu'il procède à des changes internes, convertissant les monnaies effectives et circulant en monnaies de compte, livre, sou, deniers, et « p. » qui semblerait vouloir dire « partie » puisqu'il déclare que le denier de Flandre est divisé en 90 parties. Indépendamment de cette faiblesse, la méthode présente un intérêt : elle met en évidence que chaque marchandise a son système de mesures, que l'on ne compte pas de la même façon la morue et le hareng.

Le « pot » illustre les difficultés soulevées par le travail de l'érudit dunkerquois qui distingue les mesures de capacité pour les liquides et les solides, mais déclare implicitement que le « pot » sert aussi bien à mesurer la bière et les grains. Est-on obligé de lui faire confiance ? Il avance que la tonne de bière et la mesure de grains sont également comptées pour 72 « pots », soit 6 douzaines, ce qui ne signifie nullement que le « pot » soit commun aux liquides et aux matières sèches. Quand il analyse les produits, ainsi à Bergues, il crée deux « pots » pour les liquides, l'un pour le vin, l'autre pour l'huile et la bière. Rien n'interdit qu'il y en ait un troisième pour les grains. Les mesures de capacité ne sont pas les mêmes à Dunkerque et à Bergues. Le *tableau* du poids de la rasière de Dunkerque emplie de grains, de graines ou de légumes secs affiche que tous ces poids sont arrondis à la dizaine de livres-poids de marc. Il faut alors chercher sous cette dernière rubrique le poids de ladite livre en grammes et faire le calcul. Que le poids varie selon chaque produit pesé dans la mesure atteste que la mesure est fixe et la marchandise variable selon son poids spécifique qu'on appelait très justement « poids volumétrique ». La rasière de froment pèse environ 120 kg (240 ou 250 livres × 0,490 kg). Les légumes secs sont plus pesants que le meilleur grain (le blé), je doute qu'ils aient fait l'objet d'un commerce d'exportation, si bien qu'on peut penser que le last pesait des blés chargés sur les navires : « le last fait 18 rasières de Dunkerque et pèse 1 958 kilos », ce qui met la rasière à 108,7 kg et une perte de 10% sur le poids dévolu à la rasière. Pour ne pas demeurer sur cette impression pénible, Lemaire passe aux mesures pour le sel : ses deux sources prétendent que

« la rasière, mesure d'eau, équivaut, l'un écrit : 145 litres, l'autre : 184 ». Et le lecteur perplexe se demande quelle est cette nouvelle rasière accompagnée de tout un lot de mesures de 324 litres pour le charbon, 184 l (charbon de bois), de 77,7 l (chaux). Je soupçonne le docteur de n'avoir pas vu que la rasière cachait une mesure (pour les grains) et une unité de masse (pour le sel, le charbon, la chaux). Quant à la rasière sur l'eau, elle désigne la mesure utilisée au déchargement des cales des vaisseaux marchands pour les marchandises en vrac (le sel).

Les mesures répondaient à leur objet, elles étaient homogènes à l'objet mesuré : on ne mesurait pas avec la même unité les grandes longueurs et les petites, aux premières, il fallait la toise qui mesurait un mur, un terrain, mais pour des petites mesures plus minutieuses on se servait du pied, ainsi pour les vitrages, les pierres de taille, le bois de menuiserie ou de charpente, le bordé des navires par exemple.

Louis Lemaire présente avec une honnêteté digne d'éloges les difficultés de sa tâche : le magistrat avait délibéré en 1764 que « la tonne de morue [devait] être de la contenance de 52 à 53 pots, mesure de Dunkerque », soit une tolérance de l'ordre de 2 % [52 à 53 pts], un règlement de 1766 adopte le poids pour définir la tonne qui doit contenir 300 livres net (de Dunkerque) de poisson bien égoutté, mais en 1785 un nouveau règlement fixe à 288 livres de poisson en saumure au lieu de 385 la contenance de la tonne, ou à 276 livres au lieu de 300 pour la morue en sel sec. Faut-il conclure qu'en une vingtaine d'années la mesure de la morue a changé trois fois ? Ou ne faudrait-il pas observer que c'est le poisson qui change, on a tantôt de la morue bien égouttée, tantôt de la morue en saumure, ou encore de la morue séchée salée. J'en vois sourire, opinant que ce n'est pas le poisson mais la quantité de sel et sa nature qui changent. Certes. Et je retrouve alors une idée que j'ai déjà trop souvent avancée, mais comme mes écrits métrologiques rencontrent peu de lecteurs, bien rares sont ceux qui verront la répétition : on ne fait de bonne métrologie qu'après avoir acquis une solide connaissance de la marchandise pesée ou mesurée. Je constate : de 1766 à 1785, le poids de la morue égouttée dite « verte » (= en saumure) est passé de 300 à 288 livres, c'est là qu'est le changement, et non pas dans la réduction de 385 livres à 288 livres, ces 97 livres disparues pourraient bien être le poids de la saumure, soit ¼ du poids total net de la tonne (le poids brut serait celui « tonne comprise »). Voilà encore une nuance poids brut/poids net/poids égoutté qui échappe complètement à l'historien, moins attentif que l'acheteur d'une boîte de petits pois pourtant normalisée. Ce nombre de 288 peut passer pour irrationnel auprès de lecteurs formés au seul système décimal, mais pour le métrologue il est d'une logique éclairante, c'est $12^2 \times 2 = 288$ ou $12 \times 12 \times 2$ ou encore 24 douzaines, ce qui est un résultat remarquable de la numération duodécimale. Faut-il poser la question : a-t-on davantage de poisson avec 24 douzaines de livres de morues égouttées qu'avec 23 douzaines de livres de morue en sel sec ? Bien connaître la marchandise, toujours. La morue en sel sec a été séchée au préalable, puis salée, elle ne contient plus guère d'humidité. La morue même égouttée reste salée et contient encore beaucoup d'humidité. Ces mesures anciennes sont bien concrètes et vivantes, elles n'ont point la sécheresse de notre système pour qui 100 kilogrammes sont toujours 100 kilogrammes indépendamment de la marchandise, jadis quand vous achetiez 24 livres de morue verte ou 23 livres de morue sèche, vous aviez une chance d'avoir le même poids réel de poisson, la différence d'une livre éliminait l'humidité, à moins que le dessalage de la morue séchée n'ait fait prendre du poids à celle-ci avant cuisson. Sagesse des anciens. Il faut accepter les anciennes mesures telles qu'elles sont, les suivre pas-à-pas, montrer leur richesse. Et si l'on veut hasarder une conversion parce que le lecteur a besoin de savoir par rapport à ses habituels référents, une note suffit pour lui rappeler la valeur de telle ou telle unité. Voyez le caractère dramatique que prend sur les médias le prochain passage à l'euro, c'est apocalyptique. Un conseil, le 1er janvier 2002, cessez de calculer en francs, vous aurez un salaire ou une pension en euros, vous la dépenserez en euros, rien ne sera changé, quand vous allez à l'étranger, vous payez dans la monnaie du pays, on vous rend la monnaie locale, vous ne vous êtes pas encore suicidé de désespoir.

Il reste quand même un sérieux problème : imaginez que vous avez trouvé les recettes de l'accise de la bière pour Dunkerque-ville, les villages alentour et les bourgs et que vous vouliez calculer la consommation de bière en terre flamande. Or à s'en tenir aux seules villes, le pot de bière contenait 2,26 litres à Dunkerque, 2,29 l à Bergues et 2,22 l à Cassel, que nous avons eu la sagesse de ne pas prendre en compte. L'écart atteint seulement 7 cl (3 %) mais il existe et on ne peut additionner impunément tous ces pots. Alors il faut convertir, en évitant de convertir dans la mesure de Dunkerque, il faut adopter l'unité métrique, la seule qui soit commune aux trois mesures, la seule qui fasse apparaître la différence entre les mesures.

À ce point, je reprocherai au docteur Lemaire, peut-être à la suite de ses sources que je n'ai pu consulter, de se montrer très imprécis. En effet, quand il examine le pied de Flandre, il ajoute : « il est divisé en 10 pouces », fort bien, et il continue « sept pieds de Dunkerque équivalent à six pieds de Paris ou de France, le pied de France étant divisé en douze pouces, il en résulte que le pied carré de Dunkerque équivaut à 100 pouces [carrés], tandis que celui de France en vaut 144 ».

Il y a là une erreur de raisonnement (« il résulte que. . . »), : ce n'est pas parce que « sept pieds de Dunkerque équivalent à six pieds de Paris ou de France [. . .] que le pied carré de Dunkerque équivaut à 100 pouces (carrés), tandis que celui de France en vaut 144 », c'est un résultat arithmétique : 10 au carré font 100 et 12 au carré donnent 144. L'auteur, après avoir bien remarqué la différence des « pieds », considère implicitement que le pouce est commun à Paris et à Dunkerque, ce qui mérite vérification. On assimile souvent le pied de Paris au « pied du roi », bien connu car il a permis de mesurer l'arc de méridien terrestre qui aboutit à la détermination du mètre. Alors que le pied du roi était égal à 331,5 mm, le pied de Paris mesurait effectivement 333,96 mm. Si le pied de Dunkerque est égal à 10/12 du pied de Paris, le calcul donne non pas 0,284 m mais 278,4 mm (333,96 × 10 : 12), ce qui est la mesure du pied espagnol (278,3 mm). La différence (5,7 mm) est cependant trop forte pour entraîner l'adhésion, c'est-à-dire l'égalité des deux pouces de Dunkerque et de Paris. Si l'on devait choisir le pied du roi, l'écart serait plus grand encore : 7,75 mm. M'accusera-t-on de raffiner (de chipoter, comme on dit familièrement ?) Une différence de 7,75 mm portée au cube (volume) représente près d'un demi-cm³ (465,5 mm³).

Le véritable problème serait de déterminer pourquoi on est allé chercher un pouce dont on a décidé l'uniformité, alors que la mesure effective et utilisée par l'homme est le pied. On pressent que les mesures pouvaient changer, que les Espagnols, à la faveur de leur occupation des Pays-Bas et de la Flandre, avaient imposé leur propre mesure de longueur qui ensuite résista à l'annexion française, mais quelle était l'unité de longueur utilisée auparavant ? à la fin du Moyen Âge?

Était-il utile, dans ces conditions, de republier la compilation de 1921 ? Il s'agit bien de compilation, car Louis Lemaire n'a pas fait autre chose que recopier ce qu'il a trouvé dans les sources de l'an X ou de l'an XI. Ses informations sont sérieuses, même si elles s'écartent quelquefois de ce qu'ont retenu la tradition et la recherche récente. Ainsi dans une étude remarquable[3], Chantal Pétillon adopte pour le pied de Dunkerque une longueur de 27,32 cm, et ajoute que ce pied est utilisé dans les châtellenies de Bourbourg et de Bailleul, la mesure est l'unité de surface de la terre qui équivaut sur ces territoires à 0,4308 ha (0,441395 ha selon Dulion, 0,4390 chez Dieudonné). Derville dans une présentation historique « des mesures du Nord/Pas-de-Calais avant 1790 » brosse à grands traits un *tableau* historique où les avatars des dominations successives jouent un rôle majeur.

La « mesure » du pays de Langle, dans le Pas-de-Calais, était celle de Bourbourg, dans le Nord, très normalement puisque ces quatre paroisses avaient été annexées par les Capétiens après 1212, aux dépens de la châtellenie de Bourbourg, mais on retrouve cette « mesure » de 300 verges carrées et la verge de 14 pieds dans les châtellenies de Bergues, de Bailleul, d'Ypres, de Bruges.

Dans un précédent travail, Derville[4] disait tenir son information de Jacques Mertens[5]. Il existait bien quelques écarts, de l'ordre de 1 à 1,5 cm, entre les pieds des différentes villes, mais visiblement tous dérivaient d'un même pied, le pied osque. Et on pourrait en conclure que le comte de Flandre était un personnage suffisamment puissant dans son vaste comté pour avoir réussi à y imposer une même unité de longueur, partant de surface. Il faut souligner que, en définitive, on ne sort pas de ces tables de concordance, malgré leurs faiblesses.

Je conclurai en quelques mots : le chercheur doit consulter ces tables impérativement, à la rigueur il peut en appliquer les conversions aux anciennes mesures des chefs-lieux ou des villes, c'est mieux que de n'envisager pour tout le royaume que les mesures de Paris, mais s'il trouve dans ses sources une équivalence qui contredit les données de la fin du XVIIIᵉ siècle, il ne doit pas la rejeter comme entachée d'erreur, au contraire il doit la noter soigneusement et la publier en note avec la citation où elle apparaît, *in extenso* et dans la langue d'origine. Ce renseignement original et contemporain a toutes chances d'être exact. Il doit en être tenu compte. Aucune information ne peut être négligée, elle est trop rare. Je suis

3 PÉTILLON, DERVILLE et GARNIER (5 - 1991).

4 GARNIER et HOCQUET (5 - 1990).

5 MERTENS (4 - 1967).

encore d'avis qu'il demeure trop d'incertitudes pour convertir les anciennes unités dans les unités du SI. Il est impossible de vouloir rendre rasière par quintal ou hectolitre. Le texte conserve de sa saveur en demeurant fidèle au vieux vocabulaire. Mais pour être bien compris, il convient, je crois, de dresser en appendice un petit glossaire des poids et mesures cités en indiquant les conversions proposées. Et pour ces anciennes mesures de Dunkerque, leur reproduction sera d'autant mieux venue qu'elles semblent pouvoir être appliquées à, sinon toute la Flandre, toute la plaine maritime. Ces terres de conquête médiévale auraient échappé au morcellement du pouvoir, au fractionnement de la législation sur les poids et mesures aux temps féodaux, pour intégrer un comté dont le prince était parmi les plus puissants et les villes les plus actives.

Extrait de *Revue Historique de Dunkerque et du Littoral,* n°35 (déc. 2001), 53–64.

14

MÉTROLOGIE ET DÉFENSE DU CONSOMMATEUR

Venise distinguait les fermes de part et d'autre du Mincio, rivière affluent du Pô, qui baigne la ville de Mantoue et sépare la Vénétie de la Lombardie. Â l'est de cette rivière qui coupe les territoires de la République, les fermiers recevaient des sels fins récoltés dans les salins aménagés sur les rives de l'Adriatique, à l'ouest ils percevaient des gros sels importés de Méditerranée. Le nouveau règlement pris par les autorités ne concernait que les populations de ce qui deviendra la Vénétie. Une nouvelle réglementation des Balances, Poids et Mesures dans le ressort du Parti en deçà du Mincio fut donc affichée. En voici le texte:

1 Les Balances, Poids et Mesures avec lesquels on vend le sel dans les boutiques (*caneve*) et points de vente (*posti*) seront distribués par l'Office du sel au départ de la Ferme et payés par le fermier (*partitante*), tous marqués du sceau (*bollo*) de l'Office. Le sceau sera appliqué sur chacun des plateaux de la balance, sur l'aiguille (*asta* ou *fusto*). Ces éléments seront nets et ne comporteront aucune incrustation de sel ou d'autre matière, opérée par malice ou par un usage continu, on prêtera une très grande attention aux mesures de cuivre qui ne doivent comporter d'incrustations ni sur le fond ni sur les côtés. Les acheteurs n'ont pas à subir un quelconque préjudice ni à être trompés. Il en est de même des plateaux de la balance.

2 Quand il mesure, le vendeur doit tenir la mesure avec l'ouverture (*bocca*) tournée vers l'acheteur. Il ne peut la remplir à la main ou avec un instrument, il doit l'immerger dans le tas de sel (*monte del sale*), ainsi la mesure est remplie en une seule fois, toutes ses parties sont égales, le comble est rasé avec la rasière (la *rasadora*) de cuivre, non avec la main ou le doigt, la rasière ne doit pas être incurvée, mais rectiligne et fixée au bord de la mesure.

3 Les balances ne doivent pas souffrir d'altération ni de défaut en aucune partie, plateaux, aiguille, fléau, cordes auxquelles elles sont suspendues (*nelle conche ò nelle catene, che le sostengono, ò nell'asta, ò sia fusto, a cui stanno apprese*), elles doivent avoir un juste équilibre (*retto equilibrio*). La même chose s'entend des poids.

4 Si par cupidité un vendeur a commis une fraude au détriment des pauvres et des gens simples, ce vendeur se voit infliger une amende de 50 ducats dont

DOI: 10.4324/9781003322733-18

la moitié va à l'accusateur, aux serviteurs ou aux ministres, l'autre moitié à l'Office du sel ; en outre, il sera condamné à rester trois heures *in berlina*[1], puis à servir avec les fers aux pieds sur les galères pendant trois années. S'il n'est pas apte aux galères, il reste emprisonné durant cinq ans dans les prisons fortes. Il est privé sa vie durant d'exercer semblable office, à Venise et dans ses États.

5 Tous les trois mois à Venise et tous les 6 mois dans le duché, les vendeurs sont tenus de porter les Balances, Poids et Mesures à l'Office du sel pour vérification et étalonnage et pour renouveler le sceau, sous peine de 50 livres infligée par l'Inquisiteur au sel.

6 L'inquisiteur (le contrôleur) ou l'un de ses serviteurs-adjoints (*fanti*) doit inspecter les reventes de sel, à l'improviste, chaque semaine, à Venise, et dans le duché. Si cet inspecteur décèle un quelconque défaut dans les Balances, Poids et Mesures, il doit le noter en présence de deux témoins et en faire relation immédiatement à l'Inquisiteur. Cette relation est enregistrée dans le volume public. Le serviteur qui négligerait son devoir est déchu de ses fonctions et remplacé.

7 Tous les comptoirs (*banchi*) ne sont pas équipés de Balances, Poids et Mesures et pour 2 sous on remplit deux fois la mesure d'un sou, pour 6 sous, on remplit deux fois la mesure de 3 sous et ainsi de suite pour plusieurs livres (monnaie). On multiplie ainsi les mesures et les occasions de frauder, c'est-à-dire de se procurer des gains illicites au détriment des acheteurs. Dorénavant, toutes les boutiques de revente, à Venise et dans le duché, auront autant de mesures de détail (d'une livre et en dessous) qu'il y a de quantités de sel vendues au détail, il n'est plus question de multiplier les mesurages, sous peine d'une amende de 25 ducats.

8 Si le fermier (*partitante*) a eu connaissance de ces fraudes, il est sévèrement puni par les Provéditeurs au sel, même chose pour le vendeur (le titulaire de la boutique).

9 Dans les villes de Terreferme, les Ministres publics qui président un tribunal (*corte*) doivent de même exécuter ce règlement et punir les coupables selon l'autorité et le rite du Sénat. Les Recteurs qui n'ont pas de tribunal transmettent à Venise à l'Office du sel les mesures fautives ou suspectes et les Provéditeurs jugent selon le décret du Sénat du 1er décembre 1729.

10 Les Balances, Poids et Mesures de tous les territoires de Terreferme seront transférés tous les deux ans à l'Office du sel pour y être contrôlés.

11 Les maitres qui fabriquent les mesures de cuivre (*rame*) et le Masser de l'Office ou son substitut ne peuvent apposer le sceau sur des mesures différentes de celles prescrites par le Collège du sel le 10 mars 1558, c'est-à-dire sur des mesures dont l'ouverture est plus large que le fond avec un sous-fond de bois.

1 Châtiment réservé aux malfaiteurs (Boerio, *Dizionario del dialetto veneziano*, s. v.).

Ce règlement soumis au Sénat et approuvé sera envoyé à tous les recteurs en deçà du Mincio, distribué à tous les revendeurs de sel (*venditori e salaroli*) et affiché dans les boutiques (*caneve*) à la vue de tous.

Fait le 2 juin 1736

Les Provéditeurs étaient Piero Marcello, Piero Condulmer, Pier-Antonio Dolfin et Marc Antonio Trevisan

Notaire au sel : Gerolamo Capovilla.

Ce règlement s'applique à ceux qui achètent jusqu'à une livre de sel (*le misure di sale, che si vende al minuto da una libbra in giù*). Il est fait pour la protection *tanto di chi vende, quanto di chi compra il sale al minuto.*

Cette petite mesure d'une livre doit correspondre *al giusto peso d'una libbra su la bilancia* et l'acheteur a la liberté de se faire donner le sel au poids et non à la mesure.

L'arrêté n'appelle pas de commentaire tant sa clarté démontre quel soin les autorités de l'État apportaient au contrôle des poids et mesures et aux plaintes éventuelles des usagers.

15

UNE RÉVOLUTION DANS LA RÉVOLUTION

On accuse les mesures anciennes d'entretenir le chaos et l'arbitraire. La multiplication des noms de mesure découragerait le lecteur surpris de voir tout mesuré au grand setier ou à la petite mesure, emplie rase, demi- comble ou comble. Le désordre était encore aggravé par le geste du mesureur et son savoir-faire professionnel lui-même assimilé à l'arbitraire. L'impression de désordre naissait surtout de la diversité des mesures d'un lieu à l'autre, d'une marchandise à l'autre. Dans leur cahier de doléances les habitants de Saint-Norvez exigeaient que soit faite

> « défense aux seigneurs de prendre les rentes en grains à la mesure de leur maison ou seigneurie (et qu'ils) se fixent désormais à la mesure de Guingamp, au poids de soixante- cinq livres[1] ».

Un esprit chagrin serait fondé à demander quelle livre avait la faveur des paysans bretons. Contentons-nous de constater que les paysans voulaient fort sagement vérifier la loyauté de la mesure par sa pesée, c'est-à-dire bénéficier d'un avantage dont usaient à bon escient les marchands pour réduire les inconvénients de la prolifération des mesures et ne pas subir un préjudice à cause du maniement frauduleux des mesures.

Depuis le Moyen Âge, aux environs du XIe siècle, quand le morcellement féodal devint le mode de gouvernement des hommes et des pays cloisonnés en minuscules cellules, tout maître d'une ville ou d'une seigneurie s'était mis en tête de posséder ses propres poids. Le processus de différenciation déjà à l'œuvre dans l'empire carolingien[2] s'accéléra avec la désagrégation impériale et l'émiettement du pouvoir entre les mains des seigneurs féodaux. La diversité atteignait même le monde des marchands et des échanges que l'activité économique et intellectuelle fondée sur le calcul aurait pu préserver du morcellement des poids et mesures encore aggravé par les fluctuations des changes monétaires. Chaque marchandise avait ses propres emballages, tonneau, jarre, caisse, sac ou ballot, qui servaient

1 KULA (5 - 1984), p. 182.
2 HOCQUET (6 - 1985B) ; WITTHÖFT (6 - 1984).

DOI: 10.4324/9781003322733-19

aussi de mesure, mais elle avait souvent aussi sa propre livre lors de la pesée[3]. La livre était l'unité pondérale la plus usitée. Un recensement des livres-poids dans le royaume de France aurait dénombré l'existence d'un bon millier de variétés locales, il était fréquent que le grain fût pesé dans le commerce de gros, sur la berge du fleuve où accostaient les barques, au setier fait de telle livre, la farine avec telle autre livre et le pain à l'aide d'une troisième unité.

Nature des anciennes mesures

On connaît un défaut du système, trop enraciné dans la perception concrète des gens qui avaient choisi dans le quotidien de leur vie les références d'un système hiérarchisé de poids, à commencer par les divers grains. Comme le poids de ces grains varie en fonction de quantité de facteurs, ce choix provoquait des distorsions à la base du système et dans la chaîne des multiples, les carats, onces et marcs. Les autres différences tenaient à la composition numérique de la livre. On composait en effet des livres de 12, 13, 14, 15, 16, 18, 20, 24 et 30 onces, on appliquait, au lieu d'un multiplicateur unique, comme le sera 10 par la suite, une grande variété de multiplicateurs à des poids du grain eux-mêmes très divers[4], ce qui créait une extrême variété de livres qui oscillaient de 300 g environ pour les plus légères à 850 g pour les plus lourdes.

Pied, pouce, coudée, empan, pas, etc. les anciennes mesures de longueur étaient souvent tenues pour anthropométriques, l'homme s'érigeant en mesure de toutes choses. Il était commode en effet de confronter la longueur de tout bien au pouce, à l'empan, à la coudée, au pied, au pas ou à la brasse de chacun, et il était déjà scientifique d'introduire entre ces mesures empruntées au corps humain tout un système simple de rapports arithmétiques, multiples ou sous-multiples, entiers, ne reposant pas sur des fractions décimales[5]. Les systèmes métriques pré-décimaux se caractérisaient davantage par leurs rapports de groupement et de division que par les grandeurs absolues des mesures qui les constituaient. On fut bien en peine en effet de dégager des étalons (standards) pour ces mesures du corps humain : l'esprit chrétien aurait aimé choisir les mensurations du Christ, de façon plus réaliste, on s'en était tenu à celles du roi, à défaut de toujours bien connaître les caractéristiques physiques du plus illustre des souverains médiévaux, l'empereur Charlemagne, mais longtemps on utilisa le pied de Charlemagne à côté du pied du roi, comme mesures royales de longueur, le comte préférant de toute évidence imposer, dans sa juridiction, l'usage d'un pied ancestral et lignager[6].

3 Hocquet (6 - 1987), p. 3–19 ; Hocquet (6 - 1988), p. 25–48.
4 Soetbeer (6 - 1866), p. 76.
5 Kula (5 - 1984), p. 36.
6 Clade (6 - 1988) a publié ces mesures fondées sur des joyeusetés de ce genre (p. 8) : « On se sert en Comté du pied le comte pour tout ce qui se mesure à la toise. Le pied le comte est plus grand que le pied ancien de Bourgogne et que le pied du roi, contenant 13 pouces et plus d'une demi-ligne du pied du roi. À Besançon (la capitale) on se sert d'un pied plus petit qui ne contient que 11 pouces 7

En vertu du critère d'utilité, on avait aussi recours au principe de finalité : pourquoi appliquer une mesure uniforme à la terre dont les rendements sont très variables ? on préférait évaluer la superficie des terres cultivées non par leurs mesures géométriques, mais par la quantité de travail ou de grains nécessaire à leur ensemencement ou par les récoltes espérées[7]. On se trouvait dans ce dernier cas au cœur de la variabilité maximale. Nature et richesse des terroirs aboutissaient à créer des valeurs différentes obéissant à la loi des rendements décroissants. On semait plus dru les bonnes terres fertiles susceptibles de procurer de meilleurs rendements. Une séterée de bonne terre, ensemencée d'un setier de grain, occupait dans certaines régions une surface d'un cinquième inférieure à celle d'une terre médiocre et celle-ci un sixième en moins que la mauvaise ou légère. Plus la terre était pauvre, plus l'unité de surface exprimée en quantité de semailles était étendue[8].

Le morcellement physique du paysage agraire distribué dans la grande majorité des terroirs du royaume entre fonds de vallée, côteaux et plateaux, aux sols divers plus ou moins exposés aux intempéries inattendues et à l'ensoleillement, contribuait beaucoup à l'instabilité des mesures dans un même village. Or très tôt on avait pris conscience de la nécessité de l'alignement des mesures locales et par conséquent on commença d'abandonner les mesures fondées sur des critères subjectifs. On garda par exemple le « jour », qui devint une mesure conventionnelle, normalisée, uniformisée entre les seigneuries, c'est-à-dire une mesure géométriquement précise arpentée à la toise ou verge. L' « hommée » perdit de même son caractère concret et devint un sous- multiple du jour, dont elle représenta le dixième. Cette adaptation n'était possible que dans un cadre social précis : en fait le jour ou journal avait longtemps été lié à la corvée collective sur le grand domaine et l'hommée - comme sous-multiple - représentait la surface confiée à un corvéable de l'équipe[9]. L'inégalité géométrique des anciennes mesures compensait des différences de qualité, d'exposition, de relief, de types de cultures, si bien qu'elles étaient malgré tout « commensurables », comparables entre elles.

Marchands et paysans

Pour les marchands le casse-tête aurait été permanent : devaient-ils, pour établir leur prix et déterminer leurs profits, calculer à la fois les équivalences des poids et mesures du lieu où ils achetaient dans les unités du marché sur lequel ils vendaient, et les changes monétaires entre ces deux places ? Les marchands échappaient en fait à ce fatras. Peu importaient les différences de taille et de contenu des ballots chargés dans les ports où avait accosté le navire, la pesée leur fournissait

lignes du pied du roi, et est égal au pied du Rhin, lequel est le même que le pied ancien de l'empire romain » c'est-à-dire du Saint empire romain-germanique.

7 Kula (5 – 1984), p. 40–42 ; Peltré (6 - 1989), p. 173, Peltré (6 - 1975) ; Baulig (6 - 1949).

8 Kula (5 - 1984), p. 41 et 45.

9 Peltré (6 - 1989), p. 179.

immédiatement la conversion dans les unités de poids familières avec lesquelles ils tenaient leurs écritures et, accessoirement, le moyen de vérifier la loyauté de leur vendeur[10].

Les paysans, au contraire, étaient maintenus au niveau inférieur, celui de la mesure emplie et non pesée, grâce à quoi leur partenaire, seigneur ou marchand local, leur imposait sa loi. La diversité des mesures dans une même châtellenie, quelquefois sur un même domaine seigneurial, s'accompagnait de la stabilité de ces mêmes mesures, immobilisées par la force d'inertie idéologique qui, dans la société féodale et cléricale, privilégiait l'ancestral, l'immuable, l'invariant[11]. La seule vraie, juste et bonne mesure était la mesure « coutumière » Toutes les autres, apparues ensuite, étaient de « mauvaises mesures », comme il y avait les « mauvaises coutumes », les nouveautés et autres innovations dangereuses. Ce principe d'inertie, avertit W. Kula, se heurtait pourtant à deux forces opposées, à deux facteurs de variabilité, d'une part l'accroissement de la productivité du travail humain ou animal, d'autre part, l'alourdissement de la rente en nature prélevée sur les paysans. Les mesures étaient dépendantes de la technologie et de la productivité du travail, elles changeaient avec les mutations technologiques. Aborder la métrologie consiste donc pour l'historien à pénétrer au cœur de cette dialectique du permanent et du variable, de la constance et de la mutation. La prolifération des pouvoirs à l'époque féodale et la pyramide des droits divers qui avaient alors pris la place du droit unique, exclusif, romain, entraînaient pour tous les bénéficiaires du nouvel état de choses le droit d'établir leurs propres mesures. Dès lors coexistèrent fréquemment la mesure pour la dîme, la plus proche de l'antique mesure, plus conforme au conservatisme ecclésial toujours soucieux de s'appuyer sur l'autorité des pères et des écritures, la mesure du marché, davantage alignée sur celles du voisinage afin de faciliter l'échange marchand, enfin la mesure qui servait au prélèvement de la rente seigneuriale. Mais chacune de ces mesures s'entendait sous l'un des quatre termes : rase, sur bord, demi-comble ou comble. Le mode de remplissage introduisait un élément de grande variabilité, pouvant aller du simple au double avec les mesures de grand diamètre et de faible hauteur[12]. Dans ces conditions, les détenteurs du pouvoir, les seigneurs, auraient aimé utiliser plusieurs types de mesure, une au village pour percevoir la rente foncière et une autre en ville pour vendre le produit de la rente. A défaut de changer les mesures, ils s'efforçaient toujours de vendre à mesure rase ce qu'ils avaient acquis à mesure comble : les mesures des marchandises vendues par les puissants

10 Au milieu du XIIIe siècle, tout navire marchand vénitien allant outre-mer emportait une balance et des poids. Dans les Statuts du Doge Ranieri Zeno édités par PREDELLI et SACERDOTI (1902), on trouve ces indications : "quelibet tarreta habeat unam stateram (cap. 19) ; omnes merces que in tarreta caricabuntur de cetero debeant ponderari (cap. 28) et omnes merces posite in navi computentur camerate in milliario vel kantariis (cap. 43).

11 C'est l'une des idées-force du livre de Witold Kula (5 - 1984) ; cf. HOCQUET (6 - 1986), p. 240–247.

12 HOCQUET (6 - 1975) ; HERKOV (6 - 1971) p. 147–148 ; sur les enjeux de ces pratiques, KULA (5 - 1962), p. 278 ; HOCQUET (6 - 1989A) montre que la mesure est aussi un instrument d'oppression au service de l'État dans ses rapports avec les provinces sujettes.

étaient toujours déterminées comme mesures maxima, celles des articles qu'ils se procuraient comme mesures minima.

Ces pratiques s'enracinaient dans les rapports économiques et sociaux. Les meuniers passaient pour savants dans l'art de faire rendre à la mesure plus qu'elle ne devait. Ils aimaient recevoir le grain des paysans lorsque les meules tournaient et imprimaient leurs trépidations au plancher sur lequel étaient posées les mesures à grain. Mais ils étaient rémunérés en nature, avec la « boulange », le produit de la mouture, dont la densité était environ deux fois plus faible que celle du grain, si bien que la boulange aurait rendu deux mesures pour une de grain, si on n'avait pas pris la précaution de mesurer le grain ras et la farine comble. Dans de nombreuses régions, le meunier se payait ainsi : il restituait 13 mesures combles pour 12 reçues rases et conservait le surplus. Les meuniers avaient fâcheuse réputation, et les boulangers, conscients d'être volés, faisaient supporter le préjudice aux acheteurs. C'était d'autant plus facile qu'on manquait de monnaies divisionnaires (deniers) pour payer le pain (au Moyen Âge et dans les temps qui suivirent, on cuisait plus fréquemment des petits pains que des miches de 6 livres) ou rendre la monnaie. Or, dans des économies cloisonnées, dominées par la question des subsistances, les prix du grain au marché variaient selon les arrivages journaliers. La variation du prix de gros (la mercuriale) payé en monnaie de « gros » devait être répercutée au détail, où le défaut de petites espèces obligeait souvent les autorités communales à substituer une variation de poids du pain au changement de prix. Dans les villes les autorités publiaient régulièrement, et les boulangers affichaient, le « tarif » du poids du pain calculé en fonction du prix du grain[13]. Les populations de l'Occident, dans ces conditions, étaient extrêmement sensibles aux questions de poids et mesures. Les émotions populaires urbaines naissaient moins de la hausse nominale des prix du pain que de la baisse réelle de son poids. Là où l'époque contemporaine pratique de préférence la variation des prix pour une mesure (ou un poids) invariable, jusqu'au XVIIIe siècle les hommes avaient surtout connu le prix invariable (réajusté deux ou trois fois par siècle en temps d'inflation) et la diversité hebdomadaire des poids.

Le seigneur et le roi

Quand, à la suite de l'échec de la restauration impériale carolingienne, s'était désagrégée l'autorité centrale, les droits de poids et mesures avaient été accaparés par les seigneurs qui établirent leur monopole dans chaque seigneurie et s'approprièrent la police des poids et mesures. Le seigneur, par la police des foires et marchés, imposait sa mesure à ses sujets et percevait des taxes dites d'*aunage, minage et pesage*, pour l'usage des mesures de longueur (l'aune), de capacité (la mine) et de masse. La hiérarchie du régime seigneurial (pyramide de pouvoirs) était cependant respectée : le moyen justicier était autorisé par la coutume

13 HOCQUET (6 - 1992A) indique des éléments de bibliographie sur ce sujet (p. 234 n. 19).

à « bailler » les mesures à ses sujets, si lui-même conformait ses mesures particulières à l'étalon de son suzerain. La royauté qui rétablissait son autorité a cherché à limiter les abus en restreignant ce monopole économique. En Touraine, en 1507, le souverain ne se contentait pas d'exiger du seigneur qu'il ait un seul étalon, il lui interdisait d'en modifier la contenance ; en 1559, il lui imposait de mettre cet étalon en dépôt à l'hôtel de ville ou au tribunal royal[14].

La question des poids et mesures était véritablement, comme Witold Kula en a fait l'éclatante démonstration, au centre du conflit de classes dans la société d'ancien régime. Elle était devenue l'un des enjeux principaux de l'hostilité que la paysannerie éprouvait à l'encontre des derniers avatars du régime féodo-seigneurial, à tel point qu'on a aujourd'hui de grandes difficultés à se faire une représentation fidèle de la complexité ancienne des mesures et des modes de mesurage si on ne se réfère pas dans l'étude métrologique, à l'analyse socio-politique des rapports de domination qui traversaient la société ancienne. La mesure était au service du dominant, prince, marchand, seigneur, qui la pliait à son profit personnel dans la transaction conduite avec un partenaire plus faible. En ce sens la création du système métrique décimal fut beaucoup plus qu'une solution technique apportée à la résolution plus commode de problèmes d'arithmétique, elle fut une création sociale révolutionnaire exigée par l'esprit de la nuit du 4 août et la revendication de l'abolition des privilèges[15].

D'innombrables procès montraient la nécessité de s'en rapporter à une mesure invariable, la mesure du roi, l'étalon auquel seraient confrontées les mesures seigneuriales. Les souverains de la Renaissance, François Ier et Henri II, fidèles au nouvel esprit de l'époque, avaient bien cherché à unifier le système. En 1558, à la demande des États généraux déjà, l'énergique Henri II décidait d'inaugurer l'ambitieux projet dans sa capitale et les environs, Il n'y aurait plus qu'un seul étalon du boisseau, conservé à l'Hôtel de Ville. Mais en province, les agents du roi ne réussirent à imposer, en Touraine par exemple, que le seul étalon de la mesure de longueur, l'aune royale de Tours. Ils avaient essayé de généraliser l'emploi du setier de Tours, sans succès : en 1668 un arrêt du Conseil prescrivait la conformité des mesures des seigneurs à celles du plus prochain marché, avec un dépassement toléré d'un cinquième (20 %). C'était une capitulation. Colbert réalisa une première réforme en choisissant de nouveaux étalons qui intégraient dans leur volume une partie de l'ancien comble : à Paris à partir de 1669–1671 le boisseau qui contenait 10,84 litres avec un rapport 100/128 entre le ras et le comble, céda la place à un nouveau boisseau à blé. La Ville adopta ce boisseau-étalon de 13,008 litres (rapport avec l'ancien 119/100). En 1766 la royauté tenta d'établir un « tarif' » exprimant le rapport entre les mesures particulières et les mesures de Paris. Les marchands de grain ne pouvaient plus se servir que du « nouveau boisseau » (de Colbert) et de ses sous-multiples. La diversité des poids et mesures

14 Vivier (6 - 1926), en particulier 182–183 voir aussi Vivier (6 - 1928).
15 Backzo (6 - 1984), p. 64.

commençait d'être ressentie comme un obstacle aux transactions. Même les receveurs seigneuriaux ne parvenaient plus à déterminer la quantité exacte de grains à percevoir sur les domaines d'une seigneurie éclatée entre plusieurs paroisses. Pour connaître le montant global des revenus en nature, il fallait établir la valeur respective des principales mesures à grains de différentes localités et réduire leur valeur à celle du Roi, en somme recourir à un étalon unique. La confusion extrême engendrait enfin un besoin d'uniformité. On s'aperçut alors que le mieux consistait à connaître le poids réel des grains contenus dans les différents boisseaux en usage, sans s'arrêter à des valeurs fictives et à des gestes trop bien appris. Il suffisait de peser la mesure emplie. Cette nécessité de peser aboutit à la confection de tables indiquant le poids du boisseau et du setier pour chaque espèce de grain : le setier de méteil, mesure du roi, pèserait en Touraine 195 livres, le seigle, 192, l'orge, 160, ainsi de suite. Dès lors qu'un minot devait peser tant de livres, il devenait inutile d'en tapoter le flanc avec la pelle pour augmenter subrepticement sa capacité ou de passer la rasière en creux pour diminuer la quantité de grain[16]. Bientôt on s'aperçut que la mesure était inutile, plus exactement on cessa de considérer le récipient comme unité de mesure.

Une révolution scientifique

Une véritable révolution commençait enfin dans les usages quand éclata la Révolution française. En 1789, un cahier de doléances demandait encore que « la mesure à blé des seigneurs pour la perception des rentes n'excède pas celle du siège royal le plus proche »[17], une revendication qui s'articulait parfaitement avec un programme politique et social unificateur, où la loi serait la même pour tous : « un roi, un poids, une mesure ». De ce point de vue aussi, l'unification des poids et mesures fut une révolution sociale autant que scientifique. Elle supposait l'abolition du régime seigneurial. Les décrets de l'été 1789, pris au lendemain de la nuit du 4 août, et ceux de mars 1790, qui abolissaient les droits féodaux, supprimèrent également le monopole seigneurial des poids et mesures.

Le progrès de l'esprit scientifique depuis la Renaissance avait rendu plus sensible aux populations le chaos des poids et mesures et les difficultés qu'il engendrait. Le système ancien des mesures de surface fait de toises, pieds, pouces et lignes carrés, d'arpents, acres ou journaux, contraignait à une gymnastique redoutable. La toise carrée contenait 36 pieds^2, celui-ci 144 pouces^2, le pouce^2 144 lignes^2 et la ligne^2 144 points^2,

16 Gruter (6 - 1989).

17 Nombreux exemples dans Kula (5 - 1984), en particulier le chapitre 20 au titre suggestif « Un roy, une loi, un poids et une mesure » (p. 170–210).

> « en sorte qu'après avoir additionné des points, il fallait diviser le total par 144 pour trouver des lignes et faire ainsi 5 additions, 4 divisions, 4 soustractions pour opérer une seule addition de toises carrées[18] ».

Le rapport décimal ou rapport de 10 à 1 fut retenu pour diviser et sous-diviser les nouvelles mesures. Il rendait les calculs simples et faciles en supprimant les calculs fragmentaires des fractions, désormais calculées comme des nombres entiers. Une fois précisé le nombre en chiffres, il suffit d'y adjoindre l'unité de référence ou son abréviation, puis, après la virgule, les chiffres qui désignent les parties décimales : le système décimal dispense de l'énumération des subdivisions, Il abrège l'expression écrite et simplifie la disposition. Dans l'ancien système il fallait écrire les diverses unités : on vendait pour *x* livres, *y* sous *z* deniers une quantité de *m* muids, *s* setiers, *m'* minots. Le conventionnel, ingénieur du génie et membre du Comité de Salut Public comme Lazare Carnot, Prieur de la Côte d'Or, portait au crédit du nouveau système

> « si l'on considère les mesures d'un même genre rangées par ordre de décroissement, chacune est dix fois plus petite que celle qui la précède immédiatement et dix fois plus grande que celle qui la suit ».

Le nouveau système rendait accessibles à tous les calculs, y compris aux plus modestes (pour peu qu'on leur eût appris les rudiments du calcul décimal), alors que « jusqu'à présent il leur a fallu s'en rapporter à d'autres sur ces objets, ou y renoncer entièrement ». La décimalisation introduisait en effet une véritable révolution dans le calcul des surfaces et des volumes. Tout passage d'une surface multiple à une sous-multiple et vice-versa s'opère par simple glissement de la virgule décimale de deux rangs, de trois rangs s'il s'agit de volume. L'avantage est considérable, dans l'optique de l'histoire économique, sociale et culturelle. Les scientifiques insistent sur l'abstraction du nouveau système, certes fort avantageuse pour leurs calculs, mais tellement éloignée de l'esprit inculte de la masse des sujets du Très-Chrestien. Plus de pied, de pouce et de pas, mais « une mesure constante, inaltérable, vérifiable dans tous les temps », reproductible par le calcul puisque fondée sur la mesure de l'arc de méridien terrestre conduite à bien, au milieu des pires difficultés, par le mathématicien Delambre et l'astronome Méchain[19] qui reprenaient et vérifiaient les travaux d'un autre génie méconnu, le cartographe Cassini. La nouvelle mesure était universelle, elle avait vocation à l'universel et à l'éternel (mètre de platine iridié conservé sous triple serrure) comme l'avait voulu Condorcet : « à tous les peuples à tous les temps ». La création du mètre et du système métrique décimal était indispensable à la réalisation de l'idéal révolutionnaire, à l'accomplissement de la devise « Liberté, Égalité,

18 Roncin (6 - 1984–85). Citons aussi les travaux de Y. Marek, notamment celui qu'il a écrit en collaboration avec E. Gruter (6 - 1984).

19 Guedj (6 - 1987).

Fraternité ». Elle répondait à la nécessité politique d'introduire l'égalité entre les hommes devant « une loi, un poids et une mesure ».

Grâce à la généralisation de l'instruction primaire cent ans après la Révolution française, on a oublié quelle révolution représentait le mètre. On avait enfin une mesure unique de longueur qui entrait en relation simple avec les unités de surface, de volume et de capacité. Même les unités de masse s'uniformisaient. Aujourd'hui un kilogramme de plume ou de plomb pèse invariablement 1 000 g. Auparavant, on l'a dit, les livres de grain, de farine et de pain n'étaient pas commensurables. On sait toutes les difficultés que le nouveau système éprouva pour s'installer. C'est en 1837 enfin que la monarchie de Juillet, après les errements napoléoniens et le compromis de 1812, revint au système métrique dans sa pureté, il correspondait désormais aux besoins créés par la formation d'un marché national en voie d'unification grâce à la révolution des transports. Les anciens systèmes avaient vécu, Ils étaient des outils produits à l'âge de l'artisanat, quand tout objet fabriqué était unique, mais l'âge de l'industrie et des machines qui inaugurait la production capitaliste de masse exigeait d'autres standards. En ce sens, le système métrique était aussi le fruit des Lumières, une construction intellectuelle en avance sur son temps, une nécessité politique certes, mais que l'état de l'économie n'appelait pas encore. De ce point de vue le primat du politique dans la Révolution ne devrait pas surprendre, toute révolution implique davantage les changements politique et social rapides qui bouleversent le gouvernement et la société, que la lente mutation économique qui les a préparés de longue date.

On objecte quelquefois que l'Angleterre où prit naissance la révolution industrielle conserva son ancien système de poids et mesures. C'est oublier qu'elle en avait réussi précocement l'unification et qu'elle vivait sous un régime unifié de poids et mesures. Le problème n'était pas tant dans le choix conventionnel du mètre que dans les rapports de grandeur à instituer entre les diverses unités choisies. Finalement les deux systèmes, l'international et l'anglo-saxon, obéissaient chacun à leur rationalité propre. L'absurde, c'est de vouloir les convertir l'un dans l'autre, ce qui déclencha dans les deux pays des sourires amusés, voire l'hilarité de respectables élus du peuple, dès lors qu'on voulait calculer *a pint of ale* en litre et réciproquement. Un tube de 5 pouces de diamètre est aussi cohérent, rationnel et facile à fabriquer qu'un tube de 15 cm de diamètre, mais les choses se compliquent si vous voulez adapter une pièce calculée en pouces sur une pièce fabriquée à l'origine selon des plans établis en centimètres. Les Anglais s'en aperçurent avec leur entrée dans le Marché Commun et la mondialisation des échanges.

Il existait, ce que nous avons voulu rendre sensible, plusieurs niveaux, rural et paysan, urbain et marchand, technique et déjà abstrait, incommensurables. Une révolution qui bouleversa le statut de la terre, celui des masses rurales et le sort des couches privilégiées qui, ensemble, les unes contre les autres, avaient pris une part si décisive à son déclenchement puis à sa relance, se devait de mettre de l'ordre là où la difficulté était la plus aiguë, la revendication la plus vive, à la campagne. Il est significatif que les milieux marchands se soient longtemps accommodés de l'ancien « chaos », dont ils avaient réussi à surmonter les difficultés, que les scientifiques aient réussi pour leur part à mesurer le méridien à l'aide des anciennes toises avant de créer le « mètre », il est patent que la diversité ancienne des systèmes et des méthodes créait un système d'exploitation *sui generis* de la paysannerie et des classes populaires.

« Une révolution dans la Révolution : quelques motifs de la création du système métrique décimal », 97–108, in *L'espace et le temps reconstruits : la Révolution française, une révolution des mentalités et des cultures*, Publ. de l'Université de Provence, Marseille 1990, 388 p.

CONCLUSION

L'historien et la métrologie historique

Au Moyen Age, les hommes ont compté, mesuré et pesé. S'ils nous ont laissé un témoignage matériel ou écrit de l'une ou l'autre de ces opérations, celui-ci a valeur de source. Il n'est pas indifférent de savoir combien de sacs de blé portait un animal de somme, ces sacs formaient en effet une « saumée », ni avec combien de tonneaux de vin ou d'huile on chargeait une charrette attelée de deux chevaux car, par définition, ces tonneaux composaient la « charretée ». Ces matériaux demeurent cependant d'intérêt limité. Il ne faut pas les négliger. Un jour, à mesure qu'avance la recherche de l'historien, ils trouveront un nouvel éclairage, si se découvre par exemple le document qui a enregistré la pesée du sac de froment ou sa composition en mesures : un sac pesant 162 livres de grain est empli avec trois mesures et deux sacs forment une somme ou saumée. Il va sans dire que l'historien qui parvient à reconstruire ainsi les anciens systèmes de mesure fait de l'excellente métrologie.

La meilleure source de la métrologie historique est à nos yeux l'arithmétique, marchande ou fiscale. Il est, par exemple, évident qu'une opération telle que:

5 setiers 10 minots + 10 muids 6 setiers 15 minots = 11 muids 1 minot

repose sur l'existence d'un système de compte où le muid fait 12 setiers et le setier 24 minots. Par conséquent ce muid se compose de 288 minots. Ce renseignement exemplaire a son prix. Il fait justice de l'argument selon lequel l'historien n'aurait pas les moyens de se retrouver dans la confusion introduite par tant de mesures différentes, les uns parlant de minots quand d'autres refusent de compter autrement qu'en muids. Les sources prennent soin d'ajouter ou de retrancher des éléments nombrables de même nature, de même origine. A cet égard, il me paraît dangereux de renouveler l'erreur des auteurs anciens qui, aux XVIIe et XVIIIe siècles, traduisaient fréquemment la mesure romaine appelée « modius » par le terme français « boisseau », sous prétexte que le boisseau royal et le « modius » impérial contenaient l'un et l'autre une quantité semblable de grains. Il faut refuser la traduction ou l'adaptation, garder « mencaudée » quand on trouve ce mot, plutôt que de lui substituer « sèterée » sous prétexte que ce terme serait sinon plus compréhensible, du moins plus courant. Par contre, il faut toujours préciser si le muid est de Paris,

 DOI: 10.4324/9781003322733-20

le setier, de Senlis et le minot, de Cormeilles-en-Parisis, afin de ne pas additionner trois mesures non homogènes.

Que les anciens poids et mesures se présentent à la façon d'un puzzle, nul n'en disconvient. Encore faut-il s'entendre : ils varient d'un lieu à l'autre, certes, quelquefois dans un même lieu, mais toujours ils entrent dans des systèmes où les uns sont multiples et les autres sous-multiples. Dans la perspective de reconstitution du puzzle, aucun renseignement n'est anodin ni inutile et aucun document n'exclut *a priori* de telles informations.

La connaissance métrologique commence véritablement avec les équivalences. Savoir qu'une livre de pain a coûté 6 deniers tournois dans telle ville en telle année et 9 d.t. de l'autre côté du fleuve n'autorise aucune conclusion. Il se peut que la première soit de 12 onces et l'autre de 18, auquel cas les prix sont rigoureusement identiques si l'once pèse même poids dans les deux villes, les qualités du pain étant égales par ailleurs. Or si le prix de 6 deniers a été observé en mars et celui de 9 deniers en juillet, il serait imprudent de tirer de cet écart apparent de 50 % des conclusions sur les difficultés structurelles des économies d'ancien régime particulièrement sensibles au moment de la soudure.

Je crois que l'historien doit être d'autant plus prudent qu'il a moins de données quantitatives et numériques à sa disposition et qu'il est plus tenté de les corréler pour en tirer parti. Faire parler les chiffres... C'est l'équivalence, l'égalité, qui fournissent le matériau de la métrologie historique. Equivalence interne à une seigneurie, une communauté, une ville, une *civitas* (il serait illusoire de vouloir aller dans cette énumération jusqu'à l'État territorial, royaume ou principauté) un minot de R*** fait tant de boisseaux de R*** une livre de S*** = tant d'onces de S***. Une telle équivalence ne doit pas être appliquée à d'autres marchandises que celles pour lesquelles elle a été établie. Il existe de fortes présomptions pour qu'on précise ce poids parce qu'on utilise d'autres livres à la pesée d'autres denrées.

Equivalence externe, entre deux villes voisines, plus généralement entre deux communautés unies par des rapports d'échange ou marchands. L'acheteur prudent a besoin de savoir ce que va réellement lui fournir son vendeur avant d'accepter son prix. Quand l'État est partie dans la transaction (à la fin du Moyen Âge l'Etat intervient fréquemment et avec une compétence très étendue dans toute la vie économique) il peut faire procéder à l'étalonnage des mesures. Il sait alors ce que l'importation de tant de mesures de R*** procurera à la population de S***. Il peut aussi désirer connaître la qualité de la marchandise achetée, ce qu'il fait souvent en vérifiant la mesure par une pesée. Il a ainsi une idée de ce que nous appelons le poids spécifique ou volumétrique. Les procès-verbaux où sont consignés ces étalonnages sont parmi les documents les plus précieux. Malheureusement on n'en trouve guère avant le XVe siècle.

La source systématique de la métrologie historique se trouve dans les manuels de marchands ou de marchandise, ces *Pratiques* qui se donnent pour objectif d'enseigner aux marchands l'arithmétique commerciale et de les informer sur les équivalences des poids, des mesures et des monnaies, en somme sur les changes pondéraux, métriques et monétaires. Au Moyen Âge, ces manuels sont presqu'exclusivement toscans, vénitiens et génois. Mais comme ces hommes d'affaires italiens font le commerce, le change et la banque dans toute *l'oikouméné,* qui dépasse et de loin les limites de la seule Europe chrétienne, on trouve dans ces manuels de nombreux renseignements sur les systèmes de poids, mesures et monnaies en usage dans toutes les places où négocient ces hommes d'affaires italiens. Le caractère systématique de ces livres ne les met pas à l'abri de l'erreur, de la confusion, de la faute de transcription. Il est par conséquent recommandé de les confronter, dès qu'on le peut, avec les actes de la pratique, consignés dans les actes notariaux, pour valider ou rectifier les renseignements qu'ils fournissent.

J'ai souvent écrit ma défiance à l'égard des *tables de concordance* établies après l'adoption du système métrique décimal (système international), non pas qu'elles soient fausses ou remplies d'erreurs, mais parce que ces tables saisissent les anciens systèmes au terme d'une évolution millénaire et après plusieurs siècles de patients efforts d'unification et de rationalisation. Le recours aux *tables,* utile pour le spécialiste du XVIIIe siècle, me paraît gros de dangers pour le médiéviste. La consultation attentive des anciens traités de poids et mesures (et monnaies) introduit au contraire de façon pertinente à la complexité des anciens systèmes et des méthodes de mesurage. Comme la mesure et le mesurage étaient des pratiques concrètes exercées par l'homme intervenant sur une marchandise, la meilleure introduction à la métrologie historique consiste en la connaissance aussi précise que possible de cette marchandise à son époque. Faire du pain, mesurer du sel, charger un navire sont d'abord des pratiques où l'empirisme a précédé l'arithmétique qui, dans le dernier cas signalé, s'avoue incapable de calculer le volume utile de chargement des cales d'un vaisseau.

Dans la masse des documents vénitiens accumulés au cours de mes recherches, ceux qui portent sur le mesurage des sels sont au moins aussi nombreux que ceux qui concernent la définition des prix. Le problème existait et pas seulement parce que le sel était soumis à réfaction, à diminution de volume et à augmentation de poids. Les grains, secs ou humides, le pain, frais ou rassis, sont également sujets à variations volumétriques ou pondérales. L'attitude la plus stérile, sinon la plus dangereuse, serait de tirer argument des difficultés soulevées par les questions métrologiques en faveur de l'inutilité de l'effort de recherche, en somme faire comme si, à cause de sa difficulté même, le problème n'existait plus. Et malgré cela prétendre faire de l'histoire, s'imaginer que l'on se sortira de la difficulté après avoir « retranché 30 % d'erreurs à ces chiffres ». En quoi retrancher 30 %, et non pas 15 ou 45 % aura-t-il rapproché son auteur de la connaissance historique ? Et pourquoi fallait-il retrancher plutôt qu'ajouter?

Dans l'article « La table des moines carolingiens » j'avais fait un large recours aux sources ecclésiastiques, aux polyptiques et cartulaires monastiques, aux décisions des conciles et synodes, à la règle de saint Benoît et à la réforme de Benoît d'Aniane, aux lettres de Théodomar abbé du Mont-Cassin, aux statuts de ce merveilleux abbé de Corbie, Adalhard, qui nous a transmis le plus beau texte métrologique des temps carolingiens, etc., comme mon sujet me l'imposait. Toutes ces sources m'apportaient en effet des renseignements de caractère métrologique d'un intérêt capital. Pour leur exploitation, il fallait élaborer une méthode et la lecture attentive (et préalable) des beaux travaux de Herkov, Kula et Witthöft et des spécialistes de l'histoire du pain ou de la viande porcine, étaient également précieux. Sinon on se refuse à prendre les moyens d'exploiter scientifiquement ces textes.

Je n'entreprendrai donc pas un recensement exhaustif des sources métrologiques du Moyen Age. Il faut considérer comme source métrologique tout texte qui nous a transmis une égalité entre deux mesures ou une conversion d'une mesure en un poids. Ce recensement n'est pas commencé et il serait dangereux, contraire à l'objectif recherché, d'enfermer la métrologie dans des limites trop étroites. Je crois préférable au contraire d'attirer l'attention sur un élément très important. On désigne souvent du même terme le contenant et le contenu, ce qui est à l'origine d'une figure de rhétorique bien connue mais engendre une dangereuse confusion car, si le contenant est unique, le contenu renouvelé a au contraire un caractère répétitif. Prenons l'exemple qui m'est familier du mot "poêle" qui désigne à la fois l'ustensile et la quantité de liquide mise à bouillir dedans. Supposons à présent qu'on peut évaporer ce liquide en six heures de cuisson. En 24 heures, la poêle-contenant a donc été emplie de 4 poêles-contenu et en une année, de 1460, à supposer qu'elle ne connaisse aucun temps d'inactivité. Si un riche et généreux propriétaire de poêles fait donation de 146 poêles à un couvent ou à une église pour le repos de son âme, l'historien risque de balancer entre diverses conclusions:

1 - l'âme du défunt était bien noire, au regard du prix de son rachat ;
2 - l'église bénéficiaire a instauré un véritable monopole sur les poêles dont le nombre considérable soulevait bien quelques difficultés d'installation.

Le métrologue suggérera à son collègue que l'église a simplement reçu un droit d'usage sur 1/10 de poêle (146/1460). Il aura ainsi réduit la donation de : 146 × 1460 = 213 160 bouillons (autre nom donné à la poêle- contenu) à: 146/1460 = 0,1 poêle-contenant.

Un tel résultat ne devrait laisser aucun historien indifférent quant au bien-fondé de l'extrême attention qu'il faut prêter au vocabulaire des anciens poids et mesures et aux efforts sinon déjà aux résultats de la métrologie historique.

Extrait de Garnier B., Hocquet J-C et Woronoff D., *Introduction à la métrologie historique,* Ed. Economica, Paris, 1989, p. 89–94.

SOURCES ET BIBLIOGRAPHIE RAISONNÉE

Pour ne pas alourdir le texte, les notes infrapaginales comportent le nom de l'auteur suivi d'un numéro de 1 à 6 et de la date de parution.

I – Les sources
- 1 – Sources ecclésiastiques
- 2 – Les sources commerciales et les livres de comptes des marchands
- 3 – Comptabilités publiques, princières, urbaines et sources fiscales
- 4 – Sources normatives : pouvoir, législation et fiscalité

II – Bibliographie
- A – Musées
- 5 – Ouvrages généraux
- 6 – Etudes régionales

Pour ne pas alourdir exagérément une copieuse bibliographie, nous ne signalons pas, sauf exception, les articles parus dans les deux revues citées ou les communications éditées dans les publications d'actes de colloques, en particulier dans *Acta metrologiae historicae*.

I – Sources

MOODY Ernest Addison et CLAGETT (1952) Marshall, *The Medieval Science of Weights. Scientia de ponderibus. Treatises ascribed to Euclid, Archimedes, Thabit ibn Qurra, Jordanus de Nemore and Blasius of Parma. Edited with introductions, English translations, and notes*, University of Wisconsin Publications in Medieval Science. no. 1, Madison.

PORTET Pierre (avec la collaboration de J-C HOCQUET), *Théories et pratiques des anciens systèmes de mesure pré métriques, une bibliographie métrologique de l'Europe occidentale (France et pays voisins)*, sous presse.

1 – Sources ecclésiastiques

BENOIT D'ANIANE (1851), *Concordia regularum (Patrologie latine,* t. 103), Paris, (nouvelle édition BONNERUE Pierre, *Benedicti Anianensis concordia regularum*, Brepols, Turnhout 1999).

DEVROEY (1984) Jean-Pierre éd., *Le Polyptyque et les listes de cens de l'Abbaye de Saint-Remi de Reims : IXe-XIe siècles,* Académie nationale de Reims, Reims.

GUÉRARD (1844) Benjamin éd., *Polyptyque de l'abbé Irminon ou Dénombrement des manses, des serfs et des revenus de l'abbaye de Saint-Germain-des-Prés sous le règne de Charlemagne, publié d'après le manuscrit de la bibliothèque du roi avec des prolégomènes pour servir à l'histoire de la condition des personnes et des terres,* tome 1, *Prolégomènes, commentaires et éclaircissements,* tome 2. Polyptyque, 3 vol., Impr. royale, Paris.

HALLINGER (1963) Kassius O.S.B. et alii éds, *Initia consuetudinis Benedictinae : consuetudines saeculi octavi et noni / publici iuris,* Corpus consuetudinum monasticarum, 1, Siegburg.

HANSLIK (1960, puis 1977) Rudolf., *Benedicti regula (Corpus scriptorum ecclesiasticorum latinorum, 75),* Hoelder-Pichler-Tempsky, Vienne.

LONGNON (1886–1895) Auguste éd., *Polyptique de l'abbaye de Saint-Germain-des-Prés rédigé au temps de l'abbé Irminon* (Société de l'histoire de Paris, 7) 2 vol., H. Champion, Paris.

MABILLON (1723) Jean, *Vetera Analecta, sive Collectio veterum aliquot operum et opusculorum omnis generis, carminum, epistolarum, diplomatum, epitaphiorum,* etc., Paris [reprint, Westmead 1967].

MARTÈNE (1690) Edmond, *Commentarius in regulam s.p. Benedicti, litteralis, moralis, historicus,* F. Muguet, Paris, , p. 536.

SCHMITZ (1955) Ph., *Sancti Benedicti regulae monachorum,* Maredsous.

SEMMLER Josef, *Consuetudines Corbeienses (ante 826),* dans Hallinger, *op. cit*, p. 375.

THUILLIER (1724) V. éd., *Ouvrages posthumes de D. Jean Mabillon et de D. Thierri Ruinart, Bénédictins de la congrégation de Saint Maur,* vol. I, Paris, p. 185–197.

WERMINGHOFF (1906) Albert éd., *Concilia aevi Karolini (742–842),* Monumenta Germaniae Historica, Legum sectio III, Concilia, vol. II, p. 402–403.

2 – Les sources commerciales et les livres de comptes des marchands

AFAN DE RIVERA (1840) Carlo, *Tavole di reduzione dei pesi e delle misure delle due Sicilie in quelli statuiti dalla legge de'6 aprile del 1840*, Naples.

AFAN DE RIVERA (1840[2]) Carlo, *Della restituzione del nostro sistema di misure, pesi e monete alla sua antica perfezione*, Naples.

AGRICOLA (1533) Georgius (Georges Bauer), *Libri quinque de mensuris et ponderibus, in quibus pleraque a Budaeo et Portio parum animadversa ,diligenter excutiuntur*, Bâle.

ARNOLD (1804) Karl Ivanovic, *Taschenbuch für Banquier und Kaufleute*, Mitau.

BARRÊME (1669) François, *Les Livres des tarifs, où sans plume et sans peine on trouve les comptes faits... par Barreme,... Texte imprimé*, Paris, Barrême.

BINET (1698) N., *Tarifs pour les réductions et évaluations des aunes et mesures étrangères en aunes de Paris*, Paris.

BONCOMPAGNI (1857) Baldassare éd., *Fibonacci, Liber abbaci*, Rome.

BORDAZAR DE ARTAZU (1736) Antonio: *Proporción de monedas, pesos i medidas*, Valencia.

BORLANDI (1936) F. éd., *El Libro di mercatantie et usanze de'paesi.* Turin

CAPELLUS (1606) Jacobus (CAPELLE Jacques), *De ponderibus, nummis et mensuris libri V*, Francfort.

CATANEO (1584) Girolamo, *Dell'arte del misurare, libri due, nel primo de' quali s'insegna a misurare, et partir i campi. Nel secondo a misurar le muraglie, imbottar grani, vini, fieni, e strami; col liuellar dell'acque*, etc, P. M. Marchetti, Brescia.

CENALIS (1532) Robertus (CENEAU Robert), *De liquidorum leguminumque mensuris*, Paris.

CENALIS (1547) Robertus (CENEAU Robert), *De vera mensurarum ponderumque ratione*, Paris.

CHAMBERS (1728) Ephraim, *Cyclopædia: or an Universal dictionary of arts and sciences*, The fifth edition, 2 vol. W. Innys, Londres 1751 (1e éd., Londres).

CHIARINI (1936) Giorgio, *El libro di mercatantie et usanze de'paesi*, Franco BORLANDI éd, Turin [Reprint 1970].

CRISTIANI (1736 et 1760²) Girolamo Francesco, *Delle misure d'ogni genere antichi e moderne*, Brescia.

DE BUCK (1581) Pieter, *Der cooplieden handtboeck*, Gand.

DE LA MARE (1722) Nicolas, *Traité de la police*, 2 vol., Michel Brunet, Paris.

DESPY (1976) Georges, *Les Tarifs de tonlieux* (Typologie des Sources du Moyen Âge occidental, fasc. 19), Brepols, Turnhout.

DINI (1972) Bruno, *Una « pratica di mercatura » in formazione alla fine del* XIV *secolo, ad opera del mercante Ambrogio de'Rocchi*, Ist.internazionale storia econ. F. Datini, Florence.

DORINI Umberto et BERTELÈ (1956) Tommaso éds., *Il libro dei conti di Giacomo Badoer* (*Il nuovo Ramusio, III*), Istituto Poligrafico dello Stato, XV-857.

DOTSON (1994) J. E., *Merchant culture in 14th century Venice. The Zibaldone da Canal*, Binghamton-New York.

DUHAMEL de MONCEAU (1769–1799), *Traité général des pêches*, 3 vol., *Encyclopédie Méthodique, Jurisprudence* (t. 6, 1786), art. « pêche », *Histoire Naturelle*, « poisson », Panckouke éd., Paris.

EVANS (1936) Alan éd., *Libro di divisamenti di paesi e di misure di mercatantie* (= PEGOLOTTI Francesco B., *La Pratica della Mercatura*, Cambridge Mass. [Reprint, New York 1970].

GERHARDT (1791–1792) Marcus Rudolf Balthasar, *Allgemeiner Contorist oder neueste und gegenwärtiger Zeiten gewöhnliche Münz- Maaß- und Gewichtsverfassung aller Länder und Handelsstädte*. 2 vol, Berlin.

GERHARDT (1792) Johann Heinrich [der Jüngere]: *Vollständiges Rechenbuch, worinn sowohl gemeine als andere Kaufmännische Rechnungsarten, nebst Beschreibung der Verhältnisse in Münzen, Gewichten und Wechselarten der vornehmsten Europäischen Handelsplatze für alle Stände brauchbar gemacht*, Berlin.

GRIERSON (1977) Philip, *Les Monnaies* (Typologie des Sources du Moyen Âge occidental, fasc. 21), Brepols, Turnhout.

GUAL CAMARENA (1981) Miguel, *El primer manual hispanico de mercaderia (siglo* XIV*). Introduccion, texto y vocabulario*, Barcelona: Consejo Superior de Investigaciones Cientificas.

HAKLUYT (1903–1905) Richard, *The Principal Navigations Voyages Traffiques & Discoveries of the English Nation, etc. (Hakluyt Society; Extra Ser., nos. 1–12)*, Glasgow, James MacLehose & Sons for the Hakluyt Society, 1903–1905, douze vols.

HEERS (1960) Jacques, *Le livre de comptes de Giovanni Piccamiglio, homme d'affaires génois (1456–1460)*, Paris.

HUNGER Herbert et VOGEL (1963) Kurt, *Ein byzantinisches Rechenbuch des 15. Jahrhunderts. 100 Aufgaben aus dem Codex Vindobonensis Phil. Gr. 65* : texte, traduction et commentaire, Vienne.

KELLENBENZ (1974) Hermann, *Das Meder'sche Handelsbuch und die Welser'schen Nachträge ; Handelsbräuche des 16. Jahrhunderts* (Deutsche Handelsakten des Mittelalters und der Neuzeit, Bd 15), Steiner, Wiesbaden.

KRUSE (1784) Jürgen Elert, *Allgemeiner und besonders Hamburgischen Contorist*, Hamburg.

LAMBRECHT (1542) Joos, *Der cooplieden handbouxhin*, Gand.

LA POIX DE FRÉMINVILLE (1746–1757), *La pratique universelle pour la rénovation des terriers et des droits seigneuriaux*, 5 vol., Paris.

LE MOINE DE L'ESPINE (1694, puis 1710), *Le Négoce d'Amsterdam, ou traité de la banque, des changes, des compagnies orientales et occidentales*, Amsterdam [reprint 1946].

LOPEZ R. –AIRALDI (1983) G., « Il più antico manuale italiano di pratica della mercatura », in *Miscellanea di Studi Storici* II, Gênes, 99-134

MARIANI (1559) Zuan: *La Tariffa perpetua*, Venise.

MEGLIORATI (1703) Antonio, *Novissima corrispondenza delli pesi e misure di Venezia con li pesi e misure delle città e terre che negoziano con'essa*, presso Pietro d'Orlandi, Venise.

MENIZZI (1791) Antonio, *Dei Pesi e misure dello Stato veneto*, stamperia di Carlo Palese, Venise.

MOITOURET DE BLAINVILLE (1698) A., *Nouveau traité du grand négoce de France pour la correspondance des marchands : poids et mesures de Paris et des principales villes des provinces de France et des pays étrangers*, Rouen.

MOMMSEN (1893) Theodor éd., *Edictum Diocletiani de pretiis rerum venalium*, Berlin, I, 1–8 et 17.

NELKENBRECHER (1769) Johann Christian, *Taschenbuch eines Banquiers und Kaufmanns*, Berlin.

NELKENBRECHER (1793) J. C., *Taschenbuch der Münz-, Maaß- und Gewichtskunde für Kaufleute. Siebente Auflage durchaus umgearbeitet und um vieles vermehret und verbessert durch M. R. B. Gerhardt, sen.*, Berlin (éditions successives, 1793, 1805, etc).

NELKENBRECHER (1867) *Nouveau manuel des monnaies, poids, mesures, cours des changes, fonds publics, etc.; à l'usage des banquiers, négocians et industriels* (trad. J. M. Deschamps), 2e éd., Paris.

ORLANDINI (1925) V. éd., *La Tarifa zoé noticia dy pexi e mesure di luogi e tere che s'adovra mercadantia per el mondo*, Venise.

PAUCTON (1780) Alexis Jean Pierre, *Métrologie ou traité des mesures, poids et monnoies des anciens peuples et des modernes*, Paris.

PAXI (1503) Bartholomeo di, *La Tariffa de pexi e mesure*, Venise.

RICARD (1700) Samuel, *Traité général du commerce contenant les réductions de mesures, poids et monnaies de la Hollande et d'Amsterdam*, Amsterdam, puis 1781.

ROBERTS (1638) Lewis, *The merchants map of commerce*, Londres, puis 1700. . .

SAVARY (1675) Jacques, *Le Parfait négociant ou Instruction générale pour ce qui regarde le commerce des marchandises de France, & des pays étrangers*, Paris; enrichi d'augmentations par Jacques Savary des Bruslons, Paris, 1749–1753).

SAVARY DES BRUSLONS (1723–1730) Jacques, *Dictionnaire universel de commerce, d'histoire naturelle et des arts et métiers*, 3 vol., Paris, ou 5 vol., Copenhague 1759.

SCOTTONI (1773) Gian Francesco, *Illustrazione dei pesi e delle misure di Venezia*, presso Giuseppe Zorzi, Venise.

SOPRACASA (2011) Alessio « Les marchands vénitiens à Constantinople d'après une tariffa inédite de 1482 », *Studi Veneziani*, LXIII, 2013, p. 49–218.

SOPRACASA (2013) A., *Venezia e l'Egitto alla fine del Medioevo : Le tariffe di Alessandria*, Études Alexandrines n° 29, Alexandrie médiévale 5, Centre d'Études Alexandrines, 855 p.

STUSSI (1967) Alfredo éd., *Zibaldone de Canal. Manoscritto mercantile del sec.* XIV (Fonti per la storia di Venezia), Venise, avec l'étude de F. C. LANE, « Manuali di mercatura e prontuari di informazioni pratiche », p. L-LVIII.

TARTAGLIA (1556–1560) Nicolò, *Trattato di numeri e misure*, 6 vol., Venise.

TRIULZI (1803) Antonio Maria, *Bilancio dei pesi e misure di tutte le piazze mercantili dell'Europa*, Venise.

TUCCI (1990) Ugo, *Il libro dell'arte di mercatura, Benedetto Cotrugli Raguseo*, Arsenale ed., Venise.

ULFF-MØLLER (1992) Jens, « Werkzeug des spätmittelalterlichen Kaufmanns : Hansen und Engländer im Wandel von *memoria* zur Akte (mit einer Edition von The Noumbre of Weyghts) », *Jahrbuch für fränkische Landesforschung*, 52, p. 283–319).

UZZANO (1765–1766) Giovanni di Antonio da, in Gian-Francesco PAGNINI DAL VENTURA, *Della decima e di varie altre gravezze imposte dal comune di Firenze, della moneta e della mercatura de'Fiorentini fino al secolo XVI*, 4 vol., Florence et Lisbonne.

VANGROENWEGHE D. et GELDHOF (1989) T., *Pondera medicinalia*, Studiecentrum voor Apothekersgewichten, Bruges.

3 – Comptabilités publiques, princières, urbaines et sources fiscales

DE DIETRICH (1786) Ph., « Description des fontaines salantes de Salies », in IDEM, *Description des gîtes de minerai des forges et des salines des Pyrénées*, Paris).

DELMAIRE (1977) Bernard éd., *Le Compte général du receveur d'Artois pour 1303–1304*, Publications de la Commission Royale d'Histoire, Bruxelles.

GAUTHIER J., DE SAINTE-AGATHE J., et DE LURION (1908) R. éds., *Cartulaire des comtes de Bourgogne*, Besançon.

LIPS (1837) Alexander, *Der deutsche Zollverein und das deutsche Maas-, Gewicht und Münz-Chaos in ihrer Abstoßung und Versöhnung betrachtet*, Nuremberg.

LOCATELLI R., BRUN D., et DUBOIS (1991) H., *Les Salines de Salins au XIIIe siècle. Cartulaire et livre des rentiers,* Besançon.

MOLLAT Michel et FAVREAU (1965–1966) Robert, *Comptes généraux de l'État bourguignon entre 1416 et 1420* (Recueils des Historiens de la France, Documents financiers), 3 vol., Paris.

NEBENIUS (1840) « Über das in Großherzogthum Baden bestehende Maaß- und Gewichtsystem und die Einführung desselben in den Gebrauch », p. 226–245 in *Rau's Archiv der politischen Ökonomie und Polizeiwissenchaft*, 4.

PIERRARD (1971–1973) Charles éd., *Les plus anciens comptes de la ville de Mons (1279–1356)*, Publications de la Commission Royale d'Histoire, 2 vols, Bruxelles.

PROST B. et BOUGENOT (1904) S. éds., *Cartulaire de Hugues de Chalon (1220–1319)*, Lons-le-Saunier.

VAN WERWEKE Alfons et Hans, NICHOLAS David et PREVENIER (1970 et 1999) Walter éds, *Gentse Stads- en Baljuwsrekeningen (1351–1376)*, Publications de la Commission Royale d'Histoire, Bruxelles.

WYFFELS Carlos et DE SMET (1965 et 1971) J. éds *De rekeningen van de stad Brugge (1280–1319)*, 2 vol., Publications de la Commission Royale d'Histoire, Bruxelles.

4 – Sources normatives : pouvoir, législation et fiscalité

ALVAREZ DE LA BRAÑA R. et FITA (1901) F., « Igualación de pesos y medidas por D. Alfonso el Sabio », *Boletin de la Real Academia de la Historia*, 38.

BORETIUS (1883–1897) Alfredus et KRAUSE Viktor éd., MGH, *Legum sectio* II. *Capitularia regum francorum*, t. I, 1883 (inventaire du fisc d'Annappes).

Breithaupt (1849) C. H.W., *Das Duodecimal-system, vorgeschlagen für Münze, Maß und Gewicht in Deutschland, nebst Nachweisung, daß mit Duodicimalzahlen leichter und schneller zu rechnen sei, als mit Dezimalzahlen,* Cassel.

Darby H.C. et Terrett (1971) I. B., *The Domesday Geography of England, III, The Domesday Geography of Midland,* 2e éd., Cambridge.

Domesday-book (2005), *seu, Liber censualis, Willelmi Primi regis Angliæ, inter archivos regni in Domo Capitulari Westmonasterii asservatus,* Goldsmiths' Library, University of London, reprint Farmington Hills, Mich,.

Henschel (1855) C. A., *Das bequemste Mass- und Gewichtssystem gegründet auf den natürlichen Schritt des Menschen. Nach Analogie des metrischen Systems und im Zusammenhang mit demselbe, entworfen,* Cassel.

Höhlbaum (1876) Konstantin éd. *Hansisches Urkundenbuch* 1, Verein für hansische Geschichte, Halle (Oxford reprint).

Köhler (1858) R., *Über die Reform der Medicinalgewichte der deutschen Staaten, im Besonderen über die Fehler und Nachtheile des neuen Preussischen Gewichtssystems als des angenommenen Medicinalgewichtes,* Erlangen.

Koopmann (1870) Karl éd., *Die Rezesse und andere Akten der Hansetage von 1256 bis 1340,* vol. 1, Leipzig.

Lancillotti (1544) Tomasino, *Stadera del formento,* Modène.

Malavesi (1844) frères *Tavole di ragguaglio fra i pesi, le misure e monete degli Stati Estensi e quelli dei systema metrico decimale e dei paesi limitrofri per uso e comodo degli architetti, ingegneri, periti, negozianti, agenti, fattori,* etc, Modène.

Malavesi (1842) Luigi, *La Metrologia italiana nei suoi scambievoli rapporti desunti dan confrono col sistema metrico,* Modène.

Mertens (1967) Jacques, « Les procès-verbaux de la commission des poids et mesures du département de la Lys », *Annales de la Société d'Émulation de Bruges.*

Ordonnances des rois de France (1723–1849), 23 vol., Paris [reprint, Gregg International, Farnborough 1867–68].

Predelli R. & Sacerdoti (1903) A., *Gli statuti marittimi veneziani fino al 1255,* Venise et *Nuovo Archivio Veneto,* n. s. IV (1902) et V (1903).

Recueil des anciennes lois françaises (1822–1833), 29 vol., Plon, Paris.

Roncaglia (1850) Carlo, *Statistica générale degli Stati Estensi,* Modène.

Sauvaire (1886) Henri, *Matériaux pour servir à l'histoire de la numismatique et de la métrologie musulmane,* dans *Journal Asiatique,* juillet-décembre, VI-1. *Recueil des actes de Charles II le Chauve.*

Tessier (1952–1955) G. éd., Recueil des actes de Charles II le Chauve, 2 vol., Imprimerie Nationale, Paris.

II – Bibliographie

Cahiers de métrologie, Caen, 25 fascicules parus, 1983 - 2007.

Histoire et mesure, Éd. de l'EHESS, Paris, 35 volumes parus, 1986 - 2020.

5 – Ouvrages généraux

En 1973, du 19 au 21 septembre, à l'initiative du professeur Zlatko Herkov, membre de l'Académie des Sciences de Zagreb, se tenait à Rijeka la Deuxième conférence internationale sur la métrologie historique. Elle faisait suite à première conférence réunie, semble-t-il à Zagreb en juin 1971, où Zlatko Herkov avait présenté un « Rapport sur l'étude du système moyen-européen des anciennes mesures dans le cadre d'une coopération internationale ».

Travaux de la 2e Conférence Internationale sur la métrologie historique (Rijeka 1973), Zagreb 1974.

Travaux du Ier Congrès international de la métrologie historique (1975), Z. HERKOV éd., 2 vol., Zagreb.

Travaux du IIe Congrès international de la métrologie historique (1977) Edimbourg, J. O. FLECKENSTEIN éd., Munich 1979.

Acta Metrologiae historicae. Travaux du IIIe Congrès international de la Métrologie historique (1983) Linz, G. OTRUBA éd., Linz 1985.

Acta Metrologiae historicae II. Travaux du IVe Congrès international de la Métrologie historique (1986) Linz, G. OTRUBA éd., Linz 1989.

HOCQUET 1992 J. C., éd., Acta Metrologiae *Historicae* III. *Der Staat und das Messen und Wiegen.* (Sachülberlieferung und Geschichte, Bd 10), St. Katharinen.

HOCQUET J.C., I. KISS et H. WITTHÖFT (1988) éds., *Metrologische Strukturen und die Entwicklung der alten MaßSysteme*, (Actes du colloque de métrologie historique, 16e congrès international des sciences historiques, Stuttgart, août 1985) St. Katharinen.

DENZEL Markus A., HOCQUET Jean Claude, WITTHÖFT Harald (2000) éds., *Kaufmannsbücher und Handels-praktiken vom Spätmittelalter bis zum beginnenden 20. Jahrhundert* (colloque du CIMH, 19e Congrès International des Sciences historiques, Oslo 6–13 août), Steiner Verlag, Stuttgart.

ADRON (1971) Lutz, *Messen, wiegen, zählen. Das Lexikon der Mass- und Währungseinheiten aller Zeiten und Länder mit über 2000 Stichworten und 58 Tabellen*, Praesentverlag Heinz Peter, Gütersloh.

BERRIMAN (1953), Algernon Edward, *Historical metrology : a new analysis of the archaeological and the historical evidence relating to weights and measures*, Dent, Dutton, Londres.

BOSSUT (1761) abbé, *Mémoire sur l'arrimage des navires*. Pour concourir au Prix proposé par l'Académie royale des sciences, Paris.

BURGUBURU (1932) Paul, *Essai de bibliographie métrologique universelle*, Paris.

CONNOR (1987) R. D., *The Weights and Measures of England*, Londres, Science Museum HMSO, 422 p.

DANLOUX-DUMESNIL (1962) Maurice, *Étude critique du système métrique*, Paris.

DOURSTHER (1840) Horace, *Dictionnaire universel des poids et mesures anciens et modernes contenant des tables des monnaies de tous les pays*, Anvers [reprint, Amsterdam 1965].

FAVORY (2003) François éd., *Métrologie agraire antique et médiévale, Actes de la Table ronde d'Avignon, 8–9 décembre 1998* (Annales Littéraires de l'Université de Franche-Comté, vol. 757), Presses Universitaires Franc-Comtoises, Besançon.

GARNIER Bernard et HOCQUET (1990) Jean-Claude, *Genèse et diffusion du système métrique,* Caen.

GARNIER Bernard, HOCQUET Jean-Claude et WORONOFF (1989) Denis, *Introduction à la métrologie historique,* Ed. Economica, Paris.

GAROCHE (1937) P., *Arrimage, manutention et transport des marchandises à bord des navires de commerce*, Paris.

GUYOTJEANNIN (1987) Olivier, « Métrologie française d'Ancien Régime : guide bibliographique sommaire », *La gazette des Archives*, 139, p. 233–247.

HERKOV (1971, 1973 et 1975) Zlatko et KURELAC Miroslav, *Bibliographia metrologiae historicae*, 3 vol. dactyl., Zagreb.

HOCQUET (1992) Jean-Claude, *Anciens systèmes de poids et mesures en Occident*, Variorum Reprints, Londres.

HOCQUET (1993–1994) J-C., *Une activité universelle. Mesurer et peser à travers les âges*, *Acta Metrologiae* IV, VIe Congrès international de métrologie historique, Villeneuve d'Ascq, 23–27 sept. 1992, Cahiers de Métrologie, tomes 11–12.

HOCQUET (1995) J-C., *La métrologie historique*, coll. Que sais-je ? n° 2972, Paris.

HOOCK (1991) Jochen et JEANNIN Pierre, *Ars mercatoria. Handbücher und traktate für den Gebrauch des Kaufmanns*, 6 vol. (1470–1600), Paderborn/München/Wien/München.

KULA (1984) Witold, *Les mesures et les hommes*, trad. du polonais, Editions de la Maison des Sciences de l'Homme, Paris.

Les poids et mesures dans les manuels de marchands et les livres de compte, colloque du CIMH, 17e Congrès du CISH, Madrid août 1990, Cahiers de Métrologie, 9 (1991).

MACHABEY (1956) Armand, « Les sources historiques de la métrologie », *Techniques et Civilisations*, vol. V), fasc. 2, p. 41–53

MERTENS (1980) Jacques, *Bibliografie van Werken over oude maten en gewichten in de Nederlanden* (Bibliographia Belgica 136), Bruxelles.

MINOW (1982) Helmut éd., *Historische Vermessungsinstrumente. Ein Verzeichnis der Sammlungen in Europa*, Wiesbaden.

PFEIFFER (1986) Elisabeth, *Die alten Längen- und Flächenmaβe. Ihr Ursprung, geometrische Darstellungen und arithmetische Werte*, 2 Bd., Scripta Mercaturae Verlag, St. Katharinen, 766 p et tables.

PFEIFFER (1990) E., *Ellen und ihre Vergleichungen*, St. Katharinen, 147.

SAUVAGE (1926) F., *Manuel pratique de transport des marchandises par mer*, Paris.

SEGRÉ (1928) Angelo, *Metrologia e circolazione monetaria degli antichi,* N. Zanichelli, Bologne.

VAN CAENEGEN (1978) R.C., *Guide to the sources of medieval history*, Amsterdam, New York et Oxford.

WITTHÖFT (1991–93) Harald., *Handbuch der historischen Metrologie,* 4 volumes, Scripta Mercaturae Verlag, St. Katharinen (vol. I, *Deutsche Bibliographie zur historischen Metrologie*).

ZIEGLER (1997) Heinz, *Studien zum Umgang mit Zahl, Maβ und Gewicht in Nordeuropa seit dem Hohen Mittelalter*, Harald Witthöft éd. (Sachüberlieferung und Geschichte, vol. 23), Scripta Mercaturæ Verlag, St. Katharinen (le volume rassemble douze articles publiés entre 1969 et 1992).

6 – Études régionales

CHARBONNIER Pierre, Université Blaise Pascal de Clermont-Ferrand, avait entrepris avec de nombreux collaborateurs une publication systématique des anciennes mesures locales d'après les Tables de conversion. Sont parus dans la collection *Publications de l'Institut d'Études du Massif Central* les volumes:

- *Les anciennes mesures locales du Massif central d'après les Tables de conversion*, 1990.
- *Les anciennes mesures locales du Midi méditerranéen d'après les Tables de conversion*, 1994.
- *Les anciennes mesures locales du Sud-Ouest d'après les Tables de conversion*, 1996.
- *Les anciennes mesures locales du Centre-Ouest d'après les Tables de conversion*, 2001.

- *Les anciennes mesures locales du Centre-Est d'après les Tables de conversion*, 2005.

Bernard GARNIER conduisait une entreprise similaire pour la France du Nord sous le titre *Atlas historique et statistique des mesures agraires (fin* XVIIIe-*début* XIXe *siècles),* deux volumes parurent:

I, Claude PETILLON, Alain DERVILLE, Bernard GARNIER (1991), *Nord Pas-de-Calais*, Éditions-diffusion du Lys, Caen.

II, Jean-Louis CLADE et Catherine CHAPUIS (1995), *Franche-Comté, Doubs, Jura, Haute-Saône*, Éditions-diffusion du Lys, Caen.

ADAO DA FONSECA (1978) L., *Navegacion y corso en el Mediterraneo occidental. Los Portugueses a mediadios del siglo* XV (Cuadernos de Trabajos de Historia 8). Pampelune, 177 p.

ALONSO (1984) M. M., *Medidas Indigenas de Longitud.* Mexico: CIESAS.

ALVERA DELGRAS (1853) Antonio, *Artificio (. . .) de las monedas, pesas, medidas de las 49 provincias de España*, Madrid.

AMORIM (1999) Inês, « Para uma cultura do poder : as reformas metrológicas e a realidade regional. Estudo de um caso : a metrologia do sal de Aveiro », in BARROCA Mário Jorge Carlos éd., *Alberto Ferreira de Almeida, in memoriam,* Faculdade de Letras da Universidade do Porto, vol. 1, p. 57–70.

ARBELLOT (1987) Guy et LEPETIT Bernard, *Routes et communications, Atlas de la Révolution française*, 1, Éd. de l'École des hautes études en sciences sociales, Paris 91 p.

ARELLANO SADA (1930) P., « Salinas de Añana a travès de los documentos y diplomas conservados en su Archivo munitipal », *Revista Universidad de Zaragoza,* (VII).

ASHTOR (1986) Eliyahu, « Levantine Weights and Standards parcels : a contribution to the metrology of the later Middle Ages », in *East-West Trade in the Medieval Mediterranean*, ed Benjamin Kedar, Variorum Reprints, Londres (1e publication *Bulletin of the School of Oriental and African Studies*, vol. 45 (1982) p. 471–88).

ASHTOR Eliyahu, « Makāyil et mawāzin » (mesures de capacité et poids) », *Encyclopédie de l'Islam*, VIII, p. 115–119.

BACHMANN (1983) K., *Die Rentner der Lüneburger Saline (1200–1370)* Hildeshein.

BACKZO (1984) B., « Rationaliser révolutionnairement », in *Les mesures et l'histoire,* n° spécial des *Cahiers de Métrologie,* Paris.

BALARD (1978) Michel, *La Romanie génoise (XIIe – début XVe siècle)*, Gênes et Rome, 2 vol.

BASAS FERNANDEZ (1962) Manuel, « Introduccion en España del sistema metrico decimal », *Studi in onore di Amintore Fanfani*, IV, Milan, p. 39–88.

BASINI (1970) Gian Luigi, *L'uomo e il pane. Risorse, consumi e carenze alimentari della popolazione modenese nel Cinque e Seicento*, A. Giuffrè, Milano.

BAULIG (1949) H., « La perche et le sillon : mots et choses », *Mélanges de philosophie romane et de littérature médiévale offerts à E. Hoeppfner,* Paris, 10 p.

BAUTIER (1959) Robert H., « La marine d'Amalfi dans le trafic méditerranéen du XIVe siècle. À propos du transport du sel de Sardaigne ». *Bull. Philologique et Histrique* (1958) Paris.

BELLINI (1962) Luigi, *Le saline dell'antico delta padano*, Dep. prov. Ferrarese di st. p., Atti e Memorie, n. s., XXIV, Ferrare.

BERNARD (1982) Gilles, « Mesures agraires d'Ancien Régime et aires d'influence urbaine. Essai cartographique dans la région Midi-Pyrénées », *Revue géographique des Pyrénées et du Sud-Ouest*, 53, p.209–220.

BERRY (1957) E.K., « The borough of Droitwich and its salt industry, 1215–1700 », *University of Birmingham Historical Journal,* VI-1, 39–61.

BERTONI G. et VICINI(1941) E. P., « La Bonissima », *Studi e Documenti d. Dep. d. St. P. per l'Emilia e la Romagna, sez. di Modena*, v, p. 1–13.

BES (1951) J., *Cbartering and Shipping Terms*. Amsterdam.

BINET (1989) Denis et COUTANCIER Benoit, « Les pêches côtières françaises sous la restauration d'après les statistiques de 1814 à 1835 », *Equinoxe* 27 et 28.

BLOCH (1934) Marc, « Le témoignage des mesures agraires », *Annales d'Histoire économique et sociale*, 6, 280–282.

BORZONE (1982) P., « Una rilettura degli antichi pesi genovesi », *Quaderni del centro di studio sulla storia della tecnica del CNR*, fév. 1982.

BOURQUELOT (1865) M. Félix, *Études sur les foires de Champagne*, Paris.

BRESC (1975) H; « Una flotta mercantile periferica: la marina siciliana medievale », Aa.vv. *Studi di storia navale*. Gênes.

BRESC (1986) Henri, *Un Monde Méditerranéen. Économie et société en Sicile 1300–1450*, 2 vol., Palerme et Rome.

BURGUBURU (1939) Paul, « La livre carnassière, ancienne livre de boucherie », *Bull. des Sc. Eco et Soc. du CTHS*, p. 101–125.

BYRNE (1939) Eugene H., *Genoese shipping in the Twelfth and Thirteenth centuries*. Cambridge/Mass.

CAPMANY Y MONPALAU (1961–1963) Antonio de, *Memorias bistoricas sobre la marina,* comercio y *artes de la antigua ciudad de Barcelona,* 2 vol. Barcelona.

CARBONELL RELAT(1986) L., « La coca, nave del Medioevo », *Revista de Historia Naval,* IV fasc. 15, 45–64.

CASTILLO FERRERAS (1972) Victor, « Unidades nahuas de medida », *Estudios de Cultura Náhuatl*, x, p. 195–223.

CHABALIAN-ARLAUD (1992) M-Ch., « La balance, historique, technique et iconographie (x^e^-xve siècles) », in *Cahiers de Métrologie*, 10, 77–88.

CHAMBON (2005) Grégory, *Les Systèmes métrologiques et numériques syriens dans la documentation cunéiforme d'Ébla à Émar (*iiie – iie *millénaires*), thèse de doctorat EPHE, exemplaire dactylo.

CHIAVARI (1981) Aldo, « Misure agrimensorie altomedievali dell'Italia centrale. Il piede di Liutprando e il moggio nell'area marchigiana nei secoli VIII-XII », *Atti e memorie della deputazione di storia patria per le Marche*, 84, p. 260–266.

CHRISTENSEN (1989) A.E., « Hanseatic and Nordic ships in medieval trade. Were the cogs better vessels ? », C. Villain-Gandossi, S. Busuttil and P. Adam, éds., *Medieval ships and the birtb of technological societies,* vol. 1: *Northern Europe.* Malte.

ĆIRKOVIĆ (1974) Sima, « Mere u srednjovekovnoj srpskoj državi (Les mesures dans l'État serbe medieval) », *Izdania Galerija Srpske Akademije nauka I umetnosti*, Belgrade, p. 41–64 et 65–90.

CLADE (1988) J. L., « Analyse métrologique des observations sur les justes mesures du comte de Bourgogne », *Cahiers de Métrologie*, 6.

COMET (1987) Georges, *Le paysan et son outil. .Essai d'histoire technique des céréales (France VIIIe-XIVe siècle),* Publications de l'École française de Rome, 165 , 756 p.

COPPINGER (1874) Emmanuel, éd., *Le coustumier de la Vicomté de Dieppe,* Dieppe.

CORRAO (1981) Pietro, « Mercanti veneziani ed cconomia siciliana alla fine del XIV secolo. *Medioevo, saggi e rassegne* VI, 131–66.

COSTA GOMEZ (1947) J. R., « Subsídios para a História dos pesos e medidas em Portugal. A Lei de 26 de janeiro de 1575. Unificação das medidas de capacidade », *Anuário de Pesos e Medidas*, 8, p. 5–10.

COULL (1992) James R., « Seasonal fisheries migration : the case of the migration from Scotland to the East Anglian autumn herring fishery », in FISHER L. R., HAMRE H., HOLM P. and BRUIJN J. R. eds, *The North Sea. Twelve essays on social history of maritime labour*, Stavanger Maritime Museum, Association of North Sea Societies, Stavanger.

DARDEL (1941) Éric, *La pêche harenguière en France. Etude d'histoire économique et sociale,* Paris.

DARSEL (1956) J., « Les servitudes de la pêche en Normandie sous l'Ancien Régime », *Actes du 81e Cong. Nat. des Soc. Sav.* (Rouen-Caen 1956) Paris.

DEAN (1935) J. E., *Epiphanius'Treatise on Weights and Measures. The Syriac Version* (Studies in ancient Orient. Civiliz. 11), Chicago.

DEDÉYAN (2003) Gérard, *Les Arméniens entre Grecs, Musulmans et Croisés. Etude sur les pouvoirs arméniens dans le Proche-Orient méditerranéen*, Bibliothèque arménologique de la Fondation Gulbenkian, 2 vol., Lisbonne.

DEGRYSE (1951) R., « Le convoi de la pêche à Dunkerque aux XVe et XVIe siècles », *Revue du Nord*, p. 21–31.

DEL TREPPO (1972) Mario, *I mercant catalani e l'espansione della Corona d'Aragona nel secolo* XV, Naples (1e édition : 1967 et trad. Catalane)

DESEILLE (1868–69 et 1873–76) Ernest, « Histoire de la pêche à Boulogne-sur-Mer », *Mém. de la Soc. Académique de l'arrondissement de Boulogne*.

DESPORTES (1976) Françoise, *Le pain urbain en France du Nord, 1350–1570*, thèse univ. Paris IV, 246 p. dactyl.

DEVROEY (1979) Jean-Pierre, « Les services de transport à l'abbaye de Prüm au IXe siècle », *Revue du Nord*, LXI, pp. 543–569.

DEVROEY (1984) J-P., « Un monastère dans l'économie d'échanges : les services de transport à l'abbaye Saint-Germain-des-Prés au ix' siècle », *Annales E.S.C.*, 3, p. 570–589.

DEVROEY (1987) J-P., « Documents and interpretation. Units of measurement in the early medieval economy: the example of carolingian food rations », *French History,* I-1, 68–92.

DEVROEY (1990) J. P., « La céréaliculture dans le monde franc », *L'ambiente vegetale nell'alto Medioevo,* 37a Settimana di studio del Centro Italiano di studi sull'alto Medioevo, Spoleto, 240.

DEVROEY (1989) J. P. et VAN MOL J. J., *L'homme et son terroir. L'épeautre (triticum spelta). Histoire et ethnologie*, Université Libre de Bruxelles, Treignies, 205 p.

DIRLMEIER (1978) Ulf, *Untersuchungen zu Einkommenverhältnissen und Lebenshaltungskosten in oberdeutschen Städten des Spätsmittelalter*, Abhandlungen der Heidelberger Akademie der Wissenschaften, Phil-Hist.Kl), Heidelberg.

DOTSON (1973) J. E., « Stowage Factors in medieval shipping », Quinta settimana di studio, Istituto internazionale di storia economica Francesco Datini, *Trasporti e sviluppo economico*, Prato (trad. ital., « Fattori di stivaggio delle spedizioni marittimi del Medio Evo ».

DOTSON (1982) J. E., « A problem of cotton and lead in medieval Italian shipping », *Speculum*, 57–1, 52–62.

DUBOIS (1976) H., *Les foires de Chalon et le commerce dans la vallée de la Saône à la fin du Moyen Âge (vers 1280-vers 1430)*, Paris.

DUBOIS (1981) H., « Du XIIIe siècle aux portes de la modernité. Une société pour l'exploitation du sel comtois: le Bourg-Dessous de Salins », dans G. CABOURDIN éd., *Le sel et son histoire*, Nancy.

DUCROS (1908) H., « Étude sur les balances égyptiennes », *Annales du Service des Antiquités*, IX, 32–53.

DUPREE A. Hunter, « The english system for measuring fields », *Agricultural History*, 45 (1971), p.121–129.

DUNIN-WASOWICZ (1985) A., « Mesures anciennes polonaises de terre (mesures des villages de la starostie de Sandomierz en 1583) », *Acta Metrologiae Historicae*, Linz, p. 368–77.

DUNIN-WASOWICZ (1992) A., « Un héritage des royaumes francs. Le manse royal en Pologne aux XVIe - XVIIe siècles », *6e Congrès International de Métrologie Historique*, Villeneuve d'Ascq.

ELLMERS (1976) Detlev, « Kogge, Kahn und Kunstoffboot », *Führer des Deutscben Schiffahrtsmuseum* VII. Bremerhaven.

EWALD (1985) Ursula. *The Mexican Salt Industry, 1560–1980. A Study in Change.* Stuttgart: G. Fischer.

FALCONI (1966) E., *Liber comunis Parmae jurium puteorum salis (1199–1387)*, Milan.

FORCHERI (1974) Giovanni, *Navi e navigazione a Genova nel Trecento. Il « Liber Gazarie ».* Gênes.

GAMA BARROS (1945–1954²) Henrique de, « Pesos e medidas », in SOUSA SOARES Torquato de, éd., *Historia da Administração Pública em Portugal nos séculos* XII *a* XV, Livraria Sá da Costa, Lisbonne, tomo ×, p. 13–116.

GARCIA ACOSTA, Virginia. *Los Precios del Trigo en la Historia Colonial de Mexico.* CIESAS, México, 1988.

GILLE (1957) Paul, « Jauge et tonnage des navires », in M. Mollat éd., *Le navire et l'économie maritime du XVe au XVIIIe siècle*, SEVPEN, Paris, p. 85–102.

GOITEIN (1967) S. D., *A Mediterranean society. The Jewish communities of the Arab world as portrayed in the documents of the Cairo Geniza*, 5 vol ., I, *Economic foundations*, California Press.

GRIERSON (1965) Philip, « Money and coinage under Charlemagne », in W. BRAUNFELS et H. SCHNIZLER, *Karl der Grosse*, Düsseldorf.

GRIERSON (1972) Philip, *English linear measures : an essay in origines* (The Stenton lecture 1971), University of Reading.

GRUTER (1989) E., « Le concept de mesure », in GARNIER, HOCQUET, WORONOFF, *Introduction à la métrologie historique*

GUEDJ (1987) T.D., *La Méridienne*, Paris.

GUENNOC (1989) François, « La saurisserie boulonnaise », *Détroit, Revue du patrimoine maritime du Nord/Pas de Calais*, 3.

GUENZI (1982) Alberto, *Pane e fornai a Bologna in età moderna*, Marsilio, Venise.

GUERRA Francisco, « Weights and Measures in Pre-Columbian America », *Journal of the History of Medicine and Allied Sciences*, XV (1960), p. 342–344.

GUGLIELMOTTI (1889) Alberto, *Vocabulario marino e militare*, Rome.

GUILHIERMOZ Paul, « Remarques diverses sur les poids et mesures du Moyen Âge », *Bibliothèque de l'École des Chartes*, 80 (1919), p. 5–100.

GUILHIERMOZ, Paul, « Note sur les poids du Moyen Âge », *Bibliothèque de l'École des Chartes*, 67 (1906), p. 161–233 et 402–450.

GUIRAL-HADZIIOSSIF (1986) Jacqueline, *Valence port méditerranéen au XVe siècle (1410–1525)*, Paris.

GYSELEN Rika et COURTOIS (1990) Jacques-Claude, *Prix, salaires, poids et mesures*, Groupe pour l'étude de la civilisation du Moyen- Orient, Paris.

HALL Hubert et NICHOLAS (1929) Frieda J. éds., « Select Tracts and Table Books relating to English Weights and Measures (1100–1742) », *Camden Miscellany*, XV, Londres.

HANNERBERG (1955) D., « Die älteren skandinavischen Ackermaße. Ein Versuch zu einer zusammenfassende Theorie », *Lund studies in Geography*, ser. B, *Human Geography*, 12, 1–45

HARVEY H.R. et WILLIAMS (1981) Barbara J., « La aritmética asteca : notación posicional y cálculo de área », *Ciencia y Desarollo*, VII, p. 22–33.

HEERS (1955) Jacques, « Le commerce des Basques en Méditerranée au XVe siècle », *Bulletin hispanique* LVII, p. 292–324.

HEERS (1958) J., « Types de navires et spécialisation des trafics en Méditerranée à la fin du Moyen Âge », M. MOLLAT éd., *2e colloque international d'histoire maritime*. Paris, 107–18.

HERKOV (1971) Zlatko, *Mjere hrvatskog primorja s osobitim osvrtom na solne mjere i solnu trgovinu* (= Les mesures du littoral croate, en particulier les mesures du sel et le commerce du sel), Posebna Izdanja 4, Rijeka.

HERKOV (1973) Zlatko, *Naše stare mjere i utezi. Uvod u teoriju povijesne metrologije i njezina praktična primjena pri proučavanju naše gospodarske povijesti* (= Nos anciens poids et mesures. Introduction à la théorie de la métrologie historique et à ses applications pratiques pour la recherche en histoire économique), Zagreb.

HILLIGER (1900) B., « Studien zu mittelalterlichen Maßen und Gewichten », *Historische Vierteljahrschrift*.

HINZ (1955) Walther, *Islamische Maße und Gewichte umgerechnet ins metrische System*, Handbuch der Orientalistik, Ergänzungsband 1, H. 1, Leyde (trad. angl. : Marcinkowski Muhammad Ismail, Measures and weights in the Islamic world, International Institute of Islamic Thought and Civilization, Kuala Lumpur 2003).

HOCQUET (1975) Jean-Claude, « La Pratica della Mercatura de Pegolotti et la documentation d'archives: une confrontation », *Radovi I. medunarodnog kongresa za Povijesnu metrologiju*, Zagreb, p. 49–84.

HOCQUET (1978) J-C., « Ibiza, carrefour du commerce maritime et témoin d'une conjoncture méditerranéenne (1250–1650) », *Studi in memoria di Federigo Melis*, Naples.

HOCQUET (1978–79) J-C., *Le sel et la fortune de Venise*, vol. 1, *Production et monopole*, vol. 2, *Voiliers et commerce en Méditerranée 1200–1650*, Lille 1978–1979, 360 p.et 739 p.

HOCQUET (1983) J-C, « Das Salz und die Gewinne aus der Handelsschiffahrt im Mittelmeer im Spätmittelalter », *Scripta Mercaturae, Zeitschrift für Wirtschafts- und Sozialgeschichte*, Stuttgart, 1, p. 1–18.

HOCQUET (1985) J-C, *Le sel et le pouvoir, de l'an mil à la Révolution française*, Paris.

HOCQUET (1985B) J-C, « Le pain, le vin et la juste mesure à la table des moines carolingiens », *Annales E.S.C.*, 661–690.

HOCQUET (1986) J-C., « Das Streben nach Vereinheitlichung und Normung der alten Hohlmasse in Europa und seine Grenzen (XV-XVIII Jahrhundert) », 240–247, in WITTHÖFT H. et al. éds, *Die historische Metrologie in den Wissenschaften*, S. Katharinen.

HOCQUET (1987) J-C., « Conditionnement et mesure du sel en Europe sous l'Ancien Régime », *Histoire et mesure*, 1987, II-3/4, 41–54.

HOCQUET (1987A) J-C., « A la jonction du commerce maritime et des trafics terrestres, les mesures à Venise : muid, setier et minot », in DUBOIS H., HOCQUET J-C. et VAUCHEZ A. éds., *Horizons marins, itinéraires spirituels (Ve-XVIIIe siècles)*, vol. I, *Mentalités et sociétés*, vol. II, *Marins, navires et affaires*, Paris, Publ. Sorbonne.

HOCQUET (1987B) J-C., « Les pêcheries médiévales », in MOLLAT éd., *Histoire des pêches*, p. 32–129.

HOCQUET (1988) J-C., « Structures métrologiques et développement des anciens systèmes de mesure : le commerce et les transports », 25–48, in HOCQUET J.C., KISS I. et WITTHÖFT H. éds., *Metrologische Strukturen und die Entwicklung der alten Mass-Systeme,* (Actes du colloque de métrologie historique, 16e congrès international des sciences historiques, Stuttgart, août 1985) St. Katharinen,

HOCQUET (1989A) J-C., « Mesure dominante et mesures dominées dans la République de Venise, XVe-XVIe siècles », 86–116 in WITTHÖFT H. et NEUTSCH C. éds., *Acta Metrologiae Historicae II*, Linz

HOCQUET (1989B) J-C., « Tonnages ancien et moderne : botte de Venise et tonneau anglais », *Revue Historique*, CCLXXXI/2, 349–360.

HOCQUET (1989C), « Mesurer, peser, compter le pain et le sel », in GARNIER, HOCQUET et WORONOFF, *Introduction à la métrologie historique*, cité.

HOCQUET (1990A) J-C., « La métrologie, voie nouvelle de la recherche historique », *Académie des Inscriptions et Belles-Lettres, Comptes rendus des séances de l'année 1990*, janvier-mars, p. 59–77.

HOCQUET (1990B) J-C., « Le roi et la réglementation des poids et mesures en France », in GARNIER Bernard et HOCQUET Jean-Claude, *Genèse et diffusion du système métrique*, Caen, p. 25–35.

HOCQUET (1990C) J-C., « Une révolution dans la Révolution : quelques motifs de la création du système métrique décimal », 97–108, in *L'espace et le temps reconstruits : la Révolution française, une révolution des mentalités et des cultures*, Marseille.

HOCQUET (1990D) J-C., « Au Moyen Age, était-on sensible au concept de mesure ? », *Cahiers de Métrologie*, 8, 69–83.

HOCQUET (1990E) J-C.), « Métrologie historique », *Encyclopaedia Universalis*, vol. X, p. 241.

HOCQUET (1990F) J-C., « La Révolution française et l'histoire des poids et mesures », in HOCQUET (1992), XI-11.

HOCQUET (1991) J-C., « Numbers, proportions, weights and measures in the Venetian trade », *26th international Congress on Medieval Studies,* Kalamazoo, Michigan, AVISTA sessions, 9–12 mai.

HOCQUET (1992A) J-C., « Mesurer, peser, compter. Introduction à la métrologie historique », 84–94 in J. C. HOCQUET, *Acta Metrologiae Historicae* III. *Der Staat und das Messen und Wiegen (Sachüberlieferung und Geschichte*, Bd 10), St. Katharinen.

HOCQUET (1992B) J-C., « Le muid carolingien », Cahiers de Métrologie, 10, pp. 43–60.

HOCQUET (1992C) J-C., « *Sedes et effusio*, Métrologie et histoire religieuse durant la "phase ecclésiastique" de la production du sel », dans J. C. Hocquet, *Anciens systèmes de poids et mesures en Occident,* Ashgate.

HOCQUET (1993) J-C., « Méthodologie de l'histoire des poids et mesures. Le commerce maritime entre Alexandrie et Venise durant le Haut Moyen Age », *Mercati e mercanti nell'alto Medioevo : l'area euroasiatica e l'area mediterranea*, 40^{a} Settimana di studio del Centro Italiano di studi sull'alto Medioevo, Spoleto, 847–883, reprint in *Denaro, navi e mercanti a Venezia, 1200–1600*, Rome 1999, p. 245–264.

HOCQUET (1994A) J-C., « Pesi e misure », 895–931, in *Storia d'Europa*, vol. III, *Il Medioevo, secoli* V-XV, Gherardo ORTALLI éd., Einaudi ed., Torino.

HOCQUET (1994B) J-C.., « Les moines, producteurs ou rentiers du sel ? La persistance d'un mythe historiographique », in Ch. HENTZLEN et R. de Vos, *Monachisme et technologie dans la société médiévale du XIe au XIIIe siècle,* Centre de conférences internationales de Cluny, ENSAM.

HOCQUET (1995) J-C., « Pesos i medidas y la historia de los precios en México. Algunas consideraciones metodologicas », 72–85 en Virginia GARCIA ACOSTA ed., *Historia de los precios de alimentos y manufacturas novohispanas*, Comitato Mexicano de Ciencias Historicas, Mexico.

HOCQUET (1995B) J-C., « Productivity gains and technological change. Venetian Naval Architecture at the end of the Middle Ages », *The Journal of European Economic History,* 24–3), p. 537–556.

HOCQUET (1996) J-C., "Métrologie de la pêche. Les poissons du Nord, hareng et morue", 177–88, in J. C. HOCQUET éd., *Diversité régionale et locale des poids et mesures de l'ancienne France*.

HOCQUET (1996–97) J-C., *Diversité régionale et locale des poids et mesures de l'ancienne France*, 2e Congrès du Comité Français de Métrologie Historique, Douai, 2–3 déc. 1994, *Cahiers de Métrologie*, 14–15.

HOCQUET (1997A) J-C., « L'incertitude des mesures et l'exigence de précision. L'évolution de la mesure du sel à Venise entre 13e et 18e siècle », 631–632, *Métrologie 1997. Métrologie pour l'entreprise, 8e congrès international de métrologie organisé par le Mouvement français pour la Qualité*, Besançon, 20–23 octobre.

HOCQUET (1997B) J-C., « Pesi e misure nell'economia reale » pp. 177–192, in D. DAMERI, A. LODOVISI e G. LUPPI éds., *La Bona Opinione (1598–1861). Cultura, scienza e misure negli stati estensi, 1598–1860*,: Catalogo della mostra Modena capitale, Campogalliano.

HOCQUET (1997C) J-C., « Navigation padane et discrimination fiscale au Trecento », 521–542, in Elisabeth MORNET et Franco MORENZINI éds., *Milieux naturels, espaces sociaux, Etudes offertes à Robert Delort,* Publications de la Sorbonne Paris.

HOCQUET (1999) J-C., « De l'approximation à la précision L'évolution du mesurage du sel à Venise (16e - 18e siècles) », 7. Internationaler Kongress des CIMH, Siegen 1997, 106–111 in : *Acta Metrologiae Historicae* V, H. Witthöft et K. J. Roth éds., Scripta Mercaturae Verlag.

HOCQUET (2001A) J-C., « Métrologie, cartographie et écologie de la lagune de Venise. Les salines et l'œuvre « contrastée » de Wladimiro Dorigo », 541–565, in : *Castrum VII, Zones côtières et plaines littorales dans le monde méditerranéen au Moyen Age : défense, peuplement, mise en valeur*, (Rome, 23–27 oct. 1996), Rome et Madrid.

HOCQUET (2001B) J-C., « Introduction aux anciennes mesures de Dunkerque », *Revue Historique de Dunkerque et du Littoral*, n°35 (déc. 2001), 53–64.

HOCQUET (2001C) J-C., « Mesures », pp. 57–63, in : *La France (L'Europe aujourd'hui, les hommes, leur pays, leur culture),* Albert D'HAENENS et Jean-François LACOMBLEZ éds., Artis-Historia, Bruxelles.

HOCQUET (2002) J-C., « Weights and measures of trading in Byzantium in the later Middle Ages. Comments on Giacomo Badoer's account book », 89–116, in Markus A. DENZEL, Jean Claude HOCQUET, Harald WITTHÖFT Hrsg., *Kaufmannsbücher und Handels-praktiken vom Spätmittelalter bis zum beginnenden 20. Jahrhundert*, Steiner Verlag, Stuttgart

HOCQUET (2003) J-C., « Métrologie et système technique. Les mesures des salines dans la lagune de Venise au Moyen Age », 107–114, in F. FAVORY éd., *Métrologie agraire antique et médiévale, Actes de la Table ronde d'Avignon*, 8–9 décembre 1998 (Annales Littéraires de l'Université de Franche-Comté, vol. 757), Presses Universitaires Franc-Comtoises, Besançon.

HOCQUET (2004–2005), J-C., « Diffusion des anciennes mesures et axes de circulation. Un test en Provence », *Cahiers de Métrologie*, 22–23, p. 119–126.

HOCQUET (2006) J-C., « Le mesurage des sels sur les marais de l'Atlantique français », in *Le Sel de la Baie. Histoire, archéologie, ethnologie des sels atlantiques*, Presses Universitaires de Rennes, p. 409–412.

HODGSON (1957) William C., *The herring and its fishery,* Londres.

HOEBANX (1993) Jean-Jacques, *La conversion par le Cadastre des mesures brabançonnes anciennes en mesures métriques*, Extrait du Bulletin de la Commission royale d'histoire, t. CLIX, 244 p.

HULTSCH (1898) F., *Die Gewichte des Alterthums nach ihrem Zusammenhange dargestellt*, Leipzig,

HULTSCH (1903–1906) F., « Beiträge zur ägyptische Metrologie », Archiv für Papyrosforschung und verwandte Gebiete, 2/3 (1903), p. 521–528 et 3 (1906), p. 438–441.

Instituto Geográfico y Estalisdico (1886), Direccíon General, *Equivalencias entre las pesas y medidas usadas antiguamente en las diversas provincias de Espana y las legales del sistema métricodecimal*, Madrid.

JACOBY (1995) David, « La Venezia d'oltremare nel secondo Duecento », in *Storia di Venezia. Dalle origini alla caduta della Serenissima,* II, *L'età del comune*, G. Cracco-G. Ortalli éds., Rome.

JACQMAIN (1989) M. et ANCION C., « Evolution de la panification de l'épeautre », 23, in DEVROEY et VAN MOL, op. cit.

JAHNKE (2009) Carsten, « The medieval herring fishery in the Western Baltic », p. 157–186, in SICKING et ABREU FERREIRA.

JAL (1840) Augustin, *Archéologie navale,* Paris.

JEHEL (1993) Georges, *Les Génois en Méditerranée occidentale (fin XIe-début XIVe s). Ebauche d'une stratégie pour un empire*, Amiens-Paris.

JENKS (1992) St., « Werkzeug des spätmittelalterlichen Kaufmanns : Hansen und Engländer im Wandel von memoria zur Akte », *Jahrbuch für fränkische Landesforschung*, 52, 283–319.

KOTTMANN (1985), « Megalithyard und Megalithfuß », in *Acta Metrologiae Historicae*, Linz, 81–93.

KULA (1962) Witold, « La Métrologie historique et la lutte des classes », *Studi in onore di Amintore Fanfani*, v, Milan.

KUSKE (1934) Bruno, *Quellen zur Geschichte des Kölner Handels und Verkehrs im Mittelalter* (PublGesRheinGKunde 4).

LABARTHE (1981) J., *Salies et son sel,* Salies-de-Béarn.

LANE (1959) Frederic C., « Le vecchie monete di conto veneziane ed il ritorno all'oro ». *Atti dell'Ist. yen. di Sc. Lett. ed Arti,* CXVII.

LANE (1962) Frederic C., « Cargaisons de coton et réglementations médiévales contre la surcharge des navires – Venise », *Revue d'Histoire économique et sociale,* XL, (1962), 27–29, trad. angl. dans *Venice and History*, Baltimore 1966, 253–262.

LANE (1966) F. C., « Tonnages, medieval and modern » in *Venice and history. The collected papers of Frederic Lane*, Baltimore, p. 345–370, repr. in *Venice and History,* Baltimore 1966, 345–370.

LEDENT (1989) J-F;, , « Situation de l'épeautre vis-à-vis du froment et des blés primitifs aspects génétiques, écophysiologiques et agronomiques », in DEVROEY (1989) et VAN MOL.

LEFORT (1998) J., « Le coût des transports à Constantinople, portefaix et bateliers au XVe siècle », *Mélanges offerts à Hélène Ahrweiler*, Paris, vol. II.

LEMAIRE (1921) Dr L., « Les anciennes mesures de Dunkerque », *Revue du Nord*, VII-26, p. 119–124.

LE ROUX (2004) Pierre, SELLATO Bernard et IVANOFF Jacques éds,, *Poids et mesures en Asie du Sud-est*, Ecole française d'Extrême-Orient, 2 vol., Paris.

LEVILLAIN (1900) Léon, « Les Statuts d'Adalhard », *Le Moyen Age*, XIII, p. 356.

LÜTGE (1937) F., « Hufe und Mansus in den mitteldeutschen Quellen der Karolingerzeit », *Vierteljahrschrift für Sozial- und Wirtschafts-geschichte*, 30 105–128.

LUZZATTI (1962–63) Michele, « Note di metrologia pisana », *Bollettino Storico Pisano*, 31–32, p. 191–220.

MACHABEY (1953) Armand, *Poids et mesures du Languedoc et des provinces voisines*, Musée Paul Dupuy, Toulouse (catalogue d'exposition).

MANCA (1966) Ciro, *Aspetti dell'espansione economica catalano-aragonese nel Mediterraneo occidentale. Il commercio internazionale del sale,* Milan

MANDICH (1961) Giulio, « Forme associative e misure anticoncorrenziali nel commercio marittimo veneziano del secolo XV », *Rivista delle Società* VI.

MAREC (1989) Yannick, « L'ambition révolutionnaire : mesurer toutes choses rationnellement », *La Révolution française et l'homme moderne*, Paris.

MAREC (1990) Y., « Autour des résistances au système métrique », in J. C. HOCQUET et B. GARNIER, *Genèse et diffusion du système métrique,* Actes du colloque *La naissance du système métrique* (Paris, oct. 1989), Caen. 143–4.

MAREK Y. et GRUTER (1984) E., « Des anciens systèmes de mesures au système métrique » *Actes de l'Université d'Eté sur l'histoire des mathématiques,* Université du Maine, 1984, p. 107–132.

MARTINI (1883) A., *Manuale di metrologia*, Turin.

MASSON (1913–1937) Paul éd., *Les Bouches-du-Rhône, Encyclopédie départementale*, publiée par le Conseil Général, 16 tomes en 17 vol., t. II, *Antiquité et Moyen Âge*, t. III, *les Temps Modernes, 1482–1789* (1920), Paris-Marseille.

MATÍAS ALONSO Marcos, *Medidas indigenas de longitud*, ciesas, México 1984.

MATTOZZI (1983) Ivo, « Il politico e il pane a Venezia (1570–1650). Le tariffe dei calmieri, semplici prontuari contabili o strumenti di poltica annonaria », *Studi Veneziani*, n.s., VII, p. 197–220.

MELIS (1964) Federigo, « Werner Sombart e i problemi della navigazione nel Medio Evo », *L'Opera di Werner Sombart nel centenario della nascita.* Milan, p. 85–149.

MERTENS (1993) Jacques, « L'intervention des autorités centrales et locales dans la réglementation et le contrôle des poids et mesures sous l'Ancien Régime » in DAUCHY Serge et MARTINAGE Renée, *Pouvoirs locaux et tutelle, actes des journées internationales*, Villeneuve-d'Ascq, p. 41–52.

MERTENS Jacques, « Les mesures du commerce de Bruges au Moyen Âge », in HOCQUET, KISS et WITTHÖFT, *Metrologische Strukturen*, cité, p. 89–94.

MISKIMIN (1967) Harry A., « Two reforms of Charlemagne? weights and measures in the Middle Ages », *Economic History Review*, 20, p. 35–52.

MOLÀ (1994) Lucà, *La Comunità dei Lucchesi a Venezia. Immigrazione e industria della seta nel tardo Medioevo*,Venise.

MOLLAT (1987) Michel éd, *Histoire des pêches maritimes en France,* Toulouse.

MORINEAU (1966) Michel, *Jauges et méthodes de jauge anciennes et modernes*, Paris.

MORRISSON (2001) Cécile, *Coin usage and Exchange in Badoer's Libro dei Conti,* « Dumbarton Oaks Papers », 54, 217–244.

MORRISON (1967) K. F., *Carolingian Coinage* (Numismatic notes and Monographs 158), New York.

MUTAFIAN, (1988) Cl., La Cilicie au carrefour des empires, 2 vol., Paris, Les Belles Lettres, 1988 ;

MUTAFIAN (1993) Cl. éd., *Le royaume arménien de Cilicie*, CNRS éditions, Paris.

NAREDI-RAINER (1982) P. V., *Architektur und harmonie - Zahl, Maß und Proportion in der abenländischen Baukunst*, Cologne.

NAUMANN (1962) Helmut, « Der Stuhl als Masseinheit der hallischen Solbrunnen », *Jahrbuch für Wirtschaftsgeschichte*, IV, p. 194–223.

NEVEUX (1991) F., « Le rayonnement économique des villes de Caen, Bayeux et Falaise d'après l'aire d'extension de leurs mesures à grain », Cahiers de Métrologie, 9, , 47–64.

O'BRIEN (1986) Patricia J. et CHRISTIANSEN HANNE D., « An ancient Maya Measurement System », *American Antiquity*, 51, p. 136–151.

OXÉ (1942) August, « Kor und Kab. Antike Hohlmasse und Gewichte in neuer Beleuchtung », *Bonner Jahrbücher des Rheinischen Landesmuseums in Bonn*, 147, p. 91–216.

PALME (1974) R.., *Die landesherrlichen Salinen- und Salzbergrechte im Mittelalter. Eine vergleichende Studie,* Innsbruck

PALME (1983) R., *Rechts-, Wirtschafts- und Sozialgeschichte der inneralpinen Salzwerke bis zu deren Monopolisierung,* Francfort et Berne.

PELTRE (1975) Jean, *Recherches métrologiques sur les finages lorrains*, 2 vols, Atelier national de reproduction des thèses, Lille, 590 p.

PELTRÉ (1989) J., « Superficie et arpentage. L'exemple de la Lorraine », in GARNIER, HOCQUET, WORONOFF, Paris, Economica éd.

PERRIN (1945) C. E., « Observations sur le manse dans la région parisienne au début du IXe siècle », *Mélanges d'histoire sociale* (= Annales), 8.

PETRIE (1926) F., *Ancient weights and measures*, Londres, reprint 1974.

PETTI BALBI (1966) Giovanna, « I nomi di nave a Genova nei secoli XII e XIII », *Misc. di st. ligure in memoria di Giorgio Falco.* Gênes, p. 65–86.

PIECHOSKI (1981) W., *Die Halloren, Geschichte und Tradition der Salzwirkerbrüderschaft im Thale zu Halle*, Leipzig.

PFISTER-LANGANAY (1985) Christian, *Ports, navires et négociants à Dunkerque (1662–1792),* Dunkerque.

PONI (1996–97), Carlo, « Standard, trust et société civile. Mesurer la qualité et la finesse du fil à soie », *Cahiers de métrologie* 14–15, p. 291–304.

PORTET (1991A) Pierre, « Les "adequaciones mensurarum" de la Chambre des Comptes de Paris au XIVe siècle. Problèmes de critique », *Cahiers de Métrologie*, 9, p. 29–46.

PORTET (1991B) P., « Les mesures du vin en France aux XIIIe et XIVe siècles d'après les mémoriaux de la Chambre des Comptes de Paris », *Bibliothèque de l'École des Chartes*, 149, p. 435–446.

PORTET (1991C) P., « Remarques sur les systèmes métrologiques carolingiens », *Le Moyen Age*, XCVII, 5–24.

PORTET (1992) Pierre, « Monnaie et mesure, VIIIe-XIVe siècle » p. 257–278, in Ghislain BRUNEL et Elisabeth LALOU éds, *Sources d'Histoire médiévale, IXe - milieu du XIVe siècle*, Larousse, Paris.

PORTET (2005) Pierre, *La Vie et les œuvres techniques d'un arpenteur médiéval, Bertrand Boysset (Arles 1355–1415)*, cdrom.

PRELL (1962) Heinrich, *Bemerkungen zur Geschichte der englischen Längenmaß-System*, Akademie Verlag, Berlin.

PRINET (1900) M., *L'industrie du sel en Franche-Comté avant la conquête française*, Besançon.

REBSTOCK (1992) Ulrich, *Rechnen im islamischen Orient : die literarischen Spuren der praktischen Rechenkunst*, Wissenschaftliche Buchgesellschaft, Darmstadt.

RENOUARD (1953) Yves, « La capacité du tonneau bordelais au Moyen Âge », *Annales du Midi*, 65, p. 395–403.

RENOUARD (1956) Yves, « Recherches complémentaires sur la capacité du tonneau bordelais au Moyen Âge », *Annales du Midi* 68, p. 195–207.

ROBELO (1997) Cecilio A., *Diccionario de pesas y medidas mexicanas, antiguas y modernas y de su conversion. Para uso de los comerciantes y de las familias*, CIESAS, México (1e éd. 1908).

RONCIN (1984–85) D., « Mise en application du système métrique (7 avril 1795–4 juillet 1837) », *Cahiers de Métrologie,* 2 et 3.

ROSSIAUD (2002) Jacques., « Mesures », in *Dictionnaire du Rhône médiéval*, 2 vol., Grenoble, vol. 2, p. 206–214.

ROYAS RABIELA (2011) Teresa, « Como median e contaban los antiguos mexicanos ? », in VERA Héctor et GARCÍA ACOSTA Virginia eds., *Metros, Leguas y Mecates. Historia de los sistemas de mediciòn en México*, CIESAS, México, p. 31–48.

ROYS (1957) Ralph, *The Political Geography of the Yucatan Maya*, Carnegie Institution of Washington, Washington.

SAHLGREN (1968) Nils, *Äldre svenska spannmalsmatt. En metrolgisk studie*, Nordinska Museet Handlingar 69, Stokholm.

SAHLGREN (1985) N., « Die Geheimnisse der älteren Getreidemasse », in Acta Metrologiae Historicae, 361–7.

SAINT-JACOB (1943) P. de, « Études sur l'ancienne communauté rurale en Bourgogne, II, La structure du manse », *Annales de Bourgogne*, 15, 173–84

SALVATI (1970) Catello, *Misure e pesi nella documentazione storica dell'Italia del Mezzogiorno*, L'Arte Tipografica, Napoli.

SAMARAN (1971) Charles, « Un essai de pain à l'abbaye de Saint-Denis au XIVe siècle », *Bulletin Philologique et Historique*, 1968, Paris, I, p. 437–438.

SCHILLBACH (1970) Erich, *Byzantinische Metrologie*, Verlag C.H.Beck, Munich.

SCHILLBACH (1992) E., « Eine Neubewertung der in Epiphanios von Salamis Schrift über Masse und Gewichte vom J. 392 überlieferten Hohlmasse », in HOCQUET (1992) éd., 223–257.

SCIALOJA (1986) Antonio, « Partes navis, loca navis », *Saggi di storia del diritto maritimo*, Rome, p. 5–65.

SCHMEIDER (1938) E., « Hufe und Mansus », *Vierteljahrschrift für Sozial- und Wirtschaftsgeschichte*,, 31, 1938, 348–56.

SCHWEDKE (1966) Walter, *Der perfekte Fischkaufmann*, Brême.

SEABRA LOPES (2003) Luis, « Sistemas legais de medidas de peso e capacidade, do condado Portucalense ao século XVI », *Portugalia*, n.s., 24, p. 113–164.

SEABRA LOPEZ (1997–98) Luis, « Medidas portuguesas de capacidade. Do alqueire de Coimbra de 1111 ao sistema de medidas de Dom Manuel », *Revista Portuguesa de História*, 32, p. 543–583.

SEABRA LOPEZ (2005) Luis, « O moio-medida e o moio dos preços em Portugal nos séculos XI a XIII », *Anuario de Estudios Medievales*, 35, p. 25–46.

Sevillano Colom (1974) Francisco, « Pesas y medidas en Mallorca desde el siglo xiii al siglo xix », *Mayurqa, miscellanea de estudios humanisticos*, xii, p. 67–86.

Sicking (2009) L., Abreu Ferreira D, eds, *Beyond the catch: fisheries of the north Atlantic, the North Sea and the Baltic, 900–1850*, Brill, Leyde.

Sigaut (1989) François, « Les spécificités de l'épeautre et l'évolution des techniques », in Devroey (1989) J. P. et Van Mol.

Skinner (1951) Frederick George, « European Weights and Measures derived from ancient Standarts of the Middle East », *Archives Internationales d'Histoire des Sciences, Archeion*, 30, p. 933–951.

Skinner (1967) Frederick George, *Weights and Measures. Their ancient origins and their development in Great Britain up to AD 1855*, Science Museum Survey, Londres.

Soetbeer (1866) A., *Beiträge zur Geschichte des Geld- und Münzwesens in Deutschland* (Forschungen zur deutsche Geschichte), vol. VI, Göttingen.

Sommé (1976) Monique, « Étude comparative des mesures à vin dans les États bourguignons au xve siècle, *Revue du Nord*, p. 171–183.

Spiegler (1985) Otto, « Das Maßwesen im Frankenreiche », *Acta Metrologiae Historicae*, 238–61.

Spufford (1986) Peter, *Handbook of Medieval Exchange.* Londres,

Stouff (1971) L., *Ravitaillement et alimentation en Provence aux xive et xve siècles*, Paris.

Tangheroni (1981) Marco, *Aspetti del commercio dei cereali nei paesi della corona d'Aragona, I. La Sardegna*, Pise.

Tardini (1976) Giuseppe, « Le antiche misure modenesi di capacità », *Atti e memorie della Deputazione di Storia patria per le antiche province modenesi*, s. x, vol. xi.

Thom (1967) A., *Megalithic Sites in Britain*, Oxford.

Tits-Dieuaide (1963) Marie-Jeanne, « La conversion des mesures anciennes en mesures métriques. Note sur les mesures à grains d'Anvers, Bruges, Bruxelles, Gand, Louvain, Malines et Ypres du xve au xixe siècle », *Contributions à l'Histoire économique et sociale*, Bruxelles, ii, p. 29–89.

Tits-Dieuaide (1969) Marie-Jeanne, « La Métrologie, conseils aux auteurs », *Les Travaux d'histoire locale*, Pro Civitate, coll. Histoire, Bruxelles.

Tolaini (1996–97) Roberto, « Progrès technique et perfectionnement des systèmes d'évaluation de la qualité dans l'industrie de la soie : le titre au xixe siècle », p. 205–224, *Cahiers de métrologie* 14–15

Touzery (1995) Mireille, *Atlas de la Généralité de Paris au xviiie siècle. Un paysage retrouvé*, Comité pour l'Histoire économique et financière de la France, Paris.

Touzery-Le Chénadec (1996–97) M., « Le cadastre de Bertier de Sauvigny et les mesures agraires dans le bassin Parisien au xviiie siècle », *Cahiers de Métrologie*, 14–15, p. 87–99.

Trapp (1979) Wolfgang, « Die Entwicklung des Eichwesens in Deutschland vom Anfang des 19. Jahrhundert bis zur Gegenwart », in J. O. Fleckenstein (éd), *Travaux du IIe Congrès International de la Métrologie Historique* (Edimbourg 1977), Munich.

Tucci (1973) U., « Pesi e misure nella storia della società », *Storia d'Italia*, vol. 5, *Documenti*, Einaudi, Turin.

Tucci (1973–74) U., « La navigazione veneziana nel Duecento e nel primo Trecento e la sua evoluzione tecnica », A. Pertusi, éd., *Venezia e il Levante fino al secolo XV*, 2 vol. Florence

Tucoo-Chala (1966) P., « Recherches sur l'économie salisienne à la fin du Moyen Âge », dans *Salines et chemins de Saint-Jacques*, Pau.

TUCOO-CHALA (1982) P., « La vie à Salies-de-Béarn au début du XVe siècle », *Revue de Pau et du Béarn.*

TULIPPE (1936) O., « Le manse à l'époque carolingienne », *Annuaire de la société scientifique de Bruxelles*, série D, sc. économ, 56.

TURGEON (1985) Laurier, « Consommation de morue et sensibilité alimentaire en France au XVIIIe siècle », *Historical Papers* (Otawa, Société Historique du Canada).

TURGEON (1994) L., « De la production à la consommation : les structures du marché de la morue en France au XVIIIe siècle », in FRIEDLAND K. éd., *Maritime food transport*, Böhlau Verlag.

ULFF-MØLLER (1991) Jens, « The Higher numerals in early nordic texts, and the duodecimal system of calculation », *The Audience of the Sagas* (The Eight International Saga Conference, 11–17 août, Gothenburg University, II, preprints, p. 323–330.

ULFF-MØLLER (1993–1994) J., « Systems of calculation in « long hundreds » and their employment within weight and measurement systems », in HOCQUET, *Une activité universelle. Mesurer et peser à travers les âges (Acta metrologiae IV), Cahiers de Métrologie*, tomes 11–12, p. 501–518.

VALLVE BERMEJO (1977–1984), Joaquim., « Notas de metrologia hispano-arabe, II : medidas de capacidad », *Al Andalus. Revista de las Escuelas de Estudios Arabes de Madrid y Granada*, 42, p. 61–121 ; « III : Pesos y monedas », *Al-qantara. Revista de Estudios Arabes*, 5, p. 147–167.

Van VLIET (1994) A. P., *Vissers and Kapers. De zeevisseruj vanuit het Maasmondgebied en de Duinkerker kapers (ca. 1580–1648), Hollandese historische Reeks 20,* Leyde.

VERA (2010) Héctor, « Bibliografía sobre la historia de las medidas en México », in VERA et GARCÍA ACOSTA *Metros, Leguas y Mecates*, p. 259–271.

VERA (2010) Héctor et GARCÍA ACOSTA Virginia éds., *Metros, leguas y mecates ; historia de los sistemas de medición en México*, Mexico, Centro de Investigaciones y Estudios Superiores en Antropología Social.

VERHULST (1965) Adrian, « Karolingische Agrarpolitik Das Capitulare de villis und die Hungersnöte von 792/93 und 805/06 », *Zeitschrift für Agrargeschichte und Agrarsoziologie*, 13, p. 175–189.

VERHULST (1995) Adriaan, Le paysage rural : les structures parcellaires de l'Europe du Nord-Ouest (Typologie des Sources du Moyen Âge occidental, fasc. 73), Brepols, Turnhout.

VERHULST Adriaan & SEMMLER (1962) Josef, « Les statuts d'Adalhard de Corbie de l'an 822 », *Le Moyen Age*, p. 91–123 et 233–269.

VILLENA (1985) Leonardo, « Weights and Measures in Islamic Spain », *Acta Metrologiae Historicae* I, p. 298–303.

VIVIER (1926) R., « Contribution à l'étude des anciennes mesures du département d'Indre-et-Loire aux XVIIe et XVIIIe siècles », *Revue d'Histoire économique et sociale,* XIV, p. 179–199.

VIVIER (1928) R., « L'application du système métrique dans le département d'Indre-et-Loire, 1789–1815 », *Revue d'Histoire économique et sociale,* XVI, p. 182–229).

VLAJINAC (1961–1974) Milan, *Rečnik naših starih mera u toku vekova*, 4 vol., Belgrade.

VOGEL (1911) Walther, *Die Grundlagen der Schiffahrtsstatistik. Ein kritiscber Beitrag zur Wertung der Handelsflotte und des Seeverkehrs des Deutscben Reiches,* Berlin.

VOISIN (1984) J.C., « Le rôle des salines de Salins (Jura) dans la politique d'une grande famille comtoise des XIIIe et XIVe siècles : les Chalon-Arlay », *Mémoires de la Société d'Histoire du Droit et des Institutions des anciens pays bourguignons, comtois et romands*, Dijon.

VOLK (1984) O., *Salzproduktion und Salzhandel mittelalterlicher Zirterzienserklöster*, Sigmaringen.

WILLARD (1992) R. H., « The evolution of the equal arm balance in ancient Egypt », *VIe Congrès International de Métrologie Historique*, Villeneuve d'Ascq.

WITTHÖFT (1976A) Harald, « Waren, Waagen und Normgewicht auf den hansischen Routen bis zum 16. Jh. », *Blätter für deutsche Landesgeschichte*, 112, 184–202.

WITTHÖFT (1976B) H., « Struktur und Kapazität der Lüneburger Saline seit dem 12. Jahrhundert », *Vierteljahrschrift für Sozial- und Wirtchaftsgeschichte,* 63. Band, Heft 1.

WITTHÖFT (1978) H., « Frühe nord- und mitteleuropäische Schiffsmaße im neuen Licht », *Schiff und Zeit*, 8, 41–51.

WITTHÖFT (1979) H., *Umrisse einer historischen Metrologie zum Nutzen der wirtschafts- und sozialgeschichtlichen Forschung*, 2 vol., Göttingen.

WITTHÖFT (1979B) H., « Englische Schiffstonnen und Lüneburger Tonnenrelationen », in FLECKENSTEIN, éd., *Travaux du IIe Congrès international de la Métrologie Historique.* Munich.

WITTHÖFT (1984) H., *Münzfuss, Kleingewichte, pondus Caroli und die Grundlegung des nordeuropäischen Mass- und Gewichtswesens in fränkischer Zeit*, Scripta mercaturae Verlag, Ostfildern, 203 p.

WITTHÖFT (1986) H. et al. éds, *Die historische Metrologie in den Wissenschaften*, S. Katharinen, 415 p.

WITTHÖFT (1987) H., « Sizilische tari - italienische libbra – nordwest-europäische Mark. Pegolottis Pratica della mercatura (1310–1340) in neueren Forschungen », in U. BESTMANN, F. IRSIGLER, J. SCHNEIDER éds, *Hochfinanz, Wirtschaftsraüme, Innovationen, Festschrift für Wolfgang von Stromer*, vol. I, Trier, p. 421–468.

WITTHÖFT (1990) H., « Von den mittelalterlichen Handhabung des Gewichts in Nordeuropa - Brügge in Flandern », p. 33–68, in K. FRIEDLAND éd., *Brügge-Colloquium des Hansischen Geschichtsvereins*, Cologne-Vienne, 152 p., trad. française : « Le poids de Bruges au Moyen Âge », *Cahiers de Métrologie*, 7, 1989, 55–79.

WITTHÖFT (1992) H., « Der Staat und die Unifikation der Masse und Gewichte in Deutschland im späten 18. und im 19. Jahrhundert », in HOCQUET, *Acta Metrologiae Historicae III. Der Staat und das Messen und Wiegen.*

WITTHÖFT (1993) H., « Thesen zu einer karolingischen Metrologie », in Butzer P. L. et Lohrmann D., *Science in Western and Eastern Civilization in Carolingian Times,* Birkhaüser Verlag, Bâle, p. 503–524.

WITTHÖFT (2001) H., « Das talentum Livonicum/Livesche punt als Gewichtseinheit im hansischen Handel seit der Zeit um 1200 », in *Hansa yertesday – Hansa tomorrow,* International Conference, Riga, june 8–13, 1998, *Izdevnieciba Vards,* p. 313–345.

WITTHÖFT (2002) H., « Der Smolensker Vertrag und die Überlieferung von Waage und Gewicht aus dem Novgoroder und dem Düna-Handelsraum, nach deutsch-russischen Quellen des 13. bis 15. Jahrhunderts », in Angermann Norbert und Friedland Klaus, *Novgorod, Markt une Kontor der Hanse*, Böhlau Verlag, Cologne, Weimar, Vienne, p. 177–209.

WITTHÖFT (2010) H., *Die Lüneburger Saline. Salz in Nordeuropa und der Hanse vom 12.–19. Jahrhundert. Eine Wirtschafts. Und Kulturgeschichte langer Dauer*, Rahden/ Westf.

WOLF (1986) Thomas, *Tragfähigkeiten, Ladungen und Maße im Schiffsverkehr der Hanse* vornehmlich im Spiegel Revaler Quellen (Quellen und Darstellungen zur Hansischen Geschichte hrsg. v. Hansischen Geschichtsverein, n. F., Bd XXXI), Bölhau Verlag Köln Wien.

WYFFELS (1959) A., « Maten en Gewichten », p. 11, in Verlinden C. et Craeybeckx J., Dokumenten voor de Gechiedenis van prijzen en lonen in Vlanderen en Brabant (XVe-XVIIIe eeuw), Bruges.

ZIEGLER (1977) Heinz, « Flüssigkeitsmaße, Fässer und Tonnen in Norddeutschland vom 14. bis 19. Jahrhundert », *Blätter für Deutsche Landesgeschichte*, 113, p. 286–287).

ZIEGLER (1985A) H., « Der Mensch als rechte proportion in Bezug auf den Homomensura Satz des Protagoras », 94–132, in *Humanismus und Technik*, Berlin, 28.

ZIEGLER (1985B) H., « Metrologische Normen im Mittelalter. Die Saum-Last als zwangsmäßiger Standard für Flüssigkeitsmaße », *Acta Metrologiae Historicae*, Linz.

ZIEGLER (1986) H., « Die Zahl als Rechtes Verhältnis im Ternar : Maß, Zahl und Gewicht im Spätmittelalter », in H. Witthöft et al., *Die Historische Metrologie in den Wissenschaften*, St. Katharinen.

ZIEGLER (1987) H., « Die Ölpipe als spanische Handelsgröße der Frühneuzeit », in Vierteljahrsschrift für Sozial- und Wirtschaftsgeschichte, 74, p. 62–68.

ZUG-TUCCI (1978) Annelore, « Un aspetto trascurato del commercio medievale del vino », Studi in memoria di Federigo Melis, Vol. 3. Naples, p. 311–48.

INDEX DES POIDS ET MESURES

INDEX GÉNÉRAL

(Les noms d'auteur contemporain sont en majuscules, ceux des denrées pesées ou mesurées sont en italiques, tous les autres [sources, navires, concepts, etc] sont en romain minuscule)

For Product Safety Concerns and Information please contact our EU representative GPSR@taylorandfrancis.com
Taylor & Francis Verlag GmbH, Kaufingerstraße 24, 80331 München, Germany

www.ingramcontent.com/pod-product-compliance
Lightning Source LLC
LaVergne TN
LVHW010549300926
849162LV00002B/280
* 9 7 8 1 0 3 2 3 4 5 4 7 5 *